Australische Silbereiche
Grevillea robusta

Winter-Jasmin
Jasminum nudiflorum

Goldkelch
Solandra grandiflora

Paradiesvogelblume
Strelitzia reginae

Gelber Trompetenbaum
Tecoma stans

Gelber Oleander
Thevetia peruviana

KOSMOS

Peter und Ingrid Schönfelder

Was blüht am Mittelmeer?

Mit 313 Farbfotos von P. Admitz (1), P. Kohlhaupt (3), H.-E. Laux (1), E. Müller (1),
H. Schrempp (1), W. Zepf (2) und P. Schönfelder (alle übrigen).
100 Farbzeichnungen (Die wichtigsten botanischen Fachausdrücke) von
M. Golte-Bechtle.

47 Farbfotos von P. Schönfelder auf den Klappen.

Das große Bild auf der Seite 2 und 3 zeigt Oleanderbüsche *(Nerium oleander)*
bei Linares in Andalusien (Spanien). Aufnahme T. Schneiders.

Umschlaggestaltung von eStudio Calamar, Pau, unter Verwendung einer
Aufnahme von P. Schönfelder (Rote Mittagsblume, *Carpobrotus acinaciformis*).

Bibliografische Information Der Deutschen Bibliothek
Die Deutsche Bibliothek verzeichnet diese Publikation in der Deutschen
Nationalbibliografie; detaillierte bibliografische Daten sind im Internet über
http:\\dnb.ddb.de abrufbar.

Informationen senden wir Ihnen gerne zu

Bücher · Kalender · Experimentierkästen · Kinder- und Erwachsenenspiele

Natur · Garten · Essen & Trinken · Astronomie
Hunde & Heimtiere · Pferde & Reiten · Tauchen · Angeln & Jagd
Golf · Eisenbahn & Nutzfahrzeuge · Kinderbücher

KOSMOS   Postfach 10 60 11
D-70049 Stuttgart
TELEFON +49 (0)711 2191-0
FAX +49 (0)711-2191-422
WEB www.kosmos.de
E-MAIL info@kosmos.de

Gedruckt auf chlorfrei gebleichtem Papier

4. Auflage 2005
© 1987, 2005 Franckh-Kosmos Verlags-GmbH & Co.KG, Stuttgart
Alle Rechte vorbehalten
ISBN 3-440-10211-4
Printed in Italy / Imprimé en Italie

Was blüht am Mittelmeer?

Vorwort

Die Frage „Was blüht am Mittelmeer?" will dieser Pflanzenführer in der millionenfach bewährten Anordnung der KOSMOS-Naturführer nach Blütenfarben und einfachen Blütenmerkmalen beantworten. Immer mehr Naturfreunde nutzen ihren Urlaub zur Erholung im sonnigen Süden und entdecken dabei eine reiche, andersartige Pflanzenwelt. In dem vorliegenden Band, der durch das handliche Format in jede Jacken- oder Rucksacktasche paßt, werden etwa 750 rund um das Mittelmeer wachsende Pflanzen beschrieben und 300 davon in meist großformatigen Farbfotos an ihrem natürlichen Standort abgebildet. Bei einer Gesamtzahl von 20 000 in den Mittelmeerländern wachsenden Pflanzen kann dies zwar nur eine Auswahl sein, aber der Benützer wird die weitverbreiteten, häufigen und auffälligen Arten der Küstenvegetation, der immergrünen Wälder und Gebüschformationen darin finden. Daneben werden ebenso die Arten des Kulturlandes, der Wegränder und Unkrautfluren in den Siedlungen berücksichtigt wie auch die auffälligsten Zier- und Kulturpflanzen. Von der in den Bergländern anschließenden sommergrünen, submediterranen Stufe wurde nur noch eine kleine Zahl wichtiger Gehölze aufgenommen, nicht dagegen die vielen Arten der mediterranen Gebirgsvegetation. Auch von den zahlreichen „endemischen", d. h. in ihrem Vorkommen auf kleine Gebiete beschränkten Arten, wurden nur ganz wenige beispielhaft gezeigt. So möge dieser Führer allen naturbegeisterten Mittelmeerreisenden eine erste Hilfe beim Kennenlernen dieser interessanten Flora sein. Die günstigste Jahreszeit dazu ist zweifelsfrei das Frühjahr von März bis Mai, wenn die Mehrzahl der Arten blüht. Aber auch die anderen Jahreszeiten haben ihre Reize: In der hochsommerlichen Trockenzeit blühen verschiedene Vertreter der Strandvegetation und der Feuchtstandorte ebenso wie die Pflanzen der Gebirge. Der Herbst mit dem Beginn der Regenfälle bildet im Mittelmeergebiet den Anfang der neuen Vegetationsperiode und damit der Blütezeit mancher Art.

Hinweise zur Benützung des Buches

Einen einfachen Bestimmungsschlüssel findet der Benützer bereits im Inhaltsverzeichnis (Seite 5), das ihn schnell zu einer Gruppe von Seiten führt, von der aus durch Blättern und Vergleichen die gesuchte Art oder zumindest eine ähnliche gefunden werden kann. In den meisten Fällen wird die erste Zuordnung zu weißen, gelben, roten oder braunen, blauen und auch zu grünen oder unscheinbaren Blüten leicht gelingen. Da es in der Natur aber immer Übergänge gibt, muß man im Zweifelsfalle bei der nächstähnlichen Blütenfarbe nachsehen. Dies gilt insbesondere für violette Blüten, deren Farbe teils mehr zu Rot, teils mehr zu Blau hin tendiert. Auch haben einige Blüten die Eigenart, sich vom Aufblühen bis zum Abblühen in der Farbe zu verändern, z. B. von Rot nach Blau. Bei Rot oder Braun wurde die Mehrzahl der Orchideen, insbesondere die meisten *Orchis-* und *Ophrys*-Arten eingeordnet, auch wenn in ihrer Zeichnung daneben grüne, gelbe und blaue Streifen oder Flecken auftreten. Im allgemeinen erfolgt die Einordnung einer Blüte nach der Farbe der Kronblätter, in einzelnen Fällen wurde sie aber auch nach dem Gesamtbild der Blüte vorgenommen, z. B. bei *Eucalyptus* zu Weiß oder bei den Wolfsmilcharten zu Gelb. Um möglichst viele Arten abbilden zu können, ist jede nur einmal im Bild wiedergegeben, auch wenn sie eventuell in Farbvarietäten auftritt. Innerhalb der ersten vier Farbgruppen werden die Pflanzen dann nach einfachen Blütenmerkmalen angeordnet, die als Symbole in der Symbolleiste jeweils links wiederzufinden sind:

 Blüten radiär, höchstens 4 Blütenblätter oder -zipfel: hier finden sich vor allem die Kreuzblütler, aber auch einzelne Arten mit weniger als 4 bzw. ohne Blütenblätter.

 Blüten radiär, 5 Blütenblätter, gelegentlich sind diese auch tief geteilt in je 2 Zipfel, bei anderen sind sie zu einer Röhre mit 5 Zipfeln verwachsen.

 Blüten radiär, 6 Blütenblätter oder -zipfel und mehr: insbesondere sind dies die 6zähligen Vertreter der Einkeimblättrigen, aber auch einzelne 6- und mehrzählige Vertreter anderer Familien.

 Blüten in Köpfchen: mehrere Blüten zu Köpfchen vereinigt, die dem Laien – wie den bestäubenden Insekten – oft als einheitliche Blüte erscheinen (besonders bei den Korbblütlern).

 Blüten zweiseitig-symmetrisch mit freien (z. B. Schmetterlingsblütler) oder verwachsenen Blütenblättern, oft mit einer mehr oder weniger deutlich ausgebildeten Lippe (Lippenblütler, Orchideen).

Die Pflanzen mit grünen oder unscheinbaren Blüten wurden gegliedert in

 Farne, in der Jugend immer mit eingerollten Blättern,

 Nadelhölzer: Bäume oder Sträucher mit nadel- oder schuppenförmigen Blättern,

 Laubbäume,

Laubsträucher und

 Krautige Pflanzen, diese unterteilt in Zweikeimblättrige und Einkeimblättrige, unter den letzteren vor allem eine Reihe von Gräsern und Grasartigen.

Der Text zu jeder Abbildung beginnt mit dem deutschen und dem wissenschaftlichen Pflanzennamen, deren Nomenklatur sich nach FLORA EUROPAEA bzw. soweit erschienen nach MED-CHECKLIST (Literaturverzeichnis s. S. 306) richtet, und mit der Bezeichnung der Pflanzenfamilie. Nach dem Buchstaben **B:** folgt jeweils eine ausführliche Beschreibung der Art, beginnend mit dem Sproßaufbau und den Blättern bis hin zu den Blüten und ihren Teilen und den Früchten. Wenn für ein Organ zwei Maße angegeben werden, so zunächst die Länge und dann die Breite. Hinweise über die Bedeutung der Art für den Menschen, z. B. als Heilpflanze, beschließen diesen Abschnitt. Unter **S:** werden die Standorte genannt, an denen die Art ihren Schwerpunkt hat: Neben den auch aus Mitteleuropa bekannten Biotopen sind dies besonders immergrüne Wälder, vor allem von Eichen, aber auch von Kiefern gebildet, und die durch jahrtausendelange Nutzung, Rodung, Be- und Überweidung entstandenen Gebüschformationen, die Macchien (2–5 m hohe, dichte immergrüne Gebüsche) und Gariques, gebietsweise als Phrygana oder Tomillares bezeichnet (niedere, meist offene und lückige immergrüne Gebüsche). Unter **V:** wird die Verbreitung beschrieben, gegebenenfalls auch außerhalb des Mittelmeergebietes. Hier wird ebenso jeweils das Vorkommen auf den Kanarischen Inseln erwähnt, die viele Arten der Mittelmeerflora noch erreichen, auch wenn für diese Inselgruppe zahlreiche eigene, endemische Pflanzen charakteristisch sind. Die genauere Verbreitung im Mittelmeerraum wird in einem Kärtchen in der Symbolleiste dargestellt.

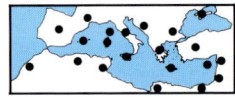

Hier findet sich jeweils ein Punkt für das Vorkommen einer Art in folgenden Teilgebieten: ● Spanien und Portugal, ● Balearen, ● Frankreich, ● Korsika, ● Sardinien, ● Italien, ● Sizilien, ● Jugoslawien, ● Griechenland, ● Kreta, ● Bulgarien, ● Krim, ● Türkei, ● Zypern, ● Libanon und Syrien, ● Israel und Jordanien, ● Ägypten, ● Libyen, ● Tunesien, ● Algerien, ● Marokko.
Unter **U:** werden weitere ähnliche und verwandte Arten mit wichtigen Unterscheidungsmerkmalen beschrieben und ihre Verbreitung angegeben.
In der Symbolleiste bzw. am Ende jedes Textes finden sich außerdem die Blütezeit der abgebildeten Art, ihre Größe und Lebensform mit den folgenden Symbolen:

⊙   Einjährige Pflanzen, die die sommerliche Trockenheit nur mit ihren Samen überdauern;

⊙⊙   Zweijährige Pflanzen, die im ersten Jahr nur eine Rosette ausbilden und nach der Blüte im zweiten Jahr absterben;

♃   Krautige, ausdauernde Pflanzen;

 Sträucher einschließlich der Zwergsträucher;

    Bäume.

Bestimmungsbeispiel

Die hier abgebildete strauchförmige Pflanze wird im Mai in Südfrankreich blühend gefunden. Das Inhaltsverzeichnis führt über „Blütenfarbe rot oder braun" und „Blüten radiär, 5 Blütenblätter" zu den Seiten 160–174. Man blättert die in Frage kommenden Seiten durch: Die meisten Blüten sind in Form und Größe wesentlich anders, die Symbolleiste weist auch nur wenige Arten als Sträucher aus. Die Ähnlichkeit mit den beiden Zistrosenarten auf S. 166 und S. 168 ist offensichtlich. Die blassere Blütenfarbe läßt die „Weißliche Zistrose, *Cistus albidus*" vermuten, was die beschriebenen Blattmerkmale bestätigen: halbstengelumfassend, auf beiden Seiten weißfilzig, auf der Unterseite mit 3 parallelen, stark hervortretenden Nerven. Die ebenfalls abgebildete „Graubehaarte Zistrose" hätte dagegen grüne oder graugrüne, 5–15 mm lange gestielte Blätter. Das Verbreitungskärtchen zeigt, daß die Art aus Frankreich bekannt ist. Von den weiteren, unter **„U:"** beschriebenen Arten kommen zwei nur im östlichen Mittelmeergebiet bzw. in Nordafrika vor, die bei *Cistus albidus* noch genannte Art *Cistus crispus* ist durch intensiver gefärbte, sehr kurz gestielte Blüten und am Rand gewellte Blätter zu unterscheiden. So ist die Bestimmung „Weißliche Zistrose" gesichert.

Die wichtigsten botanischen Fachausdrücke

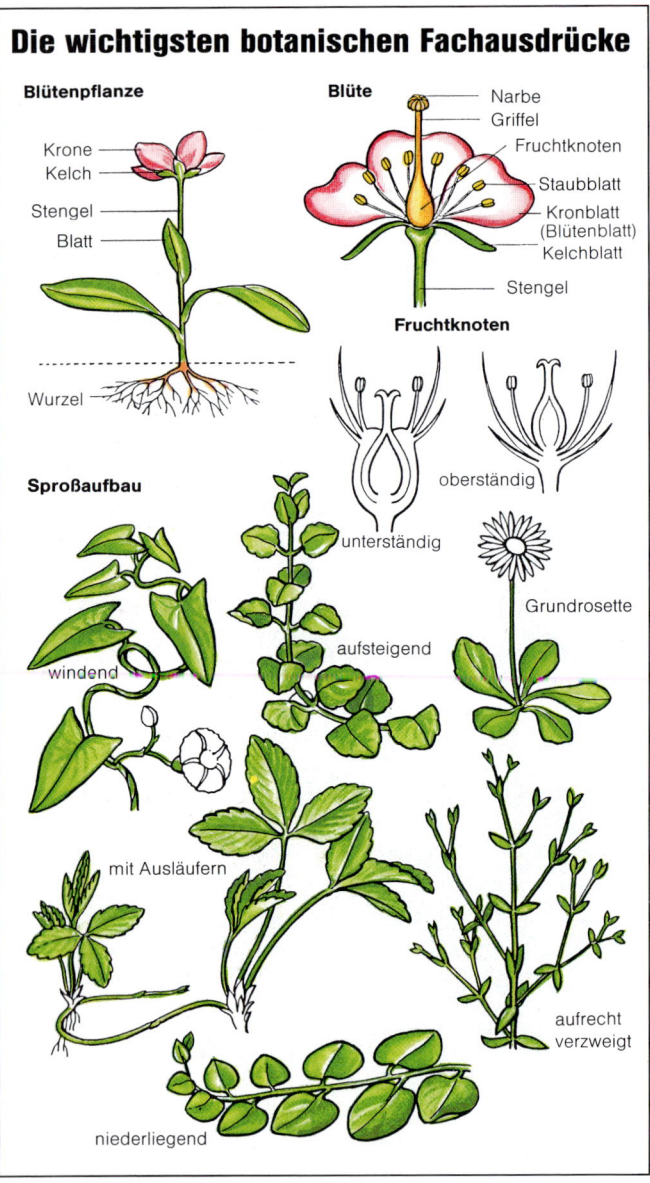

Blütenpflanze

Krone
Kelch
Stengel
Blatt

Wurzel

Blüte

Narbe
Griffel
Fruchtknoten
Staubblatt
Kronblatt (Blütenblatt)
Kelchblatt
Stengel

Fruchtknoten

oberständig
unterständig

Sproßaufbau

windend

mit Ausläufern

aufsteigend

Grundrosette

aufrecht verzweigt

niederliegend

Blütenkrone radiär

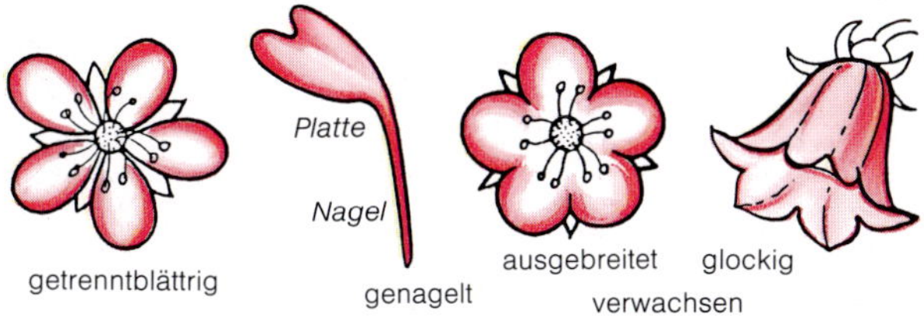

getrenntblättrig

Platte

Nagel

genagelt

ausgebreitet   glockig

verwachsen

Blütenkrone zweiseitig-symmetrisch

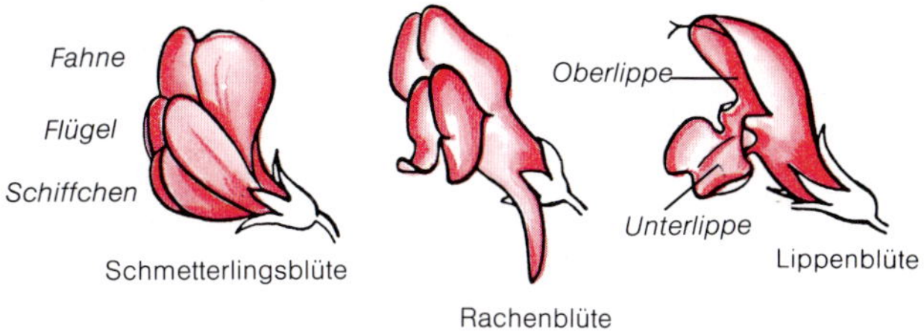

Fahne

Flügel

Schiffchen

Schmetterlingsblüte

Rachenblüte

Oberlippe

Unterlippe

Lippenblüte

Orchideenblüten

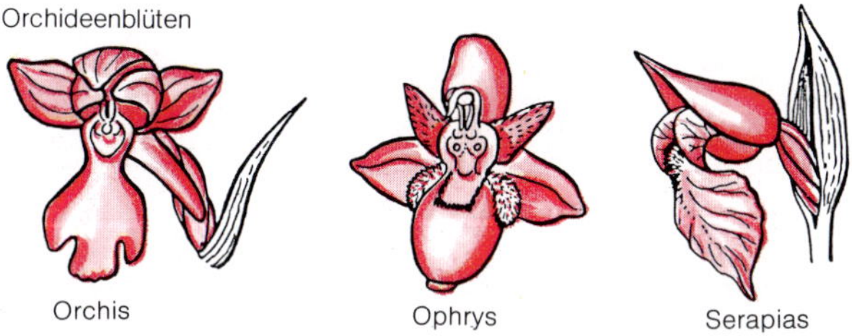

Orchis

Ophrys

Serapias

Kelch

getrenntblättrig   verwachsen   bauchig   aufgeblasen

nervig   zweilippig   Außenkelch

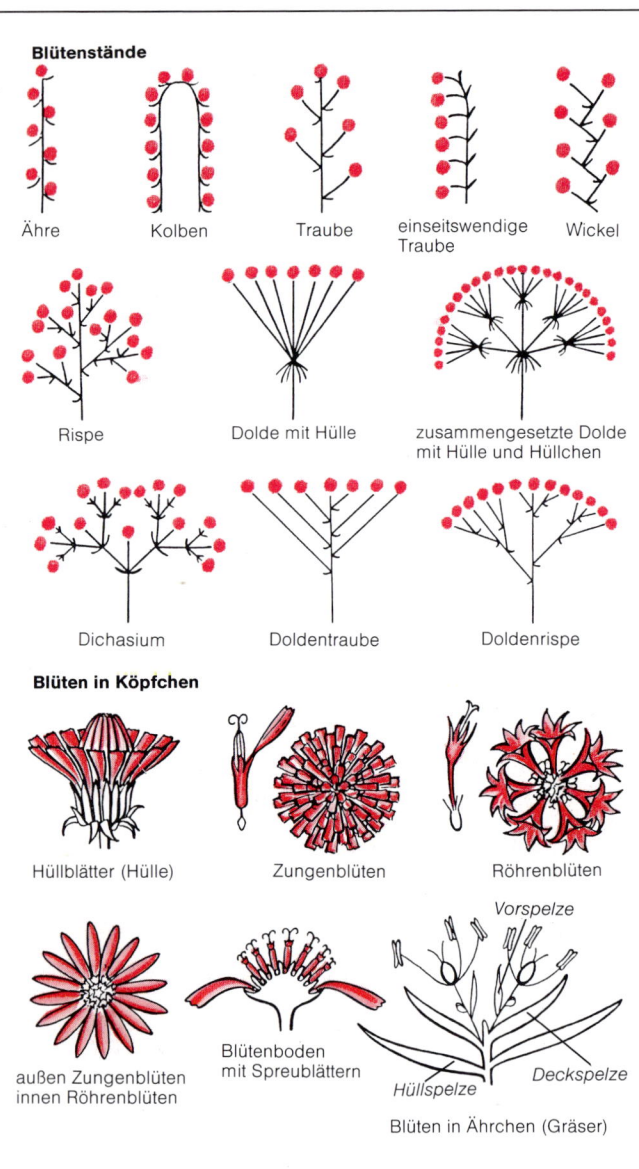

Blütenstände

Ähre   Kolben   Traube   einseitswendige Traube   Wickel

Rispe   Dolde mit Hülle   zusammengesetzte Dolde mit Hülle und Hüllchen

Dichasium   Doldentraube   Doldenrispe

Blüten in Köpfchen

Hüllblätter (Hülle)   Zungenblüten   Röhrenblüten

außen Zungenblüten innen Röhrenblüten

Blütenboden mit Spreublättern

Vorspelze

Deckspelze

Hüllspelze

Blüten in Ährchen (Gräser)

Das Blatt

Blattspreite

Blattspreite

Blattstiel

Blattgrund

nadelförmig   pfriemlich   lineal   lanzettlich

eilanzettlich   eiförmig   länglich eiförmig

verkehrt eiförmig   spatelig   rundlich   schildförmig

nierenförmig   herzförmig   verkehrt herzförmig   rautenförmig

dreieckig   pfeilförmig   spießförmig   fiederteilig

handförmig geteilt   dreizählig   gefingert   fußförmig

Blattspreite

unpaarig gefiedert paarig gefiedert doppelt gefiedert mit Ranken

Blattrand

ganzrandig gesägt doppelt gesägt gezähnt

dornig gezähnt schrotsägeförmig gekerbt gebuchtet

Nervatur

fiedernervig netznervig parallelnervig

Blattansatz

sitzend

lang gestielt stengel-umfassend mit Neben-blättern Nebenblätter zu Scheide (Ochrea) verwachsen

Blattstellung

gegenständig

wechselständig

gekreuzt gegenständig

quirlständig

Unterirdische Pflanzenteile

Sproßknolle

Erdsproß

Zwiebel

Pfahlwurzel

Wurzelknolle

Roter Zistrosenwürger
Cytinus ruber (Fourr.) Komarov
Schmarotzerblumengewächse
Rafflesiaceae (Cytinaceae)

B: Schmarotzer auf den Wurzeln rosablühender Zistrosenarten, dessen fleischige Triebe nestartig aus der Erde hervorbrechen. Stengel mit karmesinroten, schuppenförmigen Blättern. Blüten dicht büschelig zu 5–12, weibliche und männliche getrennt. Jede Blüte umgeben von 2 Hochblättern, die wie die Blätter gefärbt sind. Blütenhülle weißlich oder blaßrosa, am Grunde verwachsen, mit 4 abstehenden Zipfeln, die die Hochblätter überragen. Staubblätter 8, zu einer Säule verbunden. Die zahlreichen Samen in eine süße, klebrige Masse eingebettet.

S: Macchien und Garigues, immer an die Vorkommen ihrer Wirtspflanzen gebunden.
V: Mittelmeergebiet.
U: Ähnlich *Cytinus hypocistis* (L.) L.: Stengel nur 3–7 cm, die Blätter gelb, orange oder rot, Blütenhülle gelb. Mehrere Unterarten, die auf *Halimium*, besonders aber auf weißblütigen Zistrosenarten, im östlichen Mittelmeergebiet auch auf dem rosablütigen *Cistus parviflorus* schmarotzen (Mittelmeergebiet, Kanaren).
Die Gattung *Cytinus* kommt außer im Mittelmeergebiet mit 5 Arten von S-Afrika bis Madagaskar vor. Die Familie der *Rafflesiaceae*, die in den Tropen und Subtropen ganz parasitisch auf Holzpflanzen lebt, ist durch die blattlosen Riesenblumen mit fast 1 m großen Blüten bekannt.

| | April – Mai | ♃ | 3 – 12 cm | 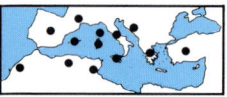 |

Brennende Waldrebe
Clematis flammula L.
Hahnenfußgewächse
Ranunculaceae

B: Stengel kletternd, gerillt, am Grunde mehr oder weniger verholzt. Die sommergrünen, gegenständigen Blätter meist 2fach gefiedert, Fiedern lang gestielt, schmallänglich bis fast rundlich, ganzrandig oder 2- bis 3lappig. Blütenstand rispig, die wohlriechenden Blüten etwa 2 cm im Durchmesser, mit 4 weißen, schmalen und stumpfen, nur außen am Rand dicht filzig behaarten Hüllblättern. Früchte mit bis 2 cm langem, fedrig behaartem Schweif.
S: Macchien, Hecken.
V: Mittelmeergebiet

U: Weißblütig und kletternd ist auch *Clematis cirrhosa* L.: Blätter immergrün, einfach, 3lappig oder 1–2fach 3zählig. Blüten einzeln, 4–7 cm im Durchmesser, glockenförmig nickend, gelblichweiß, manchmal mit roten Flecken, außen behaart. Die beiden Hochblätter unterhalb der Blüte becherartig verwachsen. Blütezeit Dezember–April (Mittelmeergebiet). *Clematis vitalba* L. hat nur einfach gefiederte, sommergrüne Blätter. Blüten in Rispen, 2 cm im Durchmesser, innen und außen behaart. Blütezeit Mai–September (Mittel- und S-Europa, SW-Asien). Violett blühen *Clematis viticella* L. mit abstehenden, vorne breiten Hüllblättern (Italien, Balkanhalbinsel, SW-Asien) und *Clematis campaniflora* Brot. mit glockenförmig zusammenschließenden Hüllblättern (Iberische Halbinsel).

	Mai–August	 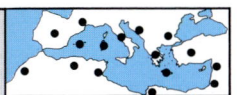	3–5 m	

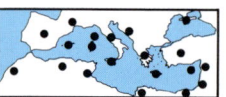

Dorniger Kapernstrauch
Capparis spinosa L.
Kaperngewächse
Capparidaceae

B: Strauch mit überhängenden Zweigen. Blätter wechselständig, gestielt, etwas fleischig, kahl, rundlich oder rundlich-eiförmig, stumpf oder ausgerandet, ohne oder mit kleiner Stachelspitze. Am Grunde 2 gekrümmte Nebenblattdornen. In den Blattachseln einzelne, langgestielte, 5–7 cm breite Blüten. 4 Kelchblätter und 4 weiße Kronblätter, die fast gleich lang sind. Zahlreiche violette oder weiße Staubfäden und ein langgestielter, herausragender Fruchtknoten.
Die noch nicht geöffneten Blütenknospen werden als Kapern zu Fleisch- und Fischgerichten verwendet. Nach dem Pflücken läßt man sie welken, wobei das charakteristisch schmeckende Methylsenföl entsteht, und legt sie dann gesalzen in Essig oder Öl ein. Hauptanbaugebiete sind S-Frankreich und Spanien.
S: Felsen und Mauern, häufig auch angebaut.
V: Mittelmeergebiet, Kanaren, SW-Asien.
U: Mehrere, z. T. schwer unterscheidbare Arten, u. a. *Capparis ovata* Desf.: Blätter länglich bis elliptisch oder eiförmig, gewöhnlich mit einer deutlichen, kleinen Stachelspitze, Nebenblattdornen gerade oder gekrümmt. Blüten 4–5 cm, die unteren Kronblätter deutlich länger als die oberen (südwestliches Mittelmeergebiet).

	April – September		0,3 – 1 m	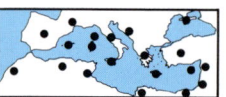

Strandkresse, Weißes Schildkraut
Lobularia maritima (L.) Desv.
Kreuzblütler
Brassicaceae (Cruciferae)

B: Als Zierpflanze bekannte, sehr häufige Art mit aufsteigenden oder aufrechten, am Grunde vielfach verzweigten und verholzten Ästen. Blätter sitzend, ganzrandig, schmal, lineallanzettlich, 2–5 mm breit, zugespitzt oder stumpf, durch angedrückte Gabelhaare mehr oder weniger graugrün. Weiße oder schwach rosafarbene, nach Honig duftende Blüten in unbeblätterten Trauben, die sich während der Fruchtzeit stark verlängern. Die 4 Kronblätter etwa 3 mm lang, abgerundet, Staubfäden rötlich, Kelchblätter abstehend, am Grunde nicht gesackt. Schötchen 2–3,5 mm lang, verkehrteiförmig bis fast rundlich, behaart oder kahl, jedes der 2 durch ein dünnes Häutchen geteilten Fächer mit einem scharf schmeckenden, geflügelten Samen.

S: Fels- und Sandküsten, Wegränder, Felder, Mauern.

V: Mittelmeergebiet, Kanaren, auch in Mitteleuropa als 1jährige Rabattenpflanze in verschiedenen Gartenformen kultiviert und gelegentlich verwildert.

U: *Lobularia libyca* (Viv.) Webb & Berth.: ähnlich, aber meist 1jährig. Blätter in einen kurzen Stiel verschmälert, stumpf. Blütenstand am Grunde beblättert, mit 5 mm langen Blüten. Schötchen 3–7 mm, eiförmig, zusammengedrückt, zerstreut behaart, in jedem Fach 4–6 Samen (nur im südlichen Mittelmeergebiet, Kanaren).

| | April–September | ♃ | 10–40 cm | 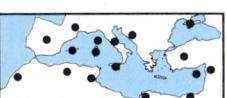 |

Herbst-Seidelbast
Daphne gnidium L.
Seidelbastgewächse
Thymelaeaceae

B: Wenig verzweigter Strauch, die streng aufrechten Zweige gleichmäßig dicht mit kahlen, aber unterseits drüsigen, linealen bis lanzettlichen, bespitzten, blaugrünen, ein Jahr ausdauernden Blättern besetzt, diese 2–5 cm lang und 3–8 mm breit. Blüten mit 4zipfliger, 2–4 mm langer Blütenhülle, gelblichweiß, zwischen den Blättern an den Enden der Triebe. Blütenstiele und Blütenbecher behaart. Früchte eiförmig, fleischig, leuchtend rot, später schwärzlich, 7–8 mm groß, wie die Blätter sehr giftig.
S: Macchien und Wälder.

V: S-Europa, vor allem im Westen, NW-Afrika, Kanaren.
U: In der Verbreitung östlich anschließend *Daphne gnidioides* Jaub. & Spach: Blätter ähnlich, aber Blüten zu 3–12 endständig mit kleinen hinfälligen Hochblättern und zu 2–3 auch in den oberen Blattachseln. Blütenhülle 8–10 mm, weißlich oder rosa. Früchte orangerot, ledrig, kaum fleischig. Blütezeit Mai–August. Ein immergrüner Frühjahrsblüher im Unterwuchs der Laubwälder der Bergstufe ist *Daphne laureola* L.: Blätter bis 12 cm lang und bis 3,5 cm breit, verkehrteiförmig-lanzettlich, ledrig und dunkelgrün, an den Zweigenden gehäuft. Blüten in kleinen achselständigen Trauben, grünlichgelb und kahl. Früchte schwarz (S- und W-Europa, NW-Afrika, verwildert bis Mitteleuropa).

| | Juni–Oktober |  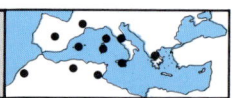 | 0,5–2 m | |

Gewöhnlicher Fieberbaum
Eucalyptus globulus Labill.
Myrtengewächse
Myrtaceae

B: Kräftiger hoher Baum mit glatter Borke, die sich in langen Steifen ablöst. Jugendblätter kreuzweise gegenständig, eiförmig bis lanzettlich, ungestielt, blaugrün, Folgeblätter wechselständig, gestielt, sichelförmig-lanzettlich, glänzend grün, 10–30 cm lang und 3–4 cm breit. Blüten einzeln (!), Kron- und Kelchblätter der blaugrün bereiften Blütenknospen verwachsen und sich als Deckel abhebend, zahlreiche weiße oder rosa Staubblätter freigebend. Früchte umgekehrt kegelförmig, 1–1,5 x 1,5–3 cm, mit 4 Rippen. Die Blätter liefern das bei Erkran-

kungen der Atmungsorgane angewendete Eukalyptusöl.
S, V: Seit dem 19. Jahrhundert zur Trockenlegung von Sümpfen und als schnellwüchsiger Holzlieferant in Aufforstungen, auch als Zierbaum häufig gepflanzt. Heimat Tasmanien.
U: Alle weiteren im Mittelmeergebiet gepflanzten Arten, etwa 20 von 600 in Australien und Tasmanien heimischen, unterscheiden sich durch Blüten in doldenförmigen Blütenständen und weniger als 1 cm große Früchte, u. a. *Eucalyptus camaldulensis* Dehnh. mit 5–10 Blüten auf rundlichem, 10–15 mm langem Stiel und halbkugeligen Früchten mit breitem Rand oder *Eucalyptus viminalis* Labill. mit 3 Blüten auf 3–6 mm langem, rundlichem Stiel und kugeligen bis etwas abgeflachten Früchten.

	Februar–Juli		20–40 m	KULTURPFLANZE

Baum-Heide
Erica arborea L.
Heidekrautgewächse
Ericaceae

B: Immergrüner Strauch oder kleiner Baum, auf den Kanarischen Inseln bis 15 m hoch. Junge Triebe dicht weiß behaart. Blätter abstehend, nadelartig, 3–5 mm lang, in Quirlen meist zu 4, kahl, dunkelgrün, die Unterseite vom umgerollten Blattrand vollständig bedeckt. Blütenstände sehr reichblütig, Blütenstiele kahl, 3 mm, unterhalb der Mitte mit 2–3 Blättchen. Krone weiß, 2,5–4 mm, glockig mit 4 Zipfeln, die dunkelbraunen Staubbeutel am Grunde mit Anhängseln und in der Blüte eingeschlossen. Narbe kopfig, weiß.

Die Zweige dieser häufigen Art werden zu Besen verarbeitet. Das rötliche, gut polierbare Wurzelholz findet wegen seiner Spaltfestigkeit und seines guten Geschmacks bei längerem Gebrauch zur Herstellung von Pfeifenköpfen Verwendung (Bruyèrepfeifen).
S: Immergrüne Wälder, Macchien, vor allem auf saurem Gestein.
V: Mittelmeergebiet, Kanaren, Gebirge Zentralafrikas.
U: Im Mai–Juli blüht *Erica scoparia* L.: 2,5 (–6) m hoher schlanker Strauch, junge Zweige meist kahl. Die Unterseite der Blätter vom umgerollten Rand nur zu 2/3 bedeckt. Blütenkronen grün, mehr oder weniger rot überlaufen, 2,5–3 mm. Staubbeutel am Grunde ohne Anhängsel, in der Blüte eingeschlossen. Narbe rot (westliches Mittelmeergebiet, östlich bis Italien, Kanaren).

	März–Mai		1–4 (–15) m	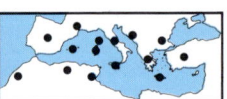

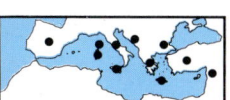

Manna-Esche, Blumen-Esche
Fraxinus ornus L.
Ölbaumgewächse
Oleaceae

B: Sommergrüner Baum, auch im Alter mit glatter, grauer Rinde. Blätter kreuzweise gegenständig, 5–9zählig gefiedert, mit Stiel etwa 30 cm lang. Fiederblättchen 3–10 cm lang, unregelmäßig gesägt, zugespitzt eilanzettlich, 2–18 mm lang gestielt. Die duftenden Blüten in vorwiegend endständigen, aber auch achselständigen, aufrechten, später überhängenden Rispen erscheinen mit den Blättern. Kronblätter weiß, meist 4, am Grunde paarweise verwachsen, linealisch, 6 (–10) mm lang (andere Eschen-Arten haben keine Blütenkrone!), 2 Staubblätter mit langen Staubfäden. Frucht dunkelbraun, zungenförmig, hängend, 2–4 cm lang. Der durch Einschnitte in die Rinde gewonnene, süße, weißliche, eingetrocknet harte Saft (Manna) wird als leichtes Abführmittel und zur Gewinnung von Mannit verwendet. Das Manna der Bibel stammt dagegen nicht von der Manna-Esche.

S: Laubmischwälder, bis in die Bergstufe. Früher auch zur Manna-Gewinnung (vor allem auf Sizilien) und als Laubfutterbaum gepflanzt.

V: S-Europa, nördlich bis Tschechien, Kleinasien.

U: Unserer heimischen Esche ähnlich *Fraxinus angustifolia* Vahl, aber Blattknospen dunkelbraun, Zweige und Blätter kahl, Blättchen sitzend, mit gleicher Anzahl Sägezähnen und Seitennerven (Mittelmeergebiet, SW-Asien).

| | April–Juni | | 6–15 m | |

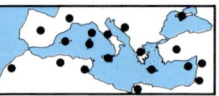

Ölbaum
Olea europaea L.
Ölbaumgewächse
Oleaceae

B: Langsamwüchsiger, immergrüner, im Alter kräftig-knorriger Baum mit breiter Krone und grauer rissiger Borke. Blätter gegenständig, länglich-lanzettlich, kurz gestielt, ledrig, oberseits dunkelgrün, unterseits silbergrau schimmernd, 2–8 cm lang und 0,5–1,5 cm breit. Duftende, kleine, gelblichweiße 4zipfelige Blüten mit kurzer Kronröhre in rispigen Blütenständen. Früchte fleischig mit hartem Steinkern, zunächst grün, reif bräunlich bis schwarzblau. Erntezeit der Oliven Dezember–Februar. Olivenöl, aus den Früchten gepreßt, ist ein wichtiger Wirtschaftsfaktor der Mittelmeerländer, als Speiseöl, für technische Zwecke und auch in der Pharmazie. Die von Hand gepflückten, dickfleischigen Speiseoliven stammen von ölarmen Sorten und kommen nach einem Prozeß der Entbitterung in eine mit Gewürzen versehene Kochsalzlösung eingelegt in den Handel. Zubereitungen aus den Blättern sind in blutdrucksenkenden Arzneien enthalten. Das Holz wird zu Schnitz- und Drechselarbeiten verwendet.

S, V: Im ganzen Mittelmeergebiet häufigster Kulturbaum. Die in den Wäldern und Macchien vorkommenden Wildpflanzen werden als var. *sylvestris* Brot. (var. o*leaster* DC.) bezeichnet. Sie unterscheiden sich von den Kulturformen durch kleinere Blätter, bedornte Zweige und kleine, ölarme, bittere Früchte.

 | Mai–Juni | | bis 15 m |

Strand-Knöterich
Polygonum maritimum L.
Knöterichgewächse
Polygonaceae

B: Strandpflanze mit niederliegend-aufsteigenden Stengeln, die immergrünen, gräulichen, sitzenden Blätter elliptisch, bis 2,5 cm lang, am Rand meist umgerollt. Nebenblattscheiden unten rotbraun, oben durchscheinend silbrig, tief zerschlitzt, mit 8–12 deutlichen, verzweigten Nerven, im Blütenstand länger als die Stengelglieder. Blüten mit 5teiliger, weißlicher bis rosa, 3–4 mm langer Blütenhülle, einzeln oder zu 2–4 in den Blattachseln. Nüsse 3kantig, glänzend braun.
S: Dünen, Kiesstrände.
V: Küsten des Mittelmeeres, des Schwarzen Meeres und des Atlantiks, nördlich bis zu den Kanal-Inseln, südlich bis zu den Kanaren.
U: An Wegrändern und auf Schuttplätzen leicht kenntlich *Polygonum equisetiforme* Sibth. & Sm.: Pflanze schachtelhalmartig. Nebenblattscheiden viel kürzer als die stark verlängerten Stengelglieder. Blätter länglich oder lineal, 2–4 cm, bald abfallend. Blüten in endständigen, lockeren, ährenartigen Blütenständen (Mittelmeergebiet, im Norden z.T. fehlend, Kanaren, SW-Asien). *Polygonum romanum* Jacq.: Blätter schmallanzettlich, Ränder flach, nur im oberen Teil der Stengel. Nebenblattscheiden schwach 6nervig, kürzer als die mittleren Stengelglieder. Blüten ungleich lang gestielt in den Blattachseln (westliches S-Europa).

	April–Oktober	♃	10–50 cm	
✼				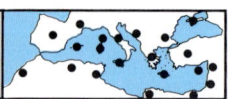

Kahle Drillingsblume
Bougainvillea glabra Choisy
Wunderblumengewächse
Nyctaginaceae

B: Kletternder kahler oder fast kahler Strauch. Blätter wechselständig, bis 12 m lang gestielt, zugespitzt eiförmig oder länglich, ganzrandig, bis 6 x 2,5 cm, in den Blattachseln gerade Dornen. Blüten 14–21 mm, röhrenförmig mit kurzem, ausgebreitetem, innen cremefarbenem Saum, außen olivgrün, manchmal purpurn überlaufen, fast kahl. Jeweils 3 der relativ unscheinbaren Blüten von 3 auffallenden, hell- oder dunkelvioletten, zugespitzt breiteiförmigen Hochblättern umgeben und überragt, die die Aufgabe eines Schauapparates haben und auch nach der Blüte an der Pflanze bleiben, um dann trockenhäutig geworden den reifen Früchten (im Gebiet kaum ausgebildet) als Flugorgan zu dienen.
S, V: Häufig als Zierpflanze in vielen Formen kultiviert, Heimat Brasilien.
U: Ähnlich *Bougainvillea spectabilis* Willd.: Pflanze kräftiger, Stengel lang filzig behaart. Blätter oberseits kurz, unterseits sehr dicht behaart. Dornen mehr oder weniger gebogen. Blüten 18–30 mm, außen purpurn, dicht behaart. Hochblätter oft auch scharlachrot, rosa oder orange, eiförmig, behaart, so lang wie die Blüten oder länger. Die Gattung wurde nach dem französischen Seefahrer Bougainville benannt, auf dessen Expedition die Pflanze 1769 bei Rio de Janeiro entdeckt wurde. Der deutsche Name ist aus der Anordnung der Blüten zu verstehen.

	Januar–Dezember		bis 10 m	ZIERPFLANZE

Dornnelke, Dorniges Kronenkraut
Drypis spinosa L.
Nelkengewächse
Caryophyllaceae

B: Blaßgrüne, kahle Pflanze mit reich
verzweigten, vierkantigen, steifen,
spröden Stengeln. Blühende Triebe
aufrecht, dicht nebeneinander stehend. Blätter gegenständig, sitzend,
lanzettlich-pfriemlich, starr und stechend, auf der Oberseite rinnig, 2–3
cm lang und 1–2 mm breit. Blütenstände doldenförmig zusammengezogen, durch die gleichmäßige Verzweigung in der Aufsicht oft viereckig,
umgeben von dornig gezähnten Hüllblättern, Blüten klein, mit 5 weißen
oder rosa, 2lappigen, lang genagelten
Blütenblättern. Staubbeutel bläulich.

Kelch 5zähnig. Kapsel verkehrteiförmig, sich mit einem Deckel öffnend.
Bei der ssp. *spinosa* Blütenblätter bis
zum Grunde 2lappig, Blüten vom Enddorn der äußeren Hüllblätter weit
überragt, Kelch unten häutig. Bei der
ssp. *jacquiniana* Wettst. & Murb. Blütenblätter nur bis zur Hälfte 2lappig,
äußere Hüllblätter mit ihrem Enddorn
kaum die Blüten überragend, Kelch
ledrig (Bild). Die in ihrem äußeren
Erscheinungsbild recht eigenartige
Gattung umfaßt nur diese Art. In ihrem kleinen Verbreitungsgebiet ist sie
durchaus häufig.
S, V: Die ssp. *spinosa* in den Gebirgen
Mittelitaliens und der Balkanhalbinsel,
die ssp. *jacquiniana* Murb. & Wettst.
an Sand- und Felsküsten der nordöst-
lichen Adria. Auch als Zierpflanze in
Steingärten geeignet.

	Juni–September	♃	8–30 cm	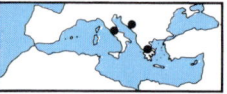

Weiße Resede
Reseda alba L.
Resedengewächse
Resedaceae

B: Pflanze aufrecht oder aufsteigend, im oberen Teil oft verzweigt. Stengel bis zum Blütenstand beblättert. Blätter wechselständig, etwas graugrün, rauh, kammartig fiederschnittig, mit 5–15 gleichartigen, am Rande oft gewellten Lappen auf jeder Seite. Blüten in reichblütigen, dichten Trauben, 5- seltener 6zählig. Kronblätter weiß, bis 6 mm, länger als die lanzettlichen Kelchblätter, in der vorderen Hälfte in 3 schmale Zipfel zerteilt, die seitlichen oft noch weiter geteilt. Staubfäden bis zur Fruchtreife ausdauernd. Die charakteristische Kapsel aus 4 Fruchtblät-

tern gebildet, 8–15 mm groß, länglichelliptisch, vierkantig, aufrecht.
S: Wegränder, Schuttplätze, Ruinen.
V: Mittelmeergebiet, SW-Asien, in Mitteleuropa gelegentlich als Zierpflanze kultiviert und verwildert.
U: Ungeteilte spatelförmige Blätter, nur die oberen oft 3lappig, hat *Reseda phyteuma* L.: Pflanze ein- oder zweijährig, vom Grunde an verzweigt, 10–50 cm hoch. Blüten 3–5 mm, grünlichweiß, die 6 Kronblätter 2–4 mm lang mit beidseitig 5–9 linealen Abschnitten. Kelchblätter zur Fruchtzeit bis auf 10 mm verlängert. Kapsel stumpf 3kantig, keulenförmig, 10–16 mm lang, nickend (Mittelmeergebiet).
Besonders im westlichen Mittelmeergebiet weitere, meist kleinräumig verbreitete, überwiegend weißblütige *Reseda*-Arten.

	April – September	☉ ♃	30–90 cm	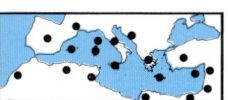

Pechsamenstrauch,
Chinesischer Klebsame
Pittosporum tobira (Thunb.) Ait. f.
Klebsamengewächse
Pittosporaceae

B: Immergrüner Strauch mit schwärzlicher Rinde. Junge Zweige grau behaart. Die immergrünen, ledrigen, oberseits dunkelgrün glänzenden, zunächst behaarten, später kahlen Blätter verkehrteiförmig, in einen 1–2 cm langen Stiel verschmälert, etwa 5–10 cm lang und 2–4 cm breit, an der Spitze abgerundet oder ausgerandet und am Rande etwas nach unten gebogen, gehäuft an den Zweigenden sitzend. Stark wie Orangenblüten duftende Blüten in endständigen Doldentrauben, die 5 stumpflichen Kronblätter zunächst weiß, später gelblich, 12–14 mm lang. Kelchblätter 3eckig, frei. Frucht eine ledrige, gelblichbraune Kapsel mit ausdauerndem Griffel, im Durchmesser 1 cm. Samen in eine klebrige Flüssigkeit gebettet.

S, V: Als Heckenpflanze im Küstenbereich häufig kultiviert, in Mitteleuropa auch als Kübelpflanze gehalten. Heimat China, Japan.

U: Häufig kultiviert wird auch *Pittosporum undulatum* Vent.: Kahler Baum, bis 20 m hoch. Blätter immergrün, eiförmig-lanzettlich, spitz, am Grunde keilförmig, 7–13 cm lang und 2–5 cm breit, dünn, am Rande gewellt. Duftende Blüten in armblütigen Doldentrauben, die Kronblätter weiß, lanzettlich, spitz. Kapseln 1 cm im Durchmesser, verkehrteiförmig, zur Reifezeit orange (Heimat Australien).

	März–Mai		2–3 m	ZIERPFLANZE

Orange, Apfelsine
Citrus sinensis (L.) Osb.
Rautengewächse
Rutaceae

B: Immergrüner Baum mit rundlicher Krone, in den Achseln junger Zweige einzelne, biegsame Dornen. Blätter dunkelgrün, breit elliptisch, zugespitzt, am Grunde abgerundet, undeutlich gekerbt. Stiel schmal geflügelt, kaum mit Seitennerven, im Umriß verkehrtlanzettlich. Blüten einzeln oder in kleinen Trauben, stark duftend, mit meist 5 dicklichen, weißen Kronblättern und etwa 20 Staubblättern.

S, V: Im Mittelmeergebiet seit dem 16. Jh. kultiviert, Heimat SO-Asien.

U: *Citrus limon* (L.) Burm. f., Zitrone: Blätter gekerbt-gesägt, deutlich vom kaum geflügelten Stiel abgesetzt. Blüten außen rötlich überlaufen, mit 25–40 Staubblättern. *Citrus aurantium* L., Pomeranze, Bitterorange: Blattstiel breiter geflügelt. Flügel oft mit Seitennerven. Frucht orangenähnlich, aber mit dickerer, bitterer, vielfältig verwendeter Schale. Angebaut werden auch *Citrus deliciosa* Ten., Mandarine, mit schmalelliptischen Blättern und dünner, dem Fruchtfleisch locker aufsitzender Schale und *Citrus bergamia* Risso & Poit., Bergamotte, mit ungenießbaren, glatten, blaßgelben, birnförmigen Früchten wegen des wohlriechenden ätherischen Öles (Sizilien und Kalabrien). Sehr breite verkehrtherzförmig geflügelte Blattstiele haben *Citrus paradisi* Macf., Grapefruit, und *Citrus grandis* (L.) Osb., Pampelmuse.

	April – Oktober	🌳	2 – 5 m	KULTURPFLANZE

	Montpellier-Zistrose
	Cistus monspeliensis L.
	Zistrosengewächse
	Cistaceae

B: Stark aromatisch duftender, drüsig-klebriger, dichter Strauch. Die sitzenden, schmallanzettlichen, 4–8 mm breiten und 2–5 cm langen, dreinervigen Blätter dunkelgrün, im Hochsommer oft braun, oberseits schwach behaart, unterseits dicht sternhaarig-filzig, mit umgerolltem Rand. Die 5zähligen Blüten weiß, 2–3 cm im Durchmesser, zu 2–8 in mehr oder weniger einseitswendigen Blütenständen. Kelchblätter fünf, 4–6 mm lang, die äußeren am Grunde breit keilförmig. Die Blüten werden in großer Fülle angelegt, so daß der Strauch trotz der Kurzlebigkeit der Einzelblüte mehrere Wochen über und über mit ihnen bedeckt ist.

S: Macchien und Garigues, auf saurem Gestein, oft auf großen Flächen vorherrschend, durch Brand begünstigt.

V: Mittelmeergebiet, Kanaren.

U: *Cistus clusii* Dunal, ebenfalls mit schmalen, linealen, aber einnervigen Blättern, 1–2,5 cm lang und 1–2 mm breit, oberseits dunkelgrün, unterseits weißfilzig mit umgerolltem Rand. Kelchblätter drei, 5–8 mm lang, wie die Blütenstiele mit langen weißen Haaren (Spanien, Balearen, S-Italien, Sizilien, NW-Afrika). Sehr ähnlich *Cistus libanotis* L., Blätter 2–3,5 cm lang und 1,5–3 mm breit. Blütenstiele und die drei 8–10 mm langen Kelchblätter kahl, aber klebrig (Iberische Halbinsel, NW-Afrika).

	April– Juni		0,3–1 m	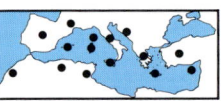

32

Salbeiblättrige Zistrose
Cistus salviifolius L.
Zistrosengewächse
Cistaceae

B: Reich verzweigter, aromatischer, aber nicht klebriger, graugrüner Strauch. Blätter 2–4 mm lang gestielt, eiförmig oder elliptisch, fiedernervig, stark runzelig und beiderseits sternhaarig, am Grunde abgerundet, 1–4 x 0,5–2 cm. Weiße, 5zählige, 1–10 cm lang gestielte Blüten, meist einzeln, aber auch bis zu 4 in den Blattachseln, im Durchmesser 3–5 cm. Kelchblätter fünf.
S: Garigues, Macchien, gebietsweise besonders auf saurem Gestein.
V: Mittelmeergebiet, östlich bis zum Kaukasus.

U: Einen 5blättrigen Kelch hat auch *Cistus populifolius* L.: Blätter gestielt, eiförmig, am Grunde herzförmig, beiderseits kahl, 4–10 x 3–6,5 cm. Blüten 4–6 cm breit (Frankreich, Iberische Halbinsel, Marokko). 3blättrig ist der Kelch bei *Cistus ladanifer* L.: bis 2,5 m hoher, stark drüsig-klebriger Strauch, Blätter fast sitzend, lineallanzettlich, 4–8 (–12) x 0,6–2,5 cm, auf 1/3 der Länge 3nervig, oberseits glänzend, dunkelgrun und kahl, unterseits dicht weißfilzig, Blüten einzeln, 7–10 cm breit, am Grunde oft dunkelrot gefleckt (Frankreich, Iberische Halbinsel, NW-Afrika, Kanaren) und *Cistus laurifolius* L.: Blätter ähnlich, aber kurz gestielt, eiförmig bis eiförmig-lanzettlich, 3–9 x 1–3 cm, Blüten endständig zu 4–8, im Durchmesser 5–6 cm (SW-Europa, Korsika, Mittelitalien).

| | April–Juni | | 0,3–1 m | 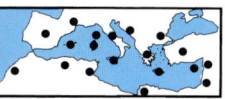 |

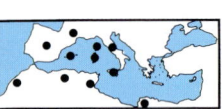

Afrikanische Tamariske
Tamarix africana Poir.
Tamariskengewächse
Tamaricaceae

B: Strauch oder kleiner Baum mit schwarzer oder dunkelpurpurner Rinde. Blätter schuppenförmig, den Zweigen eng anliegend, 1,5–4 mm lang, spitz, durchscheinend berandet. Weiße oder blaßrosa, fast sitzende, 5zählige Blüten in 3–6 cm langen und 5–8 mm breiten, kätzchenartigen Blütenständen, die vor oder mit den Blättern meist an vorjährigen Zweigen erscheinen. Kronblätter 2–3 mm lang. Tragblätter 3eckig, meist länger als der Kelch, wie die Blütenachse warzig. Samen mit langem Haarschopf und teilweise ausdauernden Kronblättern.

S: Flußläufe, Flachküsten, auch als Zierpflanze.
V: Westliches und zentrales Mittelmeergebiet, Kanaren.
U: Ähnlich *Tamarix gallica* L.: Bis 10 m hoch, mit blaugrünen Blättern ohne durchscheinenden Rand und relativ lockeren 1,5–4 cm langen und 3–5 mm breiten Blütenständen an diesjährigen, beblätterten Zweigen. Blüten 5zählig, rosa. Blütenstandsachse kahl. Kronblätter 1,5–2 mm. Tragblätter etwa halb so lang wie der Kelch (westliches Mittelmeergebiet, häufig gepflanzt). *Tamarix parviflora* DC.: Bis 3 m hoch, Blüten 4zählig, in 1,5–3 cm langen und 3–5 mm breiten blaßrosa Blütenständen. Blütenblätter höchstens 2 mm lang, Kelchblätter gezähnelt, Tragblätter fast ganz häutig (östliches Mittelmeergebiet, weiter kultiviert).

	April–Juni		2–6 m	

Myrte
Myrtus communis L.
Myrtengewächse
Myrtaceae

B: Immergrüner, reich verzweigter Strauch, kahl, nur die jungen Zweige drüsenhaarig. Die derben, ganzrandigen, kurz gestielten Blätter gegenständig, bisweilen zu 3 stehend, zugespitzt eilanzottlich, durchscheinend drüsig punktiert, 1–5 cm lang. Blüten wie die Blätter aromatisch duftend, bis 3 cm breit, einzeln in den Blattachseln an bis 3 cm langen Blütenstielen, mit 5 weißen, rundlichen Kronblättern und zahlreichen Staubblättern. Reif blauschwarze, etwa 1 cm große Beeren, von den ausdauernden Kelchzipfeln gekrönt.

Myrte spielte in der griechischen Mythologie eine große Rolle, auch heute noch werden gelegentlich Myrtenkränze bzw. -sträuße von der Braut zur Hochzeit getragen. Durch das ätherische Öl der Blätter, das stark sekretionsfördernd wirkt, hat die Pflanze Bedeutung bei der Behandlung der Atemwege. Volkstümlich wird sie auch zur Appetitanregung verwendet, zu Likör und als Gewürz.
S: Macchien, Wälder, seit alters als Zierpflanze in vielen Formen kultiviert und verwildert.
V: Mittelmeergebiet, Kanaren, östlich bis Zentralasien. Die Myrte gehört als einziger im Mittelmeergebiet einheimischer Vertreter zu den etwa 3000 weltweit bekannten Myrtengewächsen, allein die Gattung *Myrtus* umfaßt etwa 100 tropische Arten.

	Mai – August		1–5 m	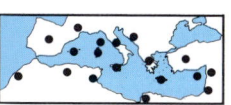

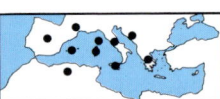

Starre Stacheldolde
Echinophora spinosa L.
Doldenblütler
Apiaceae (Umbelliferae)

B: Kräftige graugrüne, mehr oder weniger behaarte, sehr dornige Strandpflanze. Blätter 2–3fach gefiedert, fleischig und steif, gewöhnlich zurückgebogen. Abschnitte unterseits gekielt, oberseits gefurcht, mit dorniger Spitze. Dolden mit 4–8 behaarten Strahlen und 5–10blättriger dorniger Hülle und Hüllchen. Kronblätter weiß, seltener rosa, außen behaart, die äußeren größer als die inneren. Kelchblätter stechend, bleibend. Jedes Döldchen mit einer zentralen zwittrigen Blüte, umgeben von einer Anzahl männlicher, deren Stiele mit dem Fruchtknoten verbunden sind und später eine Hülle um die Frucht bilden. Früchte eiförmig, mit bleibenden, langen, aufrechten Griffeln.

S: Sandstrande.

V: S-Europa, NW-Afrika

U: Gelbblütig ist *Echinophora tenuifolia* L.: Weich grau behaarte Pflanze, Blattabschnitte flach, etwas fleischig, aber nicht dornig. Oberste Blätter einfach, in der oberen Hälfte gezähnt. Dolden mit 2–5 behaarten Strahlen, 2–5 etwa ebenso langen, eiförmig-lanzettlichen Hüllblättern und einem Hüllchen aus 5 eiförmigen, zurückgebogenen, zur Fruchtzeit dornigen Blättchen. Kronblätter bewimpert, die äußeren kaum vergrößert. In S-Italien und Sizilien die ssp. *tenuifolia*, in Griechenland, der Türkei und bis nach Afghanistan die ssp. *sibthorpiana* (Guss.) Tutin.

|  | Juni–Oktober | ♃ | 20–80 cm | |

36

Echter Venuskamm
Scandix pecten-veneris L.
Doldenblütler
Apiaceae (Umbelliferae)

B: Vom Grunde an verzweigte Pflanze mit fein gerilltem und kurz abstehend steifhaarigem Stengel. Blätter 2–4fach gefiedert, im Umriß eiförmig-länglich, mit schmalen, spitzen Lappen. Dolde mit nur 1–3 Strahlen. Kronblätter weiß, die äußeren oft etwas vergrößert. Hülle fehlend, Hüllchenblätter nur manchmal mit häutigem Rand, ganzrandig oder mit vorwärtsgerichteten Zähnen. Frucht 1,5–8 cm lang, mit kräftigem, seitlich stark zusammengedrücktem, an den Rändern borstigem oder rauhem Schnabel, der deutlich vom samentragenden Teil abgesetzt und viel länger ist als dieser. Formenreiche Art mit mehreren Unterarten, die sich u. a. in der Frucht- und Schnabellänge unterscheiden.

S: Kulturland, Brachland.

V: Mittelmeergebiet, Kanaren, nördlich (früher häufiger) bis Schottland und Schweden, SW-Asien.

U: Ähnlich *Scandix australis* L.: Früchte 1,5–4 cm lang, Schnabel nur schwach seitlich zusammengedrückt, nicht so deutlich vom samentragenden Teil abgesetzt. Hüllchenblätter oft breit hautrandig (Mittelmeergebiet). *Scandix stellata* Banks. & Sol.: Fruchtschnabel seitlich stark zusammengedrückt, rauh, 1,5–3mal so lang wie der samentragende Teil der Frucht. Hülle fehlend oder 1blättrig. Hüllchenblätter deutlich gefiedert (südliches Mittelmeergebiet, SW-Asien).

	April–Juni		15–50 cm	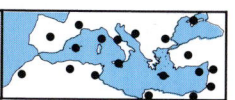

37

Apulischer Zirmet, Echter Zirmet
Tordylium apulum L.
Doldenblütler
Apiaceae (Umbelliferae)

B: Aufrechte verzweigte Pflanze mit am Grunde dicht weich abstehend, weiter oben zerstreut behaartem Stengel. Blätter gefiedert, untere mit rundlich-eiförmigen, eingeschnitten-gekerbten Blättchen, obere mit ganzrandigen, linealen Abschnitten. Doldenstrahlen 3–8. Blüten 5zählig, weiß, Randblüten mit je 1 vergrößerten, 4–6 mm langen gleichmäßig tief 2lappigen Kronblatt. Hüll- und Hüllchenblätter pfriemlich, bald zurückgeschlagen, viel kürzer als die Strahlen. Frucht flach, fast rund, 5–8 mm groß, charakteristisch durch Blasenhaare auf der Fläche und einen weißlichen, wulstigen, gekerbten, papillösen Rand.

S: Kulturland, Brachland, Wegränder.

V: Mittelmeergebiet.

U: Zwei weitere Arten sind durch folgende Merkmale kenntlich: *Tordylium officinale* L.: Doldenstrahlen 8–14, ungefähr so lang wie die Hüll- und Hüllchenblätter. Randblüten mit 2 vergrößerten, 5–8 mm langen, sehr ungleich 2lappigen Kronblättern. Früchte klein, 2–3 mm, mit Blasenhaaren und wulstigem, gekerbtem, glattem Rand (östliches S-Europa). *Tordylium maximum* L.: Doldenstrahlen 5–15. Randblüten mit 2–3 vergrößerten, 2–3 mm langen, ungleich zweilappigen Kronblättern. Früchte 5–8 mm, borstig mit wulstigem, nicht gekerbtem, glattem Rand (S- und SO-Europa, Kleinasien).

	April–Juni		20–50 cm	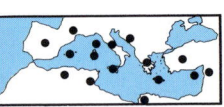

Westlicher Erdbeerbaum
Arbutus unedo L.
Heidekrautgewächse
Ericaceae

B: Immergrüner Strauch oder niedriger Baum mit mattbrauner, fein rissiger Borke und drüsig behaarten jungen Trieben. Blätter glänzend, derb, lanzettlich und scharf gesägt, 4–11 cm lang und 1,5–4 cm breit. Blattstiele weniger als 1 cm lang, oft rötlich gefärbt. Blüten etwa 9 mm, weiß bis rosa oder grünlich überlaufen, krugförmig mit umgebogonon Zipfeln, in hängenden Rispen. Kelch 1,5 mm, mit rundlichen Lappen. Früchte zunächst gelbe, später leuchtend rote, erdbeerähnliche Beeren mit warziger Oberfläche, bis 2 cm im Durchmesser, eßbar, aber fade im Geschmack. In manchen Gegenden zu Marmelade oder Likör verarbeitet.
S: Macchien und immergrüne Wälder, bevorzugt auf kalkarmen Böden. Eines der charakteristischen Hartlaubgehölze der immergrünen Mittelmeervegetation.
V: Mittelmeergebiet, an der Atlantikküste nördlich bis Irland.
U: Ähnlich der Östliche Erdbeerbaum *Arbutus andrachne* L.: Frühlingsblüher. Borke glatt rotbraun, junge Triebe kahl. Blätter 3–6 cm breit, 1,5–3 cm lang gestielt, unterseits gaugrün, fast ganzrandig, nur die Blätter junger Triebe gesägt und behaart. Blütenrispen aufrecht, drüsig behaart. Kelch 2,5 mm, mit eiförmig-rhombischen Lappen. Früchte 8–12 mm, orange, netzig-grubig (östliches Mittelmeergebiet, westlich bis S-Albanien und Griechenland).

✿	Oktober–März		1,5–3 (–12) cm	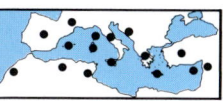

Lianen-Schwalbenwurz
Cynanchum acutum L.
Schwalbenwurzgewächse
Asclepiadaceae

B: Aufsteigend windende, blaugrüne Pflanze mit Milchsaft. Blätter gegenständig, kahl, 1–5 cm lang gestielt, herzeiförmig, vorne spitz, am Grunde tief ausgerandet. Duftende Blüten in achselständigen, gestielten Trugdolden, Krone weiß oder rosa, 8–12 mm im Durchmesser, mit 5 spreizenden Zipfeln und einer 10teiligen kleinen Nebenkrone. Kelch 5zipfelig, fein behaart. Balgkapseln meist einzeln, 8 x 1 cm, glatt. Samen mit langen seidigen Haaren. Giftpflanze.
S: Salzböden, in Hecken und an Flußufern in Küstennähe.

V: Mittelmeergebiet, Kanaren, östlich bis Zentralasien.
U: Verwandt ist die aus Mitteleuropa bekannte Gebräuchliche Schwalbenwurz *Vincetoxicum hirundinaria* Med. (*Cynanchum vincetoxicum* (L.) Pers.), die weiß- oder auch gelbblütig in mehreren Unterarten im Mittelmeergebiet auftritt: Stengel aufrecht, nicht windend. Blätter gegenständig, mehr oder weniger behaart, 5–10 mm lang gestielt, breiteiförmig bis eiförmig-lanzettlich. Blüten 3–10 mm im Durchmesser, 5zipfelig, Abschnitte der 5teiligen Nebenkrone untereinander verbunden. Balgkapseln zu zweien, bis 6 cm lang, glatt, Samen mit weißem Haarschopf (in Grasfluren, Schuttfluren, an Waldrändern, Europa, NW-Afrika, Kleinasien, Kaukasus).

	Juni–September	♃	1–3 m	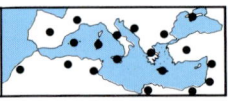

Europäische Sonnenwende
Heliotropium europaeum L.
Rauhblattgewächse
Boraginaceae

B: Dicht und anliegend weichhaarige, grüne bis graue Pflanze mit aufsteigendem oder aufrechtem, meist verzweigtem Stengel. Blätter eiförmig bis elliptisch, ganzrandig, bis 5,5 x 2,8 cm lang und breit, in einen bis 3,5 cm langen Stiel verschmälert. Blüten geruchlos, sitzend, einseitswendig, in hochblattlosen, einfachen oder gegabelten, zuerst eingerollten, später verlängerten, reichblütigen Wickeln. Krone mit weißem, 2–4 mm breitem, flachem 5zähligem Saum. Griffel an der Spitze 2teilig. Kelch fast bis zum Grunde geteilt, mit zur Fruchtzeit spreizenden Zipfeln. 4 freie, runzelige, zerstreut behaarte oder kahle Nüßchen.

S: Kulturland, Schuttplätze, Wegränder.

V: Mittelmeergebiet, Kanaren, SO-Europa, selten bis Mitteleuropa.

U: Ähnlich *Heliotropium suaveolens* Bieb.: Blüten duftend, 4–8 mm im Durchmesser, im Schlund mit Längsfalten. Kelch fast bis zum Grunde geteilt, die Zipfel aufrecht (SO-Europa, SW-Asien). *Heliotropium supinum* L.: Stengel niederliegend, kaum verzweigt, abstehend behaart. Blätter unterseits dicht weißhaarig, bis 1,5 cm lang gestielt. Kelch weißhaarig, höchstens zu 1/4 geteilt, zur Fruchtzeit das einzige Nüßchen einhüllend und mit diesem abfallend. Blütenkrone nur 1 mm breit (Mittelmeergebiet, Kanaren, östlich bis Indien).

	Juni–Oktober		5–40 cm	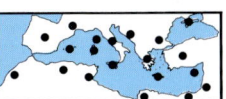

Immergrüner Schneeball
Steinlorbeer
Viburnum tinus L.
Geißblattgewächse
Caprifoliaceae

B: Immergrüner, reich verzweigter, sehr dichter Strauch oder kleiner Baum mit kahlen oder spärlich behaarten Trieben. Die ganzrandigen, ledrigen, oberseits dunkelgrün glänzenden, unterseits helleren und spärlich behaarten Blätter gegenständig, sehr kurz in einen 0,5–1,5 cm langen Stiel verschmälert, elliptisch, eilanzettlich oder lanzettlich, spitz, 3–10 cm lang und 1,5–7 cm breit. Duftende Blüten in endständigen, 4–9 cm breiten, dichten, schirmförmigen Trugdolden angeordnet. Blütenkrone 5–9 mm im Durchmesser, mit 5 rundlichen Lappen, außen rosa und innen weiß, Staubbeutel herausragend. Kelchzähne deckig, bleibend. Reife Früchte metallisch schwarzblau, 8 mm. Die schon seit langem kultivierte Art ist auch in verschiedenen Gartenformen bekannt.

S: Schattige, oft feuchte Standorte in Macchien und immergrünen Wäldern, als Zierstrauch kultiviert.

V: Mittelmeergebiet, im Osten seltener.

U: Die ssp. *rigidum* (Vent.) P. Silva der Kanarischen Inseln, auch als eigene Art angesehen, unterscheidet sich durch beiderseits behaarte, eiförmige bis fast rundliche, spitze bis zugespitzte Blätter. Auf den Azoren die ssp. *subcordatum* (Trel.) P. Silva mit stumpfen, fast herzförmigen Blättern.

	Januar–Juni		1–3 (–7) m	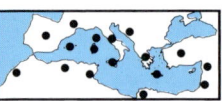

Echter Styraxbaum
Styrax officinalis L.
Styraxgewächse
Styracaceae

B: Sommergrüner Strauch oder kleiner Baum, junge Zweige und Knospen sternhaarig. Die wechselständigen, breiteiförmigen bis eiförmig-lanzettlichen, ganzrandigen, stumpfen Blätter 3–9,5 cm lang und 3,5–6,5 cm breit, oberseits leuchtend grün, verkahlend, unterseits graugrün, dicht sternhaarig filzig. 1–2 cm lang gestielte, duftende Blüten zu 3–6 an Kurztrieben, weiß, etwa 2 cm lang, mit sehr kurzer Kronröhre und 5–6 überlappenden, lanzettlichen Zipfeln. Kelch becherförmig, fast ganzrandig oder mit 5 kleinen Zähnen. Staubblätter 12, so lang wie die Kronblätter. Frucht kugelig, ledrig, weißfilzig, mit bleibendem Kelch. Die großen Samen sind giftig und werden als Betäubungsmittel beim Fischfang benutzt. Die Pflanze wurde früher auch zur Harzgewinnung herangezogen. Sie lieferte „Festes Styrax". Unter Styrax versteht man heute den nach Vanille duftenden, zähflüssigen Balsam des Amberbaumes *Liquidambar orientalis* Mill., der zur Familie der *Hamamelidaceae* gehört. Es findet in der Parfümerie sowie für Süß- und Backwaren Verwendung. Der platanenähnliche Baum wächst auf Rhodos, in der südwestlichen Türkei und im Libanon.
S: Lichte Wälder, Gebüsche, Flußufer.
V: Östliches Mittelmeergebiet, außerdem auch in Kalifornien. Einziger Vertreter der *Styracaceae* im Mittelmeergebiet.

 April– Mai   2–7 m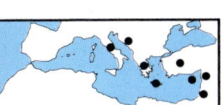

Röhriger Affodill
Asphodelus fistulosus L.
Liliengewächse
Liliaceae

B: Pflanze zweijährig bis kurzlebig ausdauernd, mit faserigen, nicht verdickten Wurzeln. Blätter alle in einer grundständigen Rosette, unten mit mehr oder weniger breitem, häutigem Rand, halbstielrund und hohl, bis 35 cm lang und 5 mm breit, nur am Rand etwas rauh. Der lockere, einfache oder wenig verzweigte traubige Blütenstand auf langem, hohlem, glattem Schaft, mit häutigen weißlichen Tragblättern und 6zähligen Blüten. Blütenhüllblätter sternförmig ausgebreitet, 10–12 mm lang, weiß bis rosa mit grünem oder rotbraunem Mittelnerv. Blü-

tenstiele ungefähr in der Mitte gegliedert. Fruchtkapsel kugelig oder eiförmig-kugelig, 4–5 mm im Durchmesser.
S: Wegränder, Kulturland, Garigues, als Giftpflanze vom Weidevieh gemieden.
V: Mittelmeergebiet, Kanaren.
U: Häufig als eigene Art abgetrennt wird *Asphodelus tenuifolius* Cav.: Pflanze 1- oder 2jährig. Blätter auf allen Nerven rauh, bis 15 cm lang und nicht breiter als 2,5 mm, am Grunde verbreitert. Blütenschaft unten rauh, verzweigt. Blütenhüllblätter 5–12 mm lang, Blütenstiele im unteren Drittel gegliedert. Kapsel 3–5 mm im Durchmesser (S-Italien, Sizilien, N-Afrika, Kanaren, SW-Asien).

✳	März – Juni	♃	15 – 70 cm	

Kleinfrüchtiger Affodill
Asphodelus aestivus Brot.
(*A. microcarpus* Viv.)
Liliengewächse
Liliaceae

B: Ausdauernde Pflanze mit spindelförmig verdickten Wurzeln. Blätter alle grundständig, 25–45 cm lang und 1–2 (–4) cm breit, flach und etwas gekielt. Blütenstand reich verzweigt, pyramidal, auf kräftigem Schaft, mit häutigen bis blaßgrünen, 10–15 mm langen Tragblättern und sternförmig ausgebreiteten, 5–7 mm lang gestielten, 6zähligen Blüten. Blütenhüllblätter weiß mit rotbraunem Mittelnerv, 10–16 mm lang. Kapsel verkehrteiförmig bis kugelig, 5–8 mm breit, mit 2–7 schwachen Querrillen.

S: Garigues, Weiderasen, oft bestandsbildend, vom Vieh gemieden.
V: Mittelmeergebiet, Kanaren, östlich bis in den Iran.
U: Ähnlich *Asphodelus ramosus* L. (*A. cerasiferus* Gay), aber Blütenstand insgesamt weniger verzweigt. Blütenhüllblätter 15–20 mm lang. Kapseln viel größer, 15–20 mm breit, mit 7–8 Querrillen (S-Europa, besonders im Westen, Kleinasien, NW-Afrika). Bis in höhere Stufen ansteigend *Asphodelus albus* L. mit einfachem oder höchstens am Grunde verzweigtem Blütenstand. Dunkelbraune Tragblätter hat die ssp. *albus* mit 6–13 mm breiten Kapseln (S-Europa, nördlich bis NW-Frankreich, Schweiz, Ungarn), weißlich-häutige die ssp. *villarsii* (Verl. ex Billot) Rich. & Smythies mit 18–25 mm breiten Kapseln (nur SW-Europa).

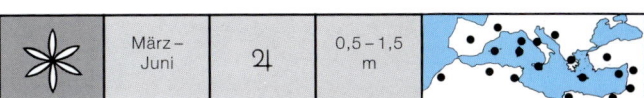

| ✳ | März–Juni | ♃ | 0,5–1,5 m | |

45

Berg-Milchstern
Ornithogalum montanum Cyr.
Liliengewächse
Liliaceae

B: Von anderen *Ornithogalum*-Arten vor allem durch die kahlen, 8–20 mm breiten und flachen, grünen oder etwas graugrünen, linealen Blätter ohne weißen Mittelstreifen auf der Oberseite unterschieden. Blütenstand eine Trugdolde auf kurzem Schaft. Die 3–20 Blüten mit jeweils sechs 10–25 mm langen, ausgebreiteten, weißen Blütenhüllblättern, die außen einen breiten grünen Mittelstreifen tragen. Tragblätter kürzer als die Blütenstiele.
S: Felsfluren, Weiden.
V: Östliches Mittelmeergebiet.
U: Die Gattung ist mit zahlreichen, nicht immer leicht unterscheidbaren Arten im Mittelmeergebiet vertreten. Einen doldenartigen Blütenstand hat u. a. auch *Ornithogalum umbellatum* L.: Die 2–5 mm breiten, kahlen Blätter mit weißem Streifen auf der Oberseite. Blüten 8–20, mit 15–22 mm langen Abschnitten. Tragblätter kürzer als die Blütenstiele oder ebenso lang. Diese zur Fruchtzeit abstehend (Mittelmeergebiet, Mitteleuropa). Ein länglichtraubiger Blütenstand, in dem die 20–50 Blüten aufrecht an etwa gleich langen Stielen stehen, u. a. bei *Ornithogalum narbonense* L.: Blütenhüllblätter 12–16 mm lang; Tragblätter etwa so lang wie die Blütenstiele, die Blütenknospen aber weit überragend. Laubblätter 8–16 mm breit, bis nach der Blütezeit ausdauernd (Mittelmeergebiet, Kanaren, SW-Asien).

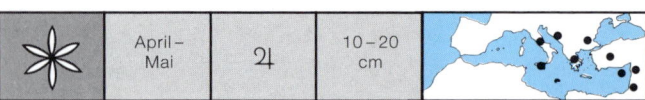

	April–Mai	♃	10–20 cm	

Meerzwiebel
Urginea maritima (L.) Bak.
Liliengewächse
Liliaceae

B: Die oft aus dem Boden herausragende Zwiebel weiß oder rot, sehr groß, bis 18 cm im Durchmesser und bis 2 kg schwer (Bild rechts). Blätter zur Blütezeit im Herbst schon vertrocknet, lanzettlich, 0,3–1 m lang und 0,3–10 cm breit. Blütenschaft mit mehr als 50blütiger langer und dichter Traube. Blüten an 1–3 cm langen, mehr oder weniger aufrechten Stielen, die Hüllblätter 6–8 mm lang, weiß mit grünem oder purpurnem Mittelnerv, sternförmig ausgebreitet. Staubbeutel grünlich. Hochblätter pfriemlich, kürzer als die Blütenstiele, hinfällig. Giftpflanze. Medizinisch werden die fleischigen Zwiebelschuppen oder ihr Hauptinhaltsstoff Scillaren A bei Herzmuskelschwäche genutzt. Die rote Zwiebel wird von alters her als Rattengift verwendet.

S: Weiden, Felsfluren, Garigues, Sandstrand.

V: Mittelmeergebiet, Kanaren.

U: Wesentlich kleiner und zierlicher sind die beiden Arten *Urginea undulata* (Desf.) Steinh.: Stengel 20–50 cm hoch, Blätter 8–15 cm x 3–10 mm, an den Rändern stark gewellt, Blüten 8–30, rosa, in lockerer Traube (O-Spanien, Korsika, Sardinien, N-Afrika) und *Urginea fugax* (Moris) Steinh.: Stengel 10–35 cm hoch, Blätter nicht breiter als 2 mm, bis 40 cm lang, Blüten 5–10, weiß oder rosa (Korsika, Sardinien, S-Italien, NW-Afrika).

	August–Oktober	24	0,5–1,5 m	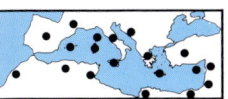

Römische Hyazinthe
Bellevalia romana (L.) Rchb.
(*Hyacinthus romanus* L.)
Liliengewächse
Liliaceae

B: Zwiebelpflanze mit 3–6 grundständigen, lineallanzettlichen, rinnigen, kahlen und am Rand glatten, 5–15 mm breiten Blättern, die den traubigen, zylindrischen Blütenstand überragen, dieser mit 20–30 Blüten an 8–20 mm langen Stielen. Blütenhülle glockenförmig, weiß, am Grunde gelegentlich bläulich, später schmutzig braun, 6–9 mm lang, etwa zur Hälfte verwachsen, mit spitzen Zipfeln. Staubbeutel violett. Früchte 3kantig mit 3 vorstehenden Rippen, an aufrecht-abstehenden Stielen.

S: Feuchte Wiesen und Kulturland.
V: Zentrales Mittelmeergebiet. In N-Afrika die sehr ähnliche *Bellevalia mauritanica* Pomel.
U: *Bellevalia ciliata* (Cyr.) Nees: Blätter 3–5, kürzer als der kegelförmige Blütenstand, 15–30 mm breit, am Rand lang gewimpert. Blüten violett mit grünlichen Spitzen, 9–11 mm, in 30–50blütigen Trauben. Untere Blütenstiele 30–35 mm lang. Fruchtstiele waagerecht abstehend (östliches Mittelmeergebiet, NW-Afrika). *Bellevalia trifoliata* (Ten.) Kunth: Blätter 2–4, ungefähr so lang wie der 10–40blütige, zylindrische Blütenstand, 15–25 mm breit, oft fein gewimpert. Blüten violett, 8–16 mm, an 4–8 mm langen Stielen. Fruchtstiele abstehend oder leicht zurückgebogen (östliches und zentrales Mittelmeergebiet).

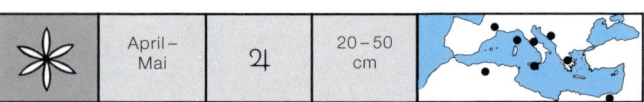

| ✳ | April– Mai | ♃ | 20–50 cm | |

Glöckchen-Lauch
Allium triquetrum L.
Liliengewächse
Liliaceae

B: Eine der zahlreichen weißblühenden Lauch-Arten. Leicht kenntliche Pflanze mit 2–3 kahlen, gekielten Blättern mit kurzer oberirdischer Scheide, bis 17 mm breit, etwa so lang wie der scharf dreikantige Blütenschaft. Blüten zu 3–15 in einseitswendiger Scheindolde, bis 2,5 cm lang gestielt, hängend, mit 2blättriger Hochblatthülle. Blütenhüllblätter weiß mit grünem Mittelnerv, 10–18 mm lang, glockig zusammenneigend. Keine Brutzwiebeln.
S: Feuchte, schattige Wald- und Gebüschränder, Gräben, Flußufer.
V: Westliches Mittelmeergebiet.

U: Einen 3kantigen Blütenschaft hat auch *Allium pendulinum* Ten.: Scheindolde mit 2–9 anfangs aufrechten, später allseitswendig hängenden Blüten. Hüllblätter mit je 3 grünen Nerven, erst nach der Blüte zusammenneigend (Korsika, Sardinien, Italien, Sizilien). Bei *Allium neapolitanum* Cyr. Blütenschaft mit 2 scharfen und 1 stumpfen Kante, unten bis zu 1/4 von den 0,5–2 cm breiten Blättern scheidig umhüllt. Blüten bechertörmig, cremefarben (Mittelmeergebiet, Kanaren). *Allium subhirsutum* L.: Blüten in lockerer aufrechter, halbkugeliger Scheindolde auf rundem, kahlem Schaft. Blütenhüllblätter sternförmig ausgebreitet. Blätter bis 10 mm breit, flach und weich, am Rande gewimpert (Mittelmeergebiet, Kanaren).

✳	Dezember–Mai	♃	10–50 cm	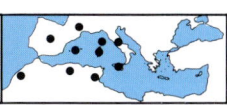

Weißstengeliger Spargel
Asparagus albus L.
Liliengewächse
Liliaceae

B: Strauch mit verholzten weißlichen Zweigen, diese überhängend, hin- und hergebogen, glatt oder nur schwach gerillt. Blätter zu kräftigen, abstehenden, am Grunde sehr breiten, 5–12 mm langen Dornen umgewandelt, in ihren Achseln Büschel von 10–20 nicht stechenden, weichen und bald abfallenden, 5–25 mm langen Kurztrieben (Phyllokladien). Blüten duftend, 3–6 mm lang gestielt, zu 6–15, mit 2–3 mm langer, weißer, 6teiliger ausgebreiteter Blütenhülle. Beeren 4–7 mm im Durchmesser, zuerst rot, später schwarz, mit 1–2 Samen.

S: Macchien, Garigues, Hecken.
V: Westliches Mittelmeergebiet.
U: *Asparagus stipularis* Forsk. (*A. horridus* L. f.), der Schreckliche Spargel, trägt seinen Namen zu Recht: Kräftige, 1–5 cm lange, zu grünen Dornen umgewandelte Kurztriebe stehen gewöhnlich einzeln, aber auch zu 2–3 an den fein gerillten graugrünen Stengeln der scheinbar blattlosen graugrünen, strauchigen Pflanze. An ihrem Grunde 0–2 kleine, zu häutigen Schuppen reduzierte Blätter und 2–8, 1–3 mm lang gestielte Blüten. Blütenhülle etwa 4 mm lang, grünlichgelb bis violett. Beeren 5,5–8 mm im Durchmesser, bläulich-schwarz, mit 1–4 Samen (südliches Mittelmeergebiet, Kanaren, fehlt in Frankreich, Korsika, Jugoslawien). Weitere *Asparagus*-Arten mit gelben Blüten.

 ✳	August– Oktober		0,5–1 m	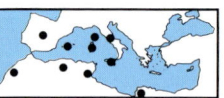

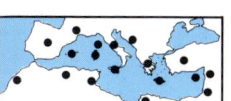

Stechwinde
Smilax aspera L.
Liliengewächse
Liliaceae

B: Immergrüner, kriechender oder kletternder, kahler Strauch. Blätter sehr variabel, ledrig und glänzend, schmal bis breit herz- oder spießförmig, bis 11 x 10 cm lang und breit, am Rand und auf den Hauptnerven der Unterseite ebenso wie der zickzackförmig hin- und hergebogene Stengel mit hakigen Stacheln besetzt (Formen mit breitherzförmigen Blättern, fast ohne Stacheln oder stachellos, werden auch als ssp. *mauritanica* (Poir.) Arc. bezeichnet). Am Grunde des 2–3 cm langen Blattstiels 2 Ranken. Zierliche, wohlriechende Blüten, männliche und weibliche auf getrennten Pflanzen, büschelig zu 5–30 an end- oder achselständigen Achsen angeordnet. Blütenhüllblätter weißlich, grünlich oder rosa, 2–4 mm lang. Beeren rot, später schwarz, 8–10 mm. Die jungen Sprosse werden wie Wildspargel als Gemüse gegessen.

S: Macchien und Wälder, auch an Mauern.

V: Mittelmeergebiet, Kanaren, östlich bis Indien.

U: Ähnlich *Smilax excelsa* L., aber Blätter breiteiförmig oder rundlich, am Grunde abgerundet oder fast herzförmig, gewöhnlich dünner als bei *S. aspera*, Rand und Nerven ohne oder mit winzigen Stacheln. Blüten zu 2–14 in achselständigen, 6–15 mm lang gestielten Scheindolden (östliche Balkanhalbinsel, Kleinasien, bis in den Iran).

| | August – November | | bis 15 m | |

Tazette, Buket-Narzisse
Narcissus tazetta L.
Narzissengewächse
Amaryllidaceae

B: Narzisse mit 3–6 blaugrünen, linealen, stumpf gekielten, 5–24 mm breiten Blättern, die etwa so lang sind wie der kräftige, zusammengedrückt-zweikantige Blütenschaft. Duftende Blüten doldenartig zu (2–) 3–5 auf ungleich langen Stielen, mit 12–18 mm langer Röhre und 6 ausgebreiteten, weißen, cremefarbenen oder gelben Abschnitten. Diese 8–22 mm lang, breiteiförmig, sich meist berühren oder deckend. Die schlüsselförmige Nebenkrone 3–6 mm lang, gelb oder orange. Am Grunde des Blütenstandes ein 3–5 cm großes, häutiges

Hochblatt. Sehr formenreiche Art mit mehreren Unterarten.
S: Wiesen, Weiden, Kulturland, häufig kultiviert und verwildert.
V: Mittelmeergebiet, Kanaren.
U: Ähnlich *Narcissus papyraceus* Ker-Gawl.: Blüten rein weiß, bis zu 20 im Blütenstand (S-Europa, NW-Afrika). Die aus unseren Gärten bekannte Dichter-Narzisse *Narcissus poeticus* L. kommt in S-Europa natürlich im Bereich der sommergrünen Wälder vor: Blüten gewöhnlich einzeln, weiß, mit nur 1–3 mm langer, gelber Nebenkrone. Herbstblüher sind *Narcissus serotinus* L.: zur Blütezeit ohne Blätter, Blüten weiß, einzeln, seltener zu 2–3 (Mittelmeergebiet) und *Narcissus elegans* (Haw.) Spach.: zur Blütezeit mit Blättern, Blüten weiß, zu 2–7 (Balearen, Italien, Sizilien, N-Afrika).

	Februar–Mai	♃	20–60 cm	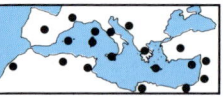

Dünen-Trichternarzisse,
Pankrazlilie
Pancratium maritimum L.
Narzissengewächse
Amaryllidaceae

B: Strandpflanze mit großer, 5–7 cm breiter Zwiebel und 5–6 grundständigen, gedrehten, linealen, 1–2 cm breiten und bis 75 cm langen, stumpfen, graugrünen Blättern. Der Blütenschaft bis 35 cm und länger, zusammengedrückt, mit rotbraunem, 5–7 cm langem, 2klappigem Hochblatt und 3–15 doldig angeordneten Blüten auf 0,5–1 cm langen Stielen. Die weißen, wohlriechenden Blüten jeweils nur vom Nachmittag bis in die folgenden Morgen blühend, auffallend groß, mit 6–8 cm langer, sehr schlanker Röhre und 3–5 cm langen, lineallanzettlichen, aufrecht-abstehenden bis abstehenden Hüllblattabschnitten. Die trichterförmige Nebenkrone etwa 2/3 so lang, 12zähnig, mit dem unteren Teil der Staubblätter verbunden und von diesen überragt. Fruchtstengel sich zu Boden neigend, Kapseln schwach 3kantig mit pechschwarzen Samen. Diese sind lange Zeit schwimmfähig, so daß sich die Pflanze entlang der Küsten gut ausbreiten kann.
S: Küstendünen.
V: Mittelmeergebiet.
U: *Pancratium illyricum* L.: Blütenröhre kräftig, etwa 1,5 cm, gelblich, Hüllblattabschnitte 4 cm lang, weiß, Nebenkrone weniger als halb so lang, tief in 6 zweizähnige Lappen geteilt. Blütezeit Frühsommer (Felspflanze auf Korsika, Sardinien, Capraia).

	Juli–September	♃	20–60 cm	
				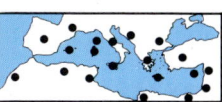

Einjähriges Gänseblümchen
Bellis annua L.
Korbblütler
Asteraceae (Compositae)

B: Zierliche, kahle bis spärlich rauh behaarte Pflanze. Stengel beblättert, ohne deutliche Rosette. Wurzeln sehr fein. Blätter spatelförmig, gekerbt-gesägt oder ganzrandig, 0,6–2,5 cm lang und 0,3–1,5 cm breit. Blütenköpfchen 0,5–1,5 cm im Durchmesser, auf dünnen, 1,5–10 cm langen Stielen, mit 2 Reihen von spitzen, 2,5–3,5 mm langen Hüllblättern und weißen, 4,5–8 mm langen, unterseits oft rot überlaufenen Zungenblüten. Früchte zusammengedrückt, behaart, ohne Pappus.
S: Grasige, zeitweilig feuchte Standorte, auch auf Sand.

V: Mittelmeergebiet, Kanaren.
U: Alle Blätter in einer grundständigen Rosette haben die ausdauernden Arten *Bellis sylvestris* Cyr. mit ganz allmählich in einen undeutlichen Stiel verschmälerten, 3nervigen Blattspreiten, Köpfchen 2–4 cm breit, auf kräftigen, 10–45 cm langen Stielen, Hüllblätter in 2 Reihen, 7–12 mm lang, Zungenblüten oft beiderseits purpurrot überlaufen (Mittelmeergebiet) und das aus Mitteleuropa bekannte, auch im Mittelmeergebiet vorkommende *Bellis perennis* L. mit ziemlich plötzlich in den Stiel übergehenden Blattspreiten und nur 1 deutlichen Nerv. Hüllblätter 3–6 mm lang, stumpf, in 2 Reihen. Auf den Balearen, Korsika und Sardinien ähnlich *Bellium bellidioides* L., mit Ausläufern und nur 1 Reihe Hüllblättern.

	Februar–Juni		3–12 cm	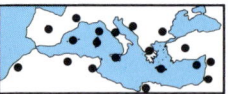

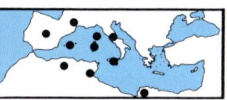

Strand-Hundskamille
Anthemis maritima L.
Korbblütler
Asteraceae (Compositae)

B: Kahler oder spärlich behaarter, niedriger Halbstrauch mit mehr oder weniger verzweigten, am Grunde wurzelnden, niederliegenden oder aufsteigenden, kräftigen Stengeln. Die fleischigen, unterseits drüsig punktierten Blätter 1–2fach fiederschnittig, die Abschnitte verkehrteiförmig-keilförmig, die obersten Blätter mit 2–4 Zähnen auf jeder Seite. Köpfchen auf 3,5–10 cm langen Stielen, 1,5–4 cm im Durchmesser, mit 6,5–15 mm langen weißen Zungenblüten und gelben Röhrenblüten. Untere Hälfte der Kronröhre kugelig, zur Fruchtzeit verdickt.

Hüllkelch halbkugelig, behaart oder kahl, äußere Hüllblätter 3eckig, spitz, innere länglich, stumpf, mit breitem häutigem Rand. Spreublätter keilförmig-länglich mit kurzer steifer Spitze, so lang wie die Röhrenblüten. Früchte mit einem gezähnten Krönchen.
S: Sandstrand.
V: Westliches Mittelmeergebiet.
U: Ähnlich, aber die ganze Pflanze weißfilzig-wollig behaart, *Anthemis tomentosa* L.: Blätter 1–2fach fiederschnittig, obere gewöhnlich ungeteilt oder an der Spitze gezähnt. Köpfchen auf später verdickten Stielen, 1,5–3,7 cm im Durchmesser. Hüllblätter stark behaart, die inneren mit häutigem Rand. Spreublätter durchsichtig. Früchte mit einem schiefen Krönchen (S-Europa, westlich bis Italien und Sizilien, Kleinasien).

	Mai–September	♃	10–70 cm	

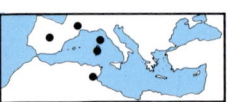

Marseille-Tragant
Astragalus massiliensis (Mill.) Lam.
(*A. tragacantha* L. p. p.)
Schmetterlingsblütler
Fabaceae (Papilionaceae)

B: Niedrige dornige Kugelbüsche bildende Pflanze. Blätter 2–7 cm lang, mit 6–12 Fiederpaaren, Blattspindel kräftig und in einem Dorn endend. Die bald abfallenden Blättchen länglich bis elliptisch, 4–6 × 1,5–2,5 mm, unterseits dicht behaart, die Haare in der Mitte angeheftet (Lupe!). Blütentrauben aus 3–8 Schmetterlingsblüten, mit 12–17 mm langer, gewöhnlich weißer Fahne und blaßviolettem Schiffchen. Kelch 5–7 mm, angedrückt behaart, die Zähne 1/5–1/4 so lang wie die Röhre. Hülse 9–10 mm, länglich, spitz, dicht angedrückt behaart, kaum geschnäbelt, mit 4 Samen.

S: Küstengarigues.

V: SW-Europa, Tunesien.

U: Ähnlich auf den Balearen *Astragalus balearicus* Chat.: Blätter nur mit 3–5 spärlich behaarten Fiederpaaren, Fahne 11–12 mm lang. In den mediterranen Gebirgen weitere verwandte Arten, die nur kleinräumig verbreitet sind, u. a. *Astragalus angustifolius* Lam. im östlichen Mittelmeergebiet, *Astragalus sirinicus* (Mill.) Lam. im zentralen Mittelmeergebiet inkl. Korsika und Sardinien oder *Astragalus granatensis* Lam. mit verschiedenen Unterarten in den Nebroden oder am Ätna auf Sizilien. Beispiele einer umfangreichen Gattung, die ihren Verbreitungsschwerpunkt in SW- bis Zentralasien hat. In Kleinasien kommen 372 Arten vor.

	April–Juni		10–30 cm	

Behaarter Backenklee
Dorycnium hirsutum (L.) Ser.
Schmetterlingsblütler
Fabaceae (Papilionaceae)

B: Am Grunde verholzter, meist dicht abstehend behaarter Halbstrauch. Blätter sitzend, 5zählig gefiedert, mit sehr kurzer oder fehlender Blattspindel, Teilblättchen verkehrteiförmiglänglich, 7–25 mm lang und 3–8 mm breit. Blüten zu 4–10 in kurz gestielten Köpfchen. Blütenkrone 1–2 cm lang, Fahne sowie Flügel weiß bis rosa, Schiffchen mit dunkelroter oder schwarzer, stumpfer Spitze. Flügel auf der Innenseite mit einer taschenförmigen Längsfalte, woher sich der Name ableitet. Hülsen klein, 6–12 mm, kaum länger als der Kelch.

S: Garigues, Macchien, lichte Wälder.
V: Mittelmeergebiet.
U: *Dorycnium rectum* (L.) Ser.: Pflanze 30–150 cm hoch, angedrückt behaart. Blätter mit 5–10 mm langer Blattspindel und breiteiförmigen bis verkehrteiförmig-länglichen Blättchen. Blüten in Köpfchen zu 20–40, mit nur 5–6 mm langer weißer oder rosa Krone. Kelchzähne gleich lang. Hülsen 10–20 mm, länglich (Mittelmeergebiet). *Dorycnium pentaphyllum* Scop.: sehr formenreiche, 10–80 cm hohe Art. Blätter ohne Blattspindel, mit verkehrteiförmiglänglichen bis fast linealen Blättchen. Blüten 3–6 mm, weiß, in Köpfchen zu 5–25. Unterster Kelchzahn deutlich länger als die oberen. Hülsen 3–5 mm, eiförmig-kugelig (Mittelmeergebiet, 2 Unterarten auch bis Mitteleuropa).

	April–Juli	♃	20–50 cm	

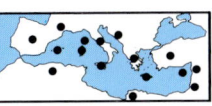

Kopfiger Gamander,
Polei-Gamander
Teucrium capitatum L.
(*T. polium* L. ssp. *capitatum* (L.) Arc.)
Lippenblütler
Lamiaceae (Labiatae)

B: Kleiner Halbstrauch mit niederliegenden, aufsteigenden oder aufrechten Zweigen, insgesamt dicht filzig von grauen, verzweigten Haaren. Die gebüschelten, sehr kurz gestielten Blätter bis 15 mm lang, schmallanzettlich, verkehrteiförmig oder lineal, mit mehr oder weniger umgerolltem Rand, beiderseits mit 3–4 Einkerbungen. Blüten sehr kurz gestielt in dichten, zusammengesetzten Köpfchen mit blattähnlichen, gekerbten oder ganzrandigen Hochblättern und weißer, seltener rötlicher Krone. Diese etwa 5 mm lang, nur mit einer 5lappigen Unterlippe, Oberlippe fehlend, außen behaart oder kahl, Schlund ohne Haarring. Kelch 3–5 mm, zu 1/4–1/8 in gleich große, stumpfe Zähne geteilt, die unter Haaren verborgen sind. Polei-Gamander fand früher unter dem Namen Marienkraut vielfältige medizinische Anwendung.

S: Felstriften, Garigues, offene Wälder.
V: Mittelmeergebiet, östlich bis Zentralrußland und SW-Asien.
U: Formenreiche Artengruppe mit rund 20 Arten, die meisten jedoch auf die Iberische Halbinsel und Nordafrika beschränkt. Weiter verbreitet nur noch *Teucrium polium* L.: Blütenköpfchen einzeln, Kronzipfel bewimpert (westliches Mittelmeergebiet, östlich bis Frankreich und Korsika).

	April–August	♃	10–25 cm	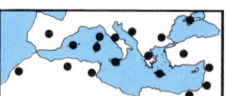

Großer Klippenziest,
Strauchnessel
Prasium majus L.
Lippenblütler
Lamiaceae (Labiatae)

B: Sparrig verzweigter, häufig klettornder, kahler oder spärlich behaarter Strauch. Blätter 1–1,8 cm lang gestielt, eiförmig oder eiförmig-lanzettlich, zugespitzt, dunkelgrün glänzend, mit gesägtem bis gekerbtem Rand und bei den unteren mit herzförmigem, bei den oberen mit gestutztem Grund, 2–5 cm lang und 0,8–2 cm breit. Hochblätter kleiner, zum Teil ganzrandig, die Kelche überragend. Blütenquirle nur mit 1–2 kurz gestielten weißen oder blaßlila, 17–23 mm großen Blüten. In der Kronröhre ein Ring aus schuppenförmigen Haaren. Oberlippe länglich, gewölbt, ungeteilt, Unterlippe 3teilig mit großem Mittellappen. 4 Staubblätter. Kelch 10nervig, drüsig behaart oder kahl, zur Fruchtzeit von 12 mm bis auf 25 mm vergrößert, schwach 2lippig, die 5 eiförmig-lanzettlichen Zipfel kurz begrannt. Früchtchen 3–4 mm, schwarz. Die Gattung *Prasium* mit einer einzigen Art und die nächstverwandten Gattungen, die im tropischen Asien vorkommen, sind durch Früchtchen mit fleischiger äußerer Schale von den übrigen, trockene Nüßchen bildenden Lippenblütlern unterschieden und werden deshalb als eigene Unterfamilie betrachtet.

S: Garigues, Macchien, immergrüne Wälder, besonders in Küstennähe,

V: Mittelmeergebiet, Kanaren, fehlt in Frankreich.

	Februar–Juni		0,5–1 m	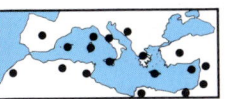

Karst-Bergminze,
Winter-Bohnenkraut
Satureja montana L.
Lippenblütler
Lamiaceae (Labiatae)

B: Zwergstrauch mit Bohnenkrautduft, Stengel oberwärts oft violett überlaufen. Die gegenständigen, sitzenden Blätter lineal bis lanzettlich, über der Mitte am breitesten, scharf zugespitzt, ledrig, dunkel drüsig punktiert, am Rand kurz borstig, auf den Flächen aber kahl, 5–30 x 1–5 (–7) mm, meist länger als die Stengelabschnitte. Blüten in kleinen, gestielten, etwas einseitswendigen, dicht stehenden Scheinquirlen, die unteren von 1–2 cm langen Hochblättern überragt. Krone 6–14 mm, weiß, rosa oder violett, 2lippig. Kelch im Schlund behaart, 10nervig, untere Kelchzähne meist etwas länger als die oberen, aber höchstens so lang wie die Röhre. Gewürzkraut.

S: Felsfluren, Grasfluren.

V: S-Europa, Kleinasien.

U: Einjährig das Sommer-Bohnenkraut *Satureja hortensis* L.: Blätter weich und stumpf, kürzer als die Stengelabschnitte. Blüten 4–7 mm, wenigstens die unteren Kelchzähne länger als die Kelchröhre (S-Europa, Anatolien, weiter kultiviert). Im östlichen Mittelmeergebiet *Satureja thymbra* L.: Blüten rot, mit 8–12 mm langer Krone, in entfernt stehenden Scheinquirlen. Kelch 4–7 mm, mit langen, weißen, abstehenden Haaren und 5 etwa gleich langen Zähnen, innen kahl. Blätter gefaltet, 9–14 x 3–5 mm, kurz borstig behaart und drüsig punktiert.

	Juli – September		10 – 40 cm	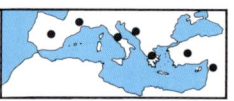

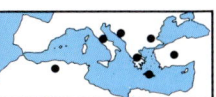

Dorniger Akanthus
Acanthus spinosus L.
Akanthusgewächse
Acanthaceae

B: Distelartige, kräftige, manchmal behaarte, hohe Pflanze mit aufsteigendem bis aufrechtem einfachem Stengel. Grundblätter gestielt, mit bis 60 cm langer und 8–30 cm breiter, tief fiederschnittiger, dornig gezähnter, unterseits weißnerviger Spreite. Blüten in einer dichten, endständigen, zylindrischen Ähre in den Achseln von zurückgebogenen, dornig gezähnten, 3–5nervigen Traghlättern und je 2 dornigen Vorblättern. Krone etwa 4 cm, weiß, purpurn geadert, mit kurzer Röhre und 3lappiger Unterlippe, außen fein behaart. Staubblätter 4. Kelch 4teilig,

der obere Lappen stark vergrößert, häufig violett überlaufen, über die Blütenkrone ragend und deren fehlende Oberlippe ersetzend. Ob die Blätter dieser in Griechenland häufigen Art Vorbild für die Ornamente der korinthischen Säulen gewesen sind, ist fraglich. Da das griechische Wort „acanthos" einfach „Distel" bedeutet, könnten auch die Blätter z. B. von *Notobasis syriaca* oder *Silybum marianum* dem „Acanthusblatt" entsprechen.
S: Lichte Wälder, Weiden.
V: Östliches S-Europa, Kleinasien.
U: *Acanthus mollis* L.: Blätter weich, Abschnitte nicht am Grunde verschmälert, ohne Dornen (westliches und zentrales Mittelmeergebiet, in Griechenland nicht einheimisch). Vier weitere Arten im östlichen Mittelmeergebiet.

	April–August	♃	40–90 cm	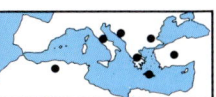

Honigduftender Rutenstrauch,
Weißer Harnstrauch
Osyris alba L.
Sandelholzgewächse
Santalaceae

B: Auf den Wurzeln verschiedener Bäume und Sträucher schmarotzender, meist niedriger, stark verzweigter, zweihäusiger Strauch mit aufrechten, rutenförmigen, in der Jugend kantigen Ästen. Blätter immergrün, ledrig, 1–2 cm lang und 1–3 mm breit, lineallanzettlich, spitz, oft auch mit aufgesetzter Spitze, nur der Mittelnerv deutlich, Seitennerven undeutlich oder fehlend. Blüten ziemlich unscheinbar, duftend, mit grünlichgelber, einfacher, 3teiliger, bis 2 mm langer Blütenhülle; die männlichen zu mehreren in achselständigen Trauben, die weiblichen einzeln, endständig an kurzen Zweigen. Tragblätter wie die oberen Stengelblätter, ausdauernd. Reife Steinfrüchte rot, kugelig, 5–7 mm groß, zuerst etwas saftig, später eintrocknend, an der Spitze mit den Resten der Blütenhülle.

S: Felsfluren, Garigues, lichte Macchien und Wälder, besonders auf Kalk.

V: Mittelmeergebiet.

U: *Osyris quadripartita* Salzm. ex Decne: Blätter breiter, mit gefiederter Nervatur, bis 2 cm lang, Tragblätter klein, hinfällig. Männliche Blüten zu 3 achselständig, weibliche einzeln entlang der Zweige. Blütenhülle 3- oder 4teilig. Früchte 7–10 mm im Durchmesser. Bis 2,4 m hoher Strauch (südwestliches Mittelmeergebiet, östlich bis zu den Balearen, Kanaren).

|  | April–August |  | 0,4–1,5 m | 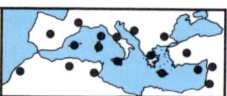 |

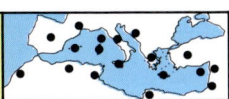

Lorbeerbaum
Laurus nobilis L.
Lorbeergewächse
Lauraceae

B: Immergrüner Baum oder Strauch, die wechselständigen, dunkelgrünen, ledrigen und kahlen Blätter 5 – 10 x 2 – 4 cm, länglichlanzettlich, an beiden Enden zugespitzt und am Rand häufig schwach gewellt. Blüten 2häusig, mit kleiner gelblicher, 4blättriger, am Grunde verwachsener Blütenhülle, zu 4 – 6 in rispigen Blütenständen in den Blattachseln. Männliche Blüten mit 10 oder 12 Staubblättern, weibliche mit 4 Staminodien. Frucht eine eiförmige, bis 2 cm lange, zur Reifezeit schwarze Steinfrucht (Lorbeere). Einziger europäischer Vertreter der tropischen Familie.

Die appetitanregend wirkenden Lorbeerblätter haben vor allem als Gewürz Bedeutung. In der Medizin verwendet man das Öl der Früchte in Furunkelsalben, häufiger noch in der Tiermedizin gegen Ungeziefer. Lorbeer galt als Symbol der Reinheit und war dem Lichtgott Apollo geweiht. Nach der griechischen Mythologie hatte sich Apollo von dem Blut des von ihm getöteten Drachen Python in einem Lorbeerhain gereinigt. Daher pflanzte man bei seinen Tempeln Lorbeer an und flocht auch den Siegeskranz der Pythischen Spiele in Delphi aus Lorbeer, ein Brauch, der sich auf andere Siegerehrungen übertrug.
S: Schattige und feuchte Wälder, auch als Zier- und Gewürzbaum.
V: Mittelmeergebiet, im Westen seltener.

	März – April		2 – 20 m	

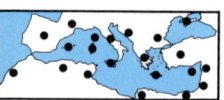

Gelber Hornmohn
Glaucium flavum Crantz
Mohngewächse
Papaveraceae

B: Blaugrün bereifte, spärlich behaarte Pflanze mit gelbem Milchsaft. Stengel aufrecht oder aufsteigend, verzweigt. Grundblätter gestielt, 15 – 35 cm lang, leierförmig fiederspaltig, mit gezähnten oder gelappten Abschnitten, Stengelblätter kleiner, die obersten eiförmig, buchtig gelappt, mit stumpfen Abschnitten, stengelumfassend. Blüten einzeln, mit 4 hell- oder dunkelgelben, 3 – 4 cm großen Kronblättern und 2 behaarten Kelchblättern. 15 – 30 lange, oft hornförmig gebogene, glatte oder knotig-rauhe, zur Spitze hin nicht verschmälerte Schoten.

S: Sandige und steinige Küsten, Schuttplätze, Wegränder.
V: Mittelmeer-, Schwarzmeer und Atlantikküste, seltener Nordseeküste, Kanaren. Im Binnenland, auch in Mitteleuropa, verschleppt.
U: Ähnlich *Glaucium leiocarpum* Boiss., häufig mit obiger Art verwechselt: Kronblätter dunkelgelb. Schoten nur bis 10 cm lang, zwischen den Samen leicht eingeschnürt, zur Spitze hin verschmälert. Obere Blätter mit spitzen Abschnitten (östliches Mittelmeergebiet). Scharlachrot oder orangegelbe Kronblätter, am Grunde meist mit dunklem, hell umrandeten Fleck, hat *Glaucium corniculatum* (L.) Rudolph. Obere Blätter sitzend, nicht stengelumfassend (Mittelmeergebiet, SO-Europa, SW-Asien, Kanaren).

	April – September	⊙ ♃	20 – 90 cm	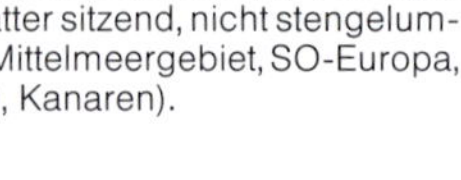

Immerblühende Akazie
Acacia retinodes Schlecht.
Akaziengewächse
Mimosaceae

B: Kleiner Baum mit aufrechten Zweigen. Die zu Blättern verbreiterten Blattstiele (Phyllodien) lanzettlich, ziemlich gerade, mit nur einem Mittelnerv, 6–15 x 0,4–1,8 cm, grün. Blütenköpfchen gelb, 4–6 mm im Durchmesser, zu 5–10 locker traubig angeordnet. Hülsen flach, zwischen den Samen höchstens leicht eingeschnürt. Samen vom roten Stiel umschlungen.

S, V: An den Mittelmeerküsten als Zierbaum gepflanzt, bisweilen eingebürgert, Heimat Australien.

U: Ähnlich *Acacia cyanophylla* Lindley mit hängenden Zweigen, Blätter blaugrün und etwas größer. Blütenköpfchen zu 2–6, ziemlich groß, 10–15 mm im Durchmesser. Hülse zwischen den Samen deutlich eingeschnürt. Samenstiel kurz, weißlich.

Doppelt gefiederte Blätter haben u.a. *Acacia dealbata* Link mit weißfilzigen Zweigen und jungen Blättern (liefert vor allem die „Mimosen" des Blumenhandels) und die durch 5–10 cm lange, kräftige, weiße Nebenblattdornen ausgezeichnete *Acacia karoo* Hayne (*A. horrida* auct., non Willd.) und *Acacia farnesiana* (L.) Willd. mit 2,5 cm langen Nebenblattdornen. *Acacia longifolia* (Andrews) Willd. hat einfache Blätter und kätzchenartige, 2–6 cm lange Blütenstände, die aus kleinen Blütenköpfchen zusammengesetzt sind. Weitere *Acacia*-Arten aus Australien oder Afrika werden kultiviert.

	Januar – Dezember		bis 10 m	ZIERPFLANZE

Baumartige Wolfsmilch
Euphorbia dendroides L.
Wolfsmilchgewächse
Euphorbiaceae

B: Hoher kahler Kugelbusch mit rötlichem, oft armdickem Stamm und regelmäßiger gabeliger Verzweigung. Blätter wechselständig, sitzend, länglich-lanzettlich, stumpf mit aufgesetzter Spitze, 2,5 – 6,5 cm lang und 3 – 8 mm breit, nur vom Herbst bis etwa Mai an den Zweigenden, bei Eintritt der Trockenzeit sich über Orange und Rot verfärbend und abfallend. Hüllblätter am Grunde des 5 – 8 (–10) strahligen doldenartigen Blütenstandes wie die Stengelblätter, aber etwas breiter und kürzer. Nektardrüsen rundlich, unregelmäßig gelappt. Hochblätter am Grunde der Scheinblüten breitrhombisch, gelblich. Fruchtkapsel 5 – 6 mm, glatt, 3kantig, Samen 3 mm, seitlich zusammengedrückt, glatt und grau.

S: Auf Felsen in Küstennähe, oft bestandsbildend, vorwiegend auf Kalk.

V: Lokal im ganzen Mittelmeergebiet.

U: Ähnliche baumförmige Wolfsmilcharten erst auf den Kanarischen Inseln und in Afrika.

Für alle Wolfsmilcharten kennzeichnend sind die als Cyathien bezeichneten Scheinblüten. Sie werden von 5 zu einer becherförmigen Hülle verwachsenen Hochblättern gebildet, an deren Rand 4 oder 5 elliptische oder halbmondförmige Nektardrüsen sitzen. In ihrer Mitte befindet sich eine langgestielte weibliche Blüte umgeben von 5 Gruppen männlicher Blüten, die jeweils aus einem Staubblatt bestehen.

	April – Juni		0,5 – 2 (–3) m	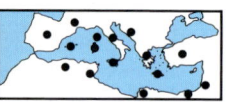

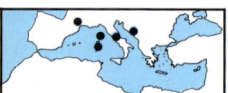

Dornige Wolfsmilch
Euphorbia spinosa L.
Wolfsmilchgewächse
Euphorbiaceae

B: Niedriger, stark verästelter Dornstrauch, die abgestorbenen Zweige und Doldenstrahlen bleibend starr, aber nicht stechend. Blätter blaugrün, lanzettlich, 5–15 mm lang. 1–5 kurze Doldenstrahlen mit meist je einer Scheinblüte. Hüllblätter verkehrteiförmig, viel breiter als die Stengelblätter und ungefähr so lang wie die Strahlen. Nektardrüsen oval. Kapsel 3–4 mm, mit oft langen, kegelförmigen Warzen. Samen 2–3 mm, glatt, braun.
S: Garigues, Felsen, bis in die montane Stufe ansteigend, kalkliebend.
V: Südeuropa.

U: An das Verbreitungsgebiet von *Euphorbia spinosa* im Osten anschließend *Euphorbia acanthothamnus* Boiss.: stark stachelige, ebenfalls niedrige, kugelige Polster bildender Strauch. Dolden meist 3strahlig, Strahlen oft 2–3mal gegabelt, stechend, ausdauernd, Stengelblätter und Hüllblätter gleichartig, frisch grün, elliptisch, stumpf oder spitz, 0,5–2 cm lang und 2–5 mm breit. Kapsel 3–4 mm, mit kurzen zylindrischen Warzen. Häufig bestandsbildend in Garigues (Griechenland mit Inseln, W-Anatolien). Über 1 m hohe Sträucher bilden *Euphorbia squamigera* Loisel. (S- und O-Spanien, N-Afrika) und *Euphorbia bivonae* Stendel (Sizilien, Malta, N-Afrika), beide Arten ohne ausdauernde Doldenstrahlen.

	April–Juni		10–30 cm	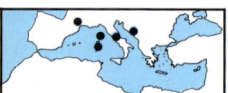

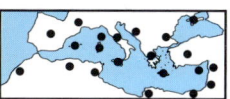

Strand-Wolfsmilch
Euphorbia paralias L.
Wolfsmilchgewächse
Euphorbiaceae

B: Steif aufrechte, am Grunde verzweigte, blaugrüne, etwas fleischige, kahle Strandpflanze. Die sehr zahlreichen, dachziegelig angeordneten Blätter 3–30 mm lang und 2–15 mm breit, die untersten vorkohrtciförmig-länglich, die mittleren länglich-elliptisch und die oberen wie die Hüllblätter am Grund des Blütenstandes eiförmig. Dieser 3–6strahlig, bis zu 3mal gegabelt, darunter blattachselständig noch bis zu 9 Seitenäste. Nektardrüsen ausgerandet, mit kurzen Hörnern. Kapsel 4,5–6 mm breit, kahl, fein warzig, Samen 2,5–3,5 mm, glatt.

S: Sand- und Kiesstrände.
V: Küsten des Mittelmeergebietes, des Schwarzen Meeres, W-Europas und der Kanaren.
U: Ähnlich *Euphorbia pithyusa* L.: Pflanze blaugrün, am Grunde verzweigt und oft holzig. Blätter dachziegelartig, im unteren Teil der Stengel zurückgebogen, lineallanzettlich, zugespitzt, 8–28 mm lang. Hüllblätter des 5–8-strahligen Blütenstandes eiförmig mit aufgesetzter Spitze, ganzrandig oder unregelmäßig gesägt (westliches Mittelmeergebiet). An Sandstränden auch *Euphorbia peplis* L.: kleine niederliegende, 1jährige Wolfsmilch mit eigenartig asymmetrischen, 0,5–1,5 cm langen, eiförmigen bis länglich-sichelförmigen Blättern, Scheinblüten einzeln in den Blattachseln (Mittelmeergebiet, W-Europa, Kanaren).

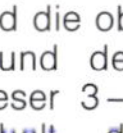	Mai – September	♃	20 – 70 cm	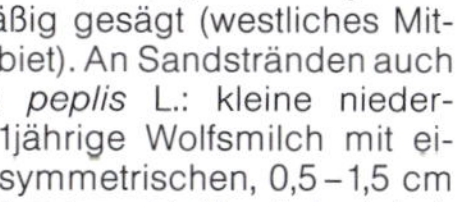

Palisaden-Wolfsmilch
Euphorbia characias L.
Wolfsmilchgewächse
Euphorbiaceae

B: Stattliche, meist dicht behaarte, graugrüne Wolfsmilch-Art, am Grunde verholzt, mit aufrechten, unverzweigten Stengeln. Blätter im oberen Teil der Stengel dicht gedrängt und abwärts geneigt, 3–13 cm lang und 0,4–1 cm breit, lineal bis lanzettlich, ganzrandig. Blütenstand lang, die Enddolde 10–20 (—40)strahlig, gewöhnlich 2mal, aber auch bis zu 4mal gegabelt, daneben bis 40 blattachselständige Strahlen. Hüllblätter am Grunde der Dolde wie die oberen Stengelblätter. Fruchtkapsel 5–7 mm, glatt, weichhaarig, Samen 2,5–3,8 mm, eiförmig, silbergrau. 2

Unterarten werden unterschieden: bei der abgebildeten ssp. *characias* dunkelrotbraune Nektardrüsen mit kurzen Hörnern, Pflanze etwa 80 cm hoch, bei der ssp. *wulfenii* (Koch) A. R. Sm. gelbliche Nektardrüsen mit meist langen Hörnern, Pflanze kräftiger, bis 1,80 m hoch.
S: Macchien, lichte Wälder, Weiderasen, Wegränder.
V: Ssp. *characias*: von Portugal bis Jugoslawien, Marokko, Cyrenaica, ssp. *wulfenii*: von Italien bis Kleinasien.
U: *Euphorbia serrata* L.: Pflanze bis 50 cm hoch, kahl, am Grunde verholzt. Charakteristisch die Blätter, am Rand mit feinen abstehenden Zähnen, die oberen am Grund breiteiförmig, Blütenstand mit 3–5 Strahlen (westliches Mittelmeergebiet, Kanaren).

	Februar– Juli	♃	0,3–1,8 m	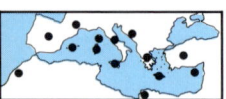

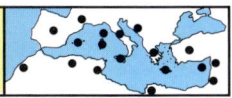

Gefranste Raute
Ruta chalepensis L.
(*R. bracteosa* DC.)
Rautengewächse
Rutaceae

B: Stark aromatische Pflanze, meist kahl und am Grunde verholzt. Blätter doppelt gefiedert, mit länglichen oder verkehrteiförmigen, stumpfen, 1,5 – 6 mm breiten Abschnitten. Untere Hochblätter viel breiter als der zugehörige Stengel. Blütenstand fast immer drüsenlos, trugdoldig, meist mit einer zentralen 5zähligen Blüte umgeben von 4zähligen, 0,8 – 1,5 cm im Durchmesser. Kronblätter gelbgrün, am Rand gofranct. Kapseln kahl mit 4 (5) Zipfeln, so lang oder kürzer als ihr Stiel.
S: Garigues, Felsfluren, Wegränder.

V: Mittelmeergebiet, Kanaren, östlich bis Arabien.
U: Weitere Arten, alle mit auffälligem, starkem Geruch: *Ruta angustifolia* Pers., Blattabschnitte 1,2 – 3,5 mm breit, Hochblätter kaum breiter als der zugehörige Stengel. Blütenstand drüsig, Kronblätter gefranst (Mittelmeergebiet, östlich bis NW-Jugoslawien). *Ruta montana* (L.) L., Blattabschnitte lineal, nur 1 mm breit. Blütenstand drüsig, Kronblätter ganzrandig, gewellt. Kapseln länger als ihr Stiel (Mittelmeergebiet, lokal. Blütezeit Sommer). *Ruta graveolens* L., Blattabschnitte 2 – 9 mm breit, Kronblätter gewellt und gezähnt. Kapseln etwas kürzer als ihr Stiel (Balkanhalbinsel, Krim, im übrigen Mittelmeergebiet und weiter wohl aus Gärten verwildert).

	April – Juli	♃	20 – 60 cm	

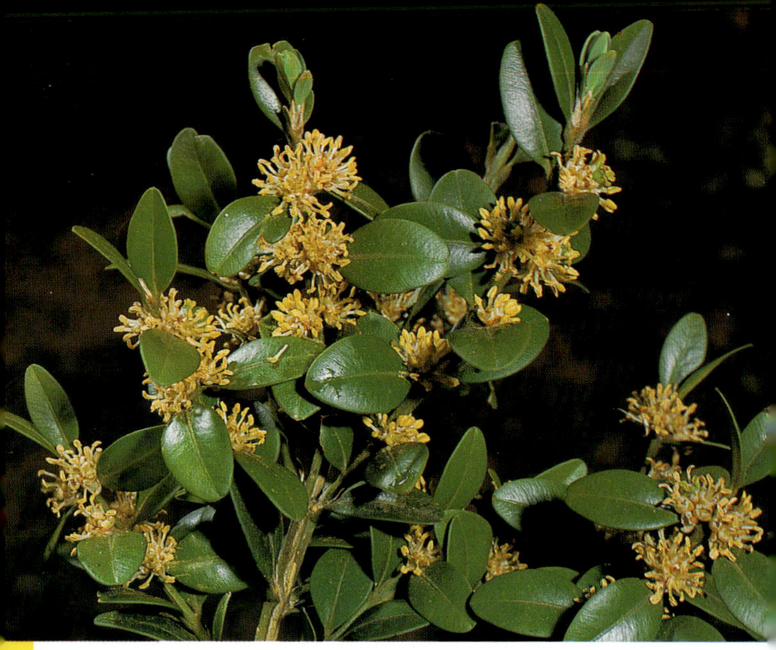

B: Immergrüner Strauch oder kleiner Baum mit gelbbrauner, runzeliger Borke, junge Zweige behaart. Die gegenständigen, kurz gestielten, ledrigen Blätter eiförmig, oberseits dunkelgrün, unterseits heller, an der Spitze ausgerandet und mit einzelnen Haaren, am Rande etwas nach unten gebogen, 1,5–3 x 0,7–1,5 cm groß. Eingeschlechtige Blüten in blattachselständigen Knäueln, bestehend aus einer endständigen, meist 5 oder 6zähligen, weißlichen weiblichen Blüte und mehreren, sitzenden, 4zähligen grünlichgelben männlichen, mit eiförmigen, spitzen Hochblättern. Durchmesser des Blütenstandes etwa 5 mm. Der zur Fruchtzeit bleibende Griffel weniger als halb so lang wie die zuletzt schwarzbraune, verkehrteiförmig-kugelige, etwa 7 mm große Kapsel. Die Pflanze enthält giftige Alkaloide.

S: Immergrüne und sommergrüne Laubwälder, seit alters in vielen Gartenformen kultiviert.

V: Mittelmeergebiet, bis nach West- und Mitteleuropa, SW-Asien, sonst gelegentlich verwildert.

U: *Buxus balearica* Lam.: Pflanze kahl, Blätter größer, 2,5–4 x 0,9–1,8 cm, oberseits weniger glänzend und heller grün. Blütenstand etwa 10 mm breit, mit rundlichen, stumpfen Hochblättern. Griffel so lang wie die Kapsel (Sardinien, Balearen, vereinzelt in S- und O-Spanien, NW-Afrika, S-Anatolien).

	März–April		2–5 (–8) m	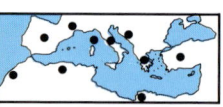

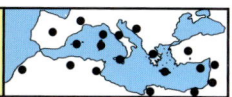

Behaarte Spatzenzunge
Thymelaea hirsuta (L.) Endl.
(*Passerina hirsuta* L.)
Seidelbastgewächse
Thymelaeaceae

B: Kleiner Strauch mit aufsteigenden, aufrechten oder überhängenden Zweigen. Die dachziegelartig angeordneten, schuppenförmigen, etwas fleischigen oder ledrigen, 3 – 8 mm langen und bis 4 mm breiten Blättchen oberseits gänzend dunkelgrün und kahl, unterseits aber wie die jungen Zweige weißfilzig. Blüten aus einer 4zipfeligen Blütenhülle bestehend, außen weiß seidenhaarig, innen gelblich und kahl, 4 – 5 mm lang, gewöhnlich zu 3 sitzend, lange, unterbrochene, ährenartige Blütenstände ohne Hochblätter bildend.

S: Garigues, bis in die Wüsten vordringend.
V: Mittelmeergebiet.
U: Die Gattung enthält zahlreiche kleinräumig verbreitete Arten, darunter mehrere in den spanischen Gebirgen. Vor allem im Küstenbereich der Balearen *Thymelaea myrtifolia* (Poir.) D.A. Webb. mit wollig filzigen, verkehrteiförmigen bis länglichen, 6 – 10 mm langen, locker anliegenden Blättern. Blüten filzig, 4 mm, einzeln oder zu mehreren umgeben von Hochblättern. Fast im gesamten Mittelmeergebiet lokal *Thymelaea tartonraira* (L.) All.: Blätter abstehend, sitzend an den oberen Zweigabschnitten, gewöhnlich auf beiden Seiten seidenhaarig, 10 – 18 mm lang und 2 – 7 mm breit. Blüten 5 – 6 mm, zu 2 – 5, umgeben von Hochblättern.

	Oktober – Mai		0,4 – 1 m	

Glocken-Lein
Linum campanulatum L.
Leingewächse
Linaceae

B: Pflanze am Grunde verholzt, oft mit nicht blühenden Rosetten. Stengel sehr schmal geflügelt. Blätter kahl, wechselständig, 1nervig, die unteren spatelförmig, gestielt, die oberen lanzettlich, spitz, sitzend, am Grunde mit 2 Drüsen. Blütenstand doldentraubig aus 3–5 Blüten. Die 5 gelborangenen Kronblätter 2,5–3,5 cm, allmählich in einen langen Nagel verschmälert, so daß die Krone glockenförmig erscheint. Kelchblätter schmal, zugespitzt, zur Fruchtzeit vergrößert, viel länger als die Kapsel. Diese mit etwa 2 mm langem Schnabel.

S: Felsen, im Kiesbett ausgetrockneter Bäche.
V: Westliches S-Europa.
U: Wesentlich kleinere gelbe Blüten hat der Strand-Lein *Linum maritimum* L.: Pflanze ausdauernd, 20–80 cm hoch, mit schlanken, feingerillten Stengeln. Blätter sitzend, schmal elliptisch bis lanzettlich, 2–4 mm breit, die unteren gegenständig und am Grunde 3nervig, die mittleren und oberen wechselständig, 1nervig. Blüten in lockeren, rispigen Blütenständen, Kronblätter 0,8–1,5 cm lang. Kelchblätter eiförmig spitz, 3 mm lang, am Rande undeutlich gewimpert. Kapsel etwa so lang wie die Kelchblätter. Salzsümpfe in Küstennähe (Mittelmeergebiet, im Osten gebietsweise fehlend). Daneben auch 1jährige gelbblütige Arten.

	April–Juni	♃	5–25 cm	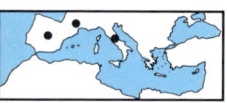

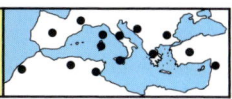

Französischer Ahorn
Acer monspessulanum L.
Ahorngewächse
Aceraceae

B: Sommergrüner Strauch oder Baum. Die 2–6 cm lang gestielten, derben, oberseits dunkelgrün glänzenden, unterseits etwas graugrünen, zuerst weichhaarigen, später verkahlenden Blätter 3–8 cm lang, etwa bis zur Mitte in 3 ganzrandige, fast gleich große, stumpfe Lappen zerteilt. Blüten in zunächst aufrechten, zuletzt hängenden, wenigblütigen Doldentrauben, zwittrige, männliche und weibliche im gleichen Blütenstand. Die 5 Kronblätter grüngelb, 4–5 mm lang. Früchte verkahlend, 2–3 cm lang, mit fast parallelen Flügeln.

S: Sommergrüne Wälder, Gebüsche.
V: Mittelmeergebiet, selten bis Mitteleuropa, SW-Asien.
U: Ähnlich die immergrüne Art *Acer sempervirens* L.: Blätter nur 1 cm lang gestielt, mit 2–5 cm großer, 3lappiger bis ungeteilter, am Rand wellig gekerbter, lederiger, unterseits grüner, auf beiden Seiten kahler Spreite. Blüten in aufrechten Doldentrauben. Fruchtflügel fast parallel oder spitzwinklig auseinandergehend (Griechenland bis S-Anatolien). Unserem einheimischen Berg-Ahorn ähnlich ist *Acer obtusatum* Willd.: hoher Baum, die sommergrünen, bis 12 cm großen Blätter mit 3–5 kurzen, breiten und stumpfen Lappen, auf der Unterseite mehr oder weniger dicht und ausdauernd behaart. Wälder der Bergstufe (Balkanhalbinsel, Italien, Sizilien, Korsika, NW-Afrika).

	April–Mai		bis 6 (–12) m	

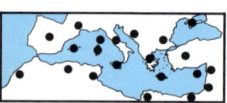

Stachelfrüchtiger Hahnenfuß
Ranunculus muricatus L.
Hahnenfußgewächse
Ranunculaceae

B: Besonders im oberen Teil reich verzweigte, kahle oder spärlich behaarte, meist aufrechte Hahnenfuß-Art. Untere Blätter lang gestielt, rundlich-nierenförmig, tief grob gekerbt, oft 3teilig gelappt, die oberen ähnlich, kurz gestielt. Blüten 1–1,5 cm im Durchmesser, auf schlanken Stielen, die 5 gelben, spatelförmigen Kronblätter etwas länger als die 5 zurückgebogenen Kelchblätter. Blütenboden meist behaart. Fruchtköpfchen kugelig, 1,2–2 cm breit, im ganzen abfallend. Früchtchen 7–8 mm, eiförmig, stark zusammengedrückt, mit 2–3 mm langem hakenförmigem Schnabel und glattem breitem Rand, auf den Flächen stacheligwarzig.

O: Feuchte Standorte: Gräben, Kulturland, Wegränder.

V: Mittelmeergebiet, Kanaren, SW-Asien.

U: An ähnlichen Standorten auch *Ranunculus parviflorus* L.: Pflanze behaart, Blüten 10 mm im Durchmesser, Blütenboden kahl. Fruchtstiele nicht verdickt, Früchtchen mit kurzem hakenförmigen Schnabel, auf den Flächen warzig (S- und W-Europa, N-Afrika, Kanaren). *Ranunculus chius* DC.: Pflanze behaart, Blüten 6–8 mm im Durchmesser, Blütenboden kahl. Fruchtstiele stark verdickt, Früchtchen mit kurzem hakenförmigen Schnabel, auf den Flächen runzelig (östliches Mittelmeergebiet, SW-Asien).

	April – Mai		10 – 50 cm	

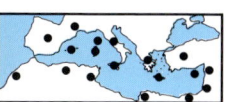

Nickender Sauerklee
Oxalis pes-caprae L.
Sauerkleegewächse
Oxalidaceae

B: Pflanze mit einer Rosette aus bis 20 cm lang gestielten, kleeblattartigen Blättern, die Teilblättchen tief verkehrtherzförmig, unterseits behaart. Der langgestielte Blütenstand mit 6–12 doldenförmig angeordneten, in der Knospe nickenden, später aufrechten, trichterförmigen Blüten. Fünf 2–2,5 cm lange, zitronengelbe Kronblätter. Fruchtkapseln werden kaum ausgebildet, da von den 3 möglichen Blütenformen mit verschieden langen Griffeln bzw. Staubblättern nur eine bis ins Mittelmeergebiet gelangt ist und damit eine Bestäubung unmöglich wird. Die Vermehrung erfolgt im Gebiet ausschließlich über Brutknöllchen, die an den unterirdischen Erdsprossen sitzen.

S: Im Kulturland, vor allem unter Baumkulturen, zur Blütezeit gebietsweise das Landschaftsbild bestimmend; auch mit gefüllten Blüten kultiviert und verwildert.

V: Heimat S-Afrika, im Mittelmeergebiet und weiter seit dem 18. Jh. eingeschleppt und eingebürgert.

U: Weniger auffällig *Oxalis corniculata* L., oberirdisch kriechend und an den Knoten wurzelnd, mit wechselständigen, oft violett überlaufenen Blättern. Blüten zu 1–7, mit 4–10 mm langen, gelben Kronblättern. 10–25 mm große, behaarte Kapseln, keine Brutknöllchen (Mittelmeorgebiet, fast weltweit verschleppt).

	Dezember – Mai	♃	10 – 50 cm	

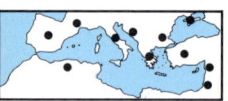

Christusdorn, Stechdorn
Paliurus spina-christi Mill.
Kreuzdorngewächse
Rhamnaceae

B: Sommergrüner Strauch mit zickzackförmig gebogenen, teilweise überhängenden, in der Jugend behaarten Zweigen. Blätter wechselständig, fast zweizeilig gestellt und kurz gestielt, mit 2 – 4 cm langer, schief eiförmiger, undeutlich gekerbt-gesägter, 3nerviger, hellgrüner Spreite. Von den beiden aus Nebenblättern abgeleiteten Dornen der eine länger und gerade, der andere kürzer und gekrümmt. Blüten grünlichgelb, 5zählig, etwa 2 mm breit, in kleinen blattachselständigen Trauben. Unverwechselbare, gelbbraune, trockene Früchte, umgeben von einem breiten, häutigen, gewellten Rand, 1,5 – 3 cm im Durchmesser.
S: Laubwälder, Gebüsche, Hecken,
V: Mittelmeergebiet, östlich bis nach Zentralasien.
U: Die verwandte Gattung *Ziziphus* hat am Süd- und Ostrand des Mittelmeergebietes einige Vertreter. *Ziziphus lotus* (L.) Lam. kommt auch in S-Spanien, auf Sizilien und in Griechenland vor: ein undurchdringlicher, sommergrüner Dornstrauch. Zweige, Blätter und Blüten ähnlich *Paliurus,* Früchte dagegen fleischig, fast kugelig, etwa 1 cm breit, reif gelborange, eßbar, aber fade im Geschmack. Für die Dornenkrone Christi verwendet wurden möglicherweise Zweige von *Ziziphus spina-christi* (L.) Desf., einem immergrünen, bis 8 m hohem Baum, der in Israel nicht selten ist.

	Mai – September		2 – 3 m	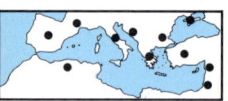

Immergrüner Kreuzdorn
Rhamnus alaternus L.
Kreuzdorngewächse
Rhamnaceae

B: Immergrüner, dornenloser, 2häusiger Strauch. Blätter sehr unterschiedlich, wechselständig (dagegen bei *Phillyrea latifolia* L. gegenständig s. S. 284), 1–8 mm lang gestielt, lanzettlich bis eiförmig, bespitzt oder abgerundet, entfernt knorpelig gesägt oder ganzrandig, ledrig, auf der Oberseite dunkelgrün, mit ausgeprägter Nervatur, auf der Unterseite hellgrün, 1–7 cm lang und 2–3 cm breit. Blütenstand traubig, dicht, mehr oder weniger behaart. Blüten ohne Krone, der 4 mm lange Kelch gelblich, mit meist 5 lanzettlichen, spitzen Zipfeln. Früchte ca. 5 mm, nicht fleischig, verkehrteiförmig, zuerst rot, später schwarz.

S: Gariguns, Macchien, Wälder, vorwiegend auf Kalk, auch Zierstrauch.

V: Mittelmeergebiet, Kanaren.

U: Ähnlich auf den Balearen und in O-Spanien *Rhamnus ludovici-salvatoris* Chodat: Blätter elliptisch bis fast rundlich, dicht und fein dornig gezähnelt, 1–2,5 cm lang. Kelchzipfel 5, eiförmig-lanzettlich. 1–2 m hoher Strauch. Dornen hat die sommer- oder immergrüne Art *Rhamnus lycioides* L.: Blätter gegenständig, gebüschelt, lineal oder verkehrteiförmig, 0,5–2 cm lang. Kelch mit 4 spitzen lanzettlichen Zipfeln. Früchte gelblich oder schwarz, ca. 5 mm im Durchmesser. Bis 1 m hoher Strauch (Mittelmeergebiet, fehlt in Korsika, Italien, Jugoslawien).

	März–April		1–3 (–5) m	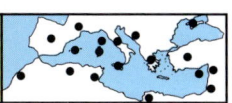

Behaarte Baumwolle
Gossypium hirsutum L.
Malvengewächse
Malvaceae

B: Stengel der vom Grunde an reich verzweigten, in Kulturen 1jährigen Pflanze behaart und mit schwarzen Öldrüsen besetzt. Blätter lang gestielt, herzförmig, mit 3 – 7 breitdreieckigen bis lanzettlichen, zugespitzten, an der Basis kaum eingeschnürten, manchmal überlappenden Abschnitten. Blüten kurz gestielt, einzeln in den Blattachseln, die 5 Kronblätter zuerst gelb, sich später purpurn verfärbend. Staubfäden 4 – 6 mm, verschieden lang. Unter dem 5blättrigen Kelch 3 freie, herzförmige, etwa 4,5 cm lange Außenkelchblätter, ihre Zähne mehr als 3mal so lang wie breit. Kapsel 4 – 6 cm, mit 8 – 10 lang und dicht behaarten Samen. Die Samenhaare werden zu Baumwolle verarbeitet, während das fette Öl der Samen mit hohem Linolsäureanteil zur Margarineherstellung und für technische Zwecke verwendet wird.

S, V: Heute weltweit die meist angebaute Baumwoll-Art. Im Mittelmeergebiet in verschiedenen Sorten kultiviert, Heimat Peru.

U: Ähnlich *Gossypium herbaceum* L.: Pflanze kahl oder nur spärlich behaart. Blätter mit eiförmig-rundlichen, an der Basis eingeschnürten Abschnitten. Blüten gelb, am Grunde dunkelpurpurn. Staubfäden 1 – 2 mm, alle gleich lang. Außenkelchblätter 2 – 2,5 cm, Zähne weniger als 3mal so lang wie breit (Heimat wohl Pakistan).

🌼	August – September	♃	bis 1,5 m	KULTURPFLANZE

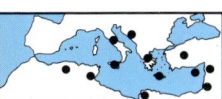

Krausblättriges Johanniskraut
Hypericum triquetrifolium Turra
(*Hypericum crispum* L.)
Johanniskrautgewächse
Hypericaceae

B: Pflanze aufrecht oder aufsteigend, kahl, vom Grunde an mit kreuzweise gegenständigen, abstehenden, nach oben zu kürzeren Seitentrieben, so daß die Form einer Pyramide entsteht. Blätter gegenständig, sitzend, 3–15 mm lang und 2–5 mm breit, dreieckig-lanzettlich, am Grunde herzförmig, stengelumfassend, am Rand gewellt, manchmal mit durchscheinenden Drüsen. Blüten einzeln oder bis zu 5 an den Zweigenden, etwa 1,5 cm im Durchmesser. Kronblätter 5, lineallänglich, nur selten drüsig. Staubblätter in 3 Bündeln. Kelchblätter etwa 2 mm, eiförmiglänglich, stumpf oder spitz, ganzrandig oder gezähnt, ohne schwarze Drüsen.

S: Kulturland, Brachland, Garigues.

V: Mittelmeergebiet, in SW-Europa nur gebietsweise eingebürgert, östlich bis in den Iran.

U: Zahlreiche Johanniskraut-Arten, in ihrer Verbreitung oft auf kleine Gebiete beschränkt, besonders im östlichen Mittelmeergebiet. Charakteristisch an feuchten schattigen Standorten ist *Hypericum hircinum* L., ein immergrüner Strauch mit Bocksgeruch. Blätter sitzend, eilanzettlich, 2–7,5 cm lang, ohne schwarze oder rote Drüsen. Blüten groß, 3–5 cm breit. Staubblätter mit gelben Staubbeuteln, in 5 Bündeln, länger als die Kronblätter (Mittelmeergebiet, im Westen nur eingebürgert).

	Mai–September	♃	15–55 cm	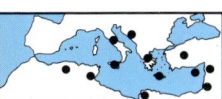

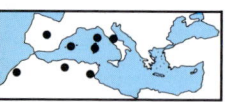

Gelbe Zistrose
Halimium halimifolium (L.) Willk.
Zistrosengewächse
Cistaceae

B: Silbergrauer, stark verzweigter Strauch mit aufrechten Zweigen. Die elliptisch-länglichen Blätter gegenständig, 5–10 mm lang gestielt, nur die oberen sitzend, ohne Nebenblätter, 1–4 cm lang und 0,5–2 cm breit, die jungen auf beiden Seiten dicht weißfilzig-schuppig und kurz sternhaarig, die älteren auf der Oberseite grünlich oder gräulich. Blüten 2–3 cm breit, die 5 gelben Kronblätter am Grunde oft mit dunklem Fleck. 5 filzig-schuppige Kelchblätter, davon die beiden äußeren kleiner.
S: Auf sandigen Böden in Küstennähe,

z. T. bestandsbildend, Macchien, Wälder.
V: Westliches Mittelmeergebiet.
B: Weitere Arten vor allem auf der Iberischen Halbinsel und in Marokko mit nur 3 Kelchblättern, u. a. *Halimium lasianthum* (Lam.) Spach: Pflanze aufrecht oder niederliegend, bis 1 m hoch, Blätter sehr unterschiedlich, beiderseits weißfilzig oder oberseits dunkelgrün. Blütenstiele und Kelchblätter lang seidig behaart, letztere oft mit violetten Borsten. *Halimium commutatum* Pau.: Pflanze kleiner, nur bis 50 cm hoch. Blätter rosmarinähnlich, bis 3 mm breit, mit umgerollten Rändern, oberseits glänzend grün und kahl, unterseits weißfilzig. Blüten blaßgelb, Kelchblätter kahl. Ähnlich mit schmalen Blättern auch einige weißblütige Arten.

	April–Juni		0,3–1,5 m	

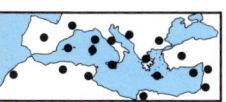

Geflecktes Sandröschen
Tuberaria guttata (L.) Fourr.
Zistrosengewächse
Cistaceae

B: Zierliche, aufrechte und behaarte Pflanze. Blätter der Grundrosette, die zur Blütezeit häufig schon vertrocknet sind, und untere Stengelblätter länglich-elliptisch, ohne Nebenblätter. Obere Blätter mehr lineallanzettlich, flach oder am Rand umgerollt, mit oder ohne Nebenblätter, alle gegenständig, beiderseits sternhaarig oder nur mit einfachen Haaren auf der Oberseite. Blütenstände locker, die 1–2 cm breiten Blüten dünn und lang gestielt, die 5 Blütenblätter gelb, gewöhnlich am Grunde dunkelbraun gefleckt. 5 Kelchblätter, davon die 2 äußeren viel kleiner und schmaler als die 3 inneren. Fruchtstiele abstehend oder abwärts geneigt, Kapsel kürzer als die Kelchblätter. Mehrere Unterarten.

S: Grasfluren auf Sand, Garigues.

V: Mittelmeergebiet, W-Europa, Kanaren, selten bis Mitteleuropa.

U: Ebenfalls 1jährig *Tuberaria praecox* Grosser: Pflanze grau behaart, unverzweigt. Blütenblätter kaum die Kelchblätter überragend, ungefleckt (zentrales Mittelmeergebiet, im Küstenbereich). Ausdauernd dagegen *Tuberaria lignosa* (Sweet) Samp. mit einer wegerichähnlichen, bleibenden Grundrosette, die Blätter mit 3–5 parallelen Nerven, oberseits kahl und glänzend, selten behaart, unterseits weißfilzig. Blüten etwa 3 cm im Durchmesser, ungefleckt (westliches Mittelmeergebiet, Kanaren).

	März – Juni		5 – 30 cm	

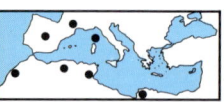

Borstiges Sonnenröschen
Helianthemum hirtum (L.) Mill.
Zistrosengewächse
Cistaceae

B: Zwergstrauch mit meist aufrechten Zweigen. Blätter gegenständig, kurz gestielt, 3–20 mm lang und 1–6 mm breit, die unteren kleiner, eiförmig-rundlich, die oberen elliptisch bis lineallanzettlich, oberseits grün bis graugrün, unterseits grau sternhaarig-filzig, der Rand mehr oder weniger umgerollt. Nebenblätter lineal, 2–4 mm lang. Blüten 5–17 in Trauben, 15 mm breit. Die 5 Kronblätter gelb oder seltener weiß. Kelchblätter 5, die 2 äußeren kleiner, schmallanzettlich, die 3 inneren größer, 5–6 mm, eiförmig-lanzettlich, auf vorstehenden Rippen und am Rand mit langen Borstenhaaren, dazwischen mit Sternhaaren. Kapsel in den Kelchblättern eingeschlossen.

S: Garigues, lichte Wälder, auf Kalk.
V: SW-Europa, N-Afrika.
U: Von den etwa 30 gelb, weiß oder rosa blühenden ausdauernden, seltener 1jährigen Arten der Gattung *Helianthemum* sind die meisten auf kleinere Teilgebiete im westlichen Mittelmeerraum beschränkt. Weiter verbreitet ist *Helianthemum lavandulifolium* Mill., kenntlich an den reichblütigen, 3–5fach gabelig verzweigten Blütenständen. Blätter 1–5 cm lang und 3–8 mm breit, oberseits grau- und unterseits weißfilzig. Blüten 15–20 mm breit, die Kelchblätter bewimpert (Mittelmeergebiet, fehlt auf den Inseln im Westen und in fast ganz Italien).

	April–Juni		10–40 cm	

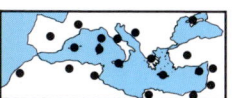

Thymianblättriges Nadelröschen
Fumana thymifolia (L.) Webb
Zistrosengewächse
Cistaceae

B: Zwergstrauch mit aufsteigenden oder aufrechten Stengeln. Blätter nadelartig, mit Nebenblättern und kleinen beblätterton Sprossen in den Achseln, wenigstens bis zur Mitte gegenständig (typisch für diese Art!), kahl, behaart oder drüsenhaarig und am Rande oft umgerollt, 5 – 11 x 0,5 – 1 mm, im Blütenstand viel kleiner. Stiele der 3 – 9 Blüten länger als die zugehörigen Blätter. 5 gelbe, 5 – 8 mm lange Kronblätter und 5 Kelchblatter, von denen die 2 äußeren sehr klein, die 3 inneren groß, häutig und deutlich grün genervt sind.
S: Garigues, Felsfluren.

V: Mittelmeergebiet.
U: Hochblattartig verkleinerte Blätter im Blütenstand hat auch *Fumana laevipes* (L.) Spach: Blätter aber alle wechselständig, noch schmaler, 4 – 8 x 0,3 – 0,4 mm, Nebenblätter vorhanden (S-Europa, NW-Afrika). Am Stengel mehr oder weniger gleichmäßig verteilte und etwa gleich große, wechselständige Blätter haben *Fumana arabica* (L.) Spach: Blätter länglich-elliptisch, meist flach, 5 – 12 x 0,8 – 5 mm, am Grunde kleine Nebenblätter. Blüten in deutlich abgesetztem Blütenstand (S-Europa, von Sardinien und Sizilien ostwärts, SW-Asien, N-Afrika) und *Fumana ericoides* (Cav.) Gand.: Blätter lineal, ohne Nebenblätter. Blüten zwischen den Blättern an den Zweigenden (S-Europa, NW-Afrika).

	April – Juni		10 – 30 cm	

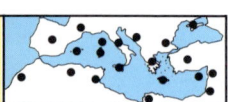

Spritzgurke
Ecballium elaterium (L.) A. Rich.
Kürbisgewächse
Cucurbitaceae

B: Steifhaarige, etwas fleischige Pflanze mit niederliegenden Stengeln, ohne Ranken. Blätter lang gestielt, herzförmig bis dreieckig, oft gezähnt und gewellt, 4–10 cm lang. Blüten gelblich, tief 5teilig, männliche in Trauben, weibliche einzeln gestielt in den Blattachseln, beide an derselben Pflanze. Die grünen, 4–5 x 2,5 cm großen, gurkenförmigen, rauh behaarten Früchte haben einen interessanten Verbreitungsmechanismus: Zur Reifezeit lösen sie sich schon bei leichter Berührung von ihren Stielen und schleudern dabei ihren Inhalt, eine äußerst bittere und stark hautreizende Flüssigkeit (Vorsicht!) mit den Samen fort.

S: Wegränder, Schuttplätze, Brachland.

V: Mittelmeergebiet, SO-Europa, Kanaren.

U: Verwandt ist die Gattung *Citrullus*, zu der die häufig kultivierte Wassermelone *Citrullus lanatus* (Thunb.) Mats. & Nikai mit meist rotem Fruchtfleisch gehört (Heimat S-Afrika) und die im südlichen Mittelmeergebiet wild anzutreffende Koloquinte, *Citrullus colocynthis* (L.) Schrad. mit kugeligen, nur 4–12 cm großen, gelben oder marmorierten Früchten. Zuckermelonen stammen von dem Kürbisgewächs *Cucumis melo* L. Bei ihnen sitzen die Kerne nicht im Fruchtfleisch wie bei der Wassermelone, sondern in einer Höhlung in der Mitte.

	April – September	♃	0,2 – 1 m	

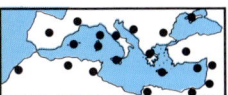

Meerfenchel
Crithmum maritimum L.
Doldenblütler
Apiaceae (Umbelliferae)

B: Auch vor der Blüte leicht kenntlicher, kahler, an der Basis verholzter Doldenblütler mit 1–2fach gefiederten, im Umriß dreieckigen, am Grunde scheidig erweiterten, blaugrünen, fleischigen Blättern, die linealen, zugespitzten, fast stechenden Abschnitte 1–7 cm lang und bis 6 mm breit. Obere Blätter dreiteilig. Stengel aufrecht oder aufsteigend, stielrund und etwas gerillt, nach oben zu spärlich verzweigt. Blütendolden aus 8–30 ziemlich kräftigen Strahlen, gewölbt. Blüten mit gelbgrünen, an der Spitze eingerollten, kaum 1 mm langen, unscheinbaren Kronblättern. Hüll- und Hüllchenblätter zu mehreren, lanzettlich bis eiförmig-lanzettlich, hautrandig, zur Fruchtzeit zurückgeschlagen. Früchte 5–6 mm, eiförmig-länglich, stark gerippt, kahl, gelblich bis rötlich. Wie auch bei anderen Küstenpflanzen ist die Fruchtwand dick und weitgehend von einem schwammigen, lufthaltigen Gewebe erfüllt, so daß die Frucht leicht schwimmen kann. Die salzig und etwas bitter würzig schmeckenden Blätter werden noch manchmal zu Salat oder als Gewürz verwendet. Wie Gurken oder Kapern in Essig eingelegt wurde das Kraut früher als Mittel gegen Skorbut auf Seereisen mitgenommen.
S: Felsküsten, im Bereich des Spritzwassers.
V: Mittelmeerküste, auch Atlantik- und Schwarzmeerküste, Kanaren.

	Juli–Oktober		10–60 cm	

87

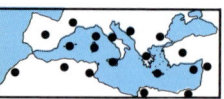

Wilder Fenchel
Foeniculum vulgare Mill.
ssp. *piperitum* (Ucria) Cout.
Doldenblütler
Apiaceae (Umbelliferae)

B: Im Sommer häufig die Straße begleitender, hoher, blaugrün bereifter Doldenblütler mit gerilltem Stengel. Blätter im Umriß länglich dreieckig, 3–4fach gefiedert. Blattzipfel pfriemlich, etwas fleischig und steif, kaum länger als 1 cm. Blattscheiden nur 1–3 cm lang, die obersten ohne oder mit verkümmerter Spreite. Dolden kurz gestielt, mit 4–10 ungleich langen Strahlen, ohne Hülle und Hüllchen, die Enddolde oft von den achselständigen überragt. Blüten gelb, die 5 Kronblätter mit stumpfen, eingerollten Spitzen, Kelchblätter fehlen. Teilfrüchte mit je 5 deutlichen, aber ungeflügelten Rippen, scharf schmeckend.

S: Straßenränder, Brachland, Flußläufe.

V: Mittelmeergebiet, Kanaren, SW-Asien.

U: Die ssp. *vulgare* wird in fast ganz Europa zur Gewinnung der Früchte angebaut: Blattzipfel gewöhnlich über 1 cm lang, schlaff. Dolden mit 12–25 Strahlen, die Enddolde nicht von den achselständigen überragt. Die Früchte mit süßlich-würzigem Geschmack sind bekannt als Gewürz, mit mehr bitterem Geschmack werden sie für medizinische Zwecke als schleimlösender Bestandteil in Hustentees und Säften oder als krampflösender und blähungstreibender Zusatz in verschiedenen Arzneimitteln verwendet.

	Juli–September		0,5–2,5 m	

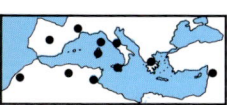

Strauchiges Hasenohr
Bupleurum fruticosum L.
Doldenblütler
Apiaceae (Umbelliferae)

B: Aromatischer, kahler Strauch mit rötlichen Zweigen und immergrünen, ledrigen, oberseits glänzenden, unterseits blaugrünen, verkehrteiförmig-lanzettlichen, 5–11 cm langen und 2–3 cm breiten, fast sitzenden Blättern. Mittelrippe deutlich und in einer kleinen Stachelspitze endend, Hauptseitennerven den Blattrand erreichend. Dolden gelbblütig, mit 5–25 kräftigen Strahlen und jeweils 5–6 zurückgeschlagenen, 5 mm langen, bald abfallenden Hüll- und Hüllchenblättern. Früchte 7–8 mm, länglich, mit schmal geflügelten Rippen.

S: Felsen, Garigues, auch als Zierstrauch.
V: Mittelmeergebiet, lückenhaft.
U: Ähnlich *Bupleurum gibraltaricum* Lam.: Blätter schmaler, sehr kurz gestielt, Hauptseitennerven nicht den Blattrand erreichend, Hüllblätter bleibend (Spanien, NW-Afrika). Strauchig und immergrün ist auch *Bupleurum spinosum* Gouan, ein sparrig verzweigter Kugelbusch, dornig durch steife und spitze, abgestorbene Doldenstrahlen. Blätter lineallanzettlich, graugrün, mit 3–5 parallelen Nerven. Blütendolden 2–7strahlig (Spanien, NW-Afrika, in Felsfluren der Gebirge oft bestandsbildend). Weitere ausdauernde, aber auch 1jährige Arten, alle mit ungeteilten ganzrandigen Blättern und dadurch von fast allen anderen Doldenblütlern unterschieden.

| | April – September | | 1–2 m | |

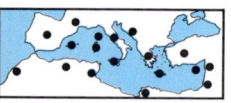

Gemeines Rutenkraut
Ferula communis L.
Doldenblütler
Apiaceae (Umbelliferae)

B: Auffällige, sehr kräftige hohe Staude mit dicken, schwach gefurchten Stengeln und vielfach gefiederten kahlen Blättern. Die linealen Abschnitte flach, 1,5 – 5 cm lang (bei der ssp. *communis* nicht breiter als 1 mm und beiderseits grün, bei der abgebildeten ssp. *glauca* (L.) Rouy & Cam. (*Ferula chiliantha* Rech.) 1 – 3 mm breit und unterseits graugrün). Untere Blätter 25 – 60 x 20 – 30 cm, im Umriß dreieckig-eiförmig, lang gestielt, obere mit auffallend großen, aufgeblasenen, ledrigen Blattscheiden, die obersten bis auf die Blattscheide zurückgebildet, die jungen Blütenstände einhüllend. Der große Blütenstand reich verzweigt, die fruchttragenden Enddolden jeweils kurz gestielt öder sitzend, umgeben von lang gestielten, unfruchtbaren Seitendolden. Doldenstrahlen 30 – 40, alle ungefähr gleich lang, jeweils mit 15 – 40 Blüten. Hülle fehlend, Hüllchenblätter lineal, bald abfallend. Früchte elliptisch, etwa 1,5 cm lang, zusammengedrückt, mit seitlichen Flügeln.
S: Garigues, Weiderasen, oft in Siedlungsnähe, kalkliebend.
V: Mittelmeergebiet.
U: Ähnlich besonders der ssp. *glauca* ist *Ferula tingitana* L.: Blattabschnitte nicht länger als 1 cm, mit deutlich umgerollten Rändern, Blattscheiden fast häutig. Pflanze graugrün (Iberische Halbinsel, N-Afrika, Vorderasien).

	April – Juni	♃	1 – 3 m	

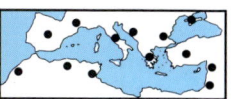

Strauchiger Jasmin
Jasminum fruticans L.
Ölbaumgewächse
Oleaceae

B: Immergrüner oder halbimmergrüner Strauch mit rutenförmigen, aufstrebenden, scharfkantigen, grünen Zweigen. Blätter wechselständig, ledrig, oberseits glänzend, mit 3, seltener 1 länglichen bis eiförmig-länglichen, 0,7 – 2 cm langen Blättchen. Blüten fast geruchlos, einzeln oder bis zu 5 an kurzen Seitenzweigen. Krone gelb, mit langer Röhre und 5 flach ausgebreiteten, stumpfen Zipfeln, 12 – 15 mm im Durchmesser. Kelch kurz glockenförmig mit pfriemlichen Zipfeln. Beeren 7 – 9 mm im Durchmesser, kugelig, glänzend schwarz.

S: Garigues, Hecken, lichte Wälder, auch als Zierstrauch.

V: Mittelmeergebiet, östlich bis Persien.

U: Weitere im Mittelmeergebiet vorkommende Jasmin-Arten sind gepflanzt oder verwildert bzw. gebietsweise auch eingebürgert, u. a. *Jasminum officinale* L., Echter Jasmin, sommergrüner oder halbimmergrüner bis 5 m hoher kletternder Strauch. Blätter gegenständig, gefiedert, mit 5 – 7 eiförmigen, 1 – 6 cm großen Blättchen, das endständige größer und zugespitzt. Blüten duftend, endständig zu 2 – 10 in doldenartigen Trauben. Krone weiß, außen manchmal rosa, 2 – 2,5 cm breit, mit spitzen Zipfeln (Heimat SW-Asien). Zur Parfümgewinnung wird *Jasminum grandiflorum* L. vor allem in S-Frankreich angebaut (Heimat SO-Asien).

	Mai – Juni		0,5 – 3 m	

Strand-Kreuzblatt
Crucianella maritima L.
Rötegewächse
Rubiaceae

B: Am Grunde verholzte, kahle, niederliegende oder aufsteigende Pflanze mit weißlichen, glatten Stengeln. Die ledrigen, blaugrünen, weiß berandeten Blätter 4 – 10 x 1 – 4 mm, eiförmig-lanzettlich und stachelspitzig, in Quirlen zu 4, am Grunde der Stengel und an den nicht blühenden Trieben dachziegelig angeordnet. Blütenstand ährig, dicht, 1 – 4 cm lang, die 10 – 13 mm langen, schmal trichterförmigen, gelben Blüten mit 5 kurzen, zusammenneigenden Zipfeln einzeln in den Achseln von freien, 6 – 10 mm langen und 3 – 7 mm breiten, eiförmigen, am Rand weißhäutigen und bewimperten Tragblättern und diese deutlich überragend.

S: Gefestigte Dünen.

V: Mittelmeergebiet.

U: Fast im ganzen Mittelmeergebiet in Garigues und auf Weideland die beiden von April bis Juli blühenden, 1jährigen Arten *Crucianella angustifolia* L.: Blätter meist in Quirlen zu 6 – 8, die unteren lineal-lanzettlich. Blütenstand schmal, 2 – 8 cm lang. Blüten 4zipfelig, die lanzettlichen, zugespitzten, freien Tragblätter nicht überragend und *Crucianella latifolia* L.: Blätter zu 4 – 6, die unteren eiförmig oder länglich. Blütenstand schmal, etwa 15 cm lang, die 4zipfeligen Blüten etwas länger als die Tragblätter. Diese breitlanzettlich, auf 1/3 ihrer Länge durch ein Häutchen verbunden und etwas aufgeblasen.

	Mai – September	♃	10 – 40 cm	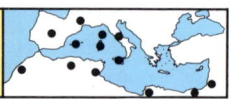

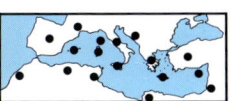

Kletten-Krapp, Wilder Krapp
Rubia peregrina L.
Rötegewächse
Rubiaceae

B: An der Basis verholzte, kletternde Pflanze. Stengel 4kantig, überwinternd, wie die Blattränder und Mittelnerven von kleinen, rückwärts gekrümmten Stacheln rauh oder auch glatt. Blätter sitzend, steif, ledrig, dunkelgrün, schmal oder breit eiförmig-lanzettlich, 1,5 – 6 x 0,3 – 2 cm, in Quirlen zu 4 – 8, Seitennerven undeutlich. Reichblütige achsel- und endständige, 4 – 10 cm lange Blütenstände, die deutlich länger als die Blätter sind. Krone 4 – 6 mm im Durchmesser, grünlichgelb, mit gewöhnlich 5 begrannten Zipfeln. Früchte beerenartig, schwarz, 4 – 6 mm.

S: Macchien, Wälder, Hecken.
V: Mittelmeergebiet, nördlich bis Irland, Kanaren.
U: Ähnlich *Rubia tenuifolia* D'Urv.: Blütenstände 1 – 2 cm, höchstens so lang wie die Blätter. Blüten 7 – 8 mm im Durchmesser (östliches Mittelmeergebiet).
Früher vielfach zur Gewinnung des roten Krapp-Farbstoffes kultiviert wurde die Färberröte *Rubia tinctorum* L.: Stengel im Herbst bis zum Grunde absterbend, mit weichen, hellgrünen, kurz gestielten, unterseits netznervigen Blättern in Quirlen zu 4 – 6. Blüten 5 – 6 mm im Durchmesser, gelb, Zipfel zugespitzt eiförmig, nicht begrannt. Früchte rotbraun. Heute noch in den Mittelmeerländern und bis Mitteleuropa verwildert (Heimat Asien).

	April – August		0,3 – 2,5 m	

Natternkopf-Lotwurz
Onosma echioides L.
Rauhblattgewächse
Boraginaceae

B: Graugrüne, borstig behaarte Pflanze, die Borsten auf kleinen Höckerchen sitzend, umgeben von 10 – 20 weiteren, etwa 1/5 so langen Borsten. Stengel mehrere, aufsteigend, am Grunde verholzt, daneben nicht blühende Laubblattbüschel. Grundblätter lineallanzettlich, gegen den Grund verschmälert, 2 – 7 cm lang und 2 – 7 mm breit. Blütenstand wenig verzweigt, mit fast sitzenden Blüten. Tragblätter ungefähr so lang wie die fast bis zum Grunde in lineallanzettliche Zipfel zerteilten Kelche, die sich nach der Blüte von 1 cm auf 1,5 cm vergrößern. Die 1,7 – 2,5 cm lange, röhrige, zum Grunde allmählich verschmälerte, blaßgelbe Krone mit 5 kurzen, zurückgeschlagenen Zipfeln, außen behaart. Griffel herausragend.
S: Felsfluren, Grasfluren, vor allem auf Kalk und Serpentinit.
V: Italien.
U: Sehr ähnlich das in seiner Verbreitung auf Sizilien beschränkte *Onosma canescens* C. Presl und *Onosma javorkae* Simonkai (Jugoslawien, italienische Adriaküste). Von Griechenland bis Palästina *Onosma frutescens* Lam.: Blätter mit 1 – 3 mm langen, stechenden, einfachen Borsten und manchmal auch Haaren dazwischen. Blüten 5 – 8 mm lang gestielt, Krone 16 – 21 mm, kahl, zunächst blaßgelb, später orange, rötlich oder bräunlich. Zahlreiche weitere kleinräumig verbreitete Arten.

	Mai – Juli		15 – 40 cm	

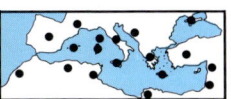

Große Wachsblume
Cerinthe major L.
Rauhblattgewächse
Boraginaceae

B: Blaugrün bereifte, etwas fleischige, fast kahle, aufrechte Pflanze. Untere Blätter kurz gestielt, verkehrteiförmig-spatelig, am Rand gewimpert, warzig und häufig weiß gefleckt, die oberen sitzend, eiförmig, am Grunde herzförmig stengelumfassend. Blüten in Wickeln, die eiförmigen Tragblätter meist violett überlaufen, so lang wie der spitzzipfelige, bewimperte Kelch oder länger. Blütenkrone 15 – 30 mm lang und 8 mm breit, röhrig, gerade, gelb mit rötlichbraunem Ring im Schlund, rötlichbraun überlaufen oder ganz gefärbt, mehr als doppelt so lang wie der Kelch.

Kronzipfel scharf zurückgebogen, viel kürzer als die Kronröhre. Nüßchen eiförmig-kugelig, dunkelbraun.
S: Kulturland, Brachland, Wegränder.
V: Mittelmeergebiet.
U: *Cerinthe retorta* Sm.: Pflanze 1jährig, Krone nur 10 – 15 mm lang und 3 – 5 mm breit, nach oben gekrümmt und am Schlund eingeschnürt, blaßgelb mit violetter Spitze, Kronzipfel scharf zurückgebogen, viel kürzer als die Kronröhre (Balkanhalbinsel, W-Anatolien). *Cerinthe minor* L.: Pflanze 2jährig oder ausdauernd, Krone mit zugespitzten, lanzettlichen, aufrechten Kronlappen, die fast so lang sind wie die übrige Krone, diese 10 – 12 mm, gerade, gelb, manchmal mit 5 violetten Flecken im Schlund (von SO- und S Europa bis Mitteleuropa verbreitet).

| | März – Juni | ⊙ | 15 – 60 cm | |

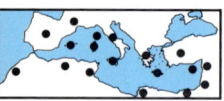

Blaugrüner Tabak
Nicotiana glauca R. C. Graham
Nachtschattengewächse
Solanaceae

B: Kahler, blaugrüner, wenig verzweigter Strauch. Blätter wechselständig, spitzeiförmig oder eilanzettlich, ganzrandig, 5–25 cm, der lange Blattstiel ungeflügelt. Blüten in lockeren, endständigen Rispen mit kleinen, pfriemlichen Hochblättern. Krone außen behaart, grünlichgelb, 2,5–4,5 cm lang, röhrenförmig, mit sehr kurzem, stumpf 5zipfeligem Saum. Kelch 10–15 mm, mit 5 dreieckigen, spitzen Zähnen. Staubbeutel eingeschlossen. Elliptische, 7–10 mm große Fruchtkapseln.
S: Wegränder, Schuttplätze, Ruinen, auch als Zierpflanze.

V: Mittelmeergebiet und Kanaren eingebürgert, Heimat S-Amerika.
U: Verwandt sind die wahrscheinlich aus Argentinien und Bolivien stammenden, seit dem 16. Jh. auch im Mittelmeergebiet in vielen Kulturformen angebauten Tabak-Arten. Sie sind einjährige Kräuter und haben drüsig behaarte Blätter. *Nicotiana rustica* L. hat 10–15 cm lange, spitzeiförmige Blätter mit ungeflügelten Blattstielen und grünlichgelben, 12–17 mm lange Blüten. Die Blätter von *Nicotiana tabacum* L. sind dagegen bis 50 cm lang und länger, eiförmig bis lanzettlich, zugespitzt, am Stengel herablaufend, sitzend oder mit kurzem geflügelten Stiel. Blüten 35–55 mm lang, cremefarben oder rosa. Die Blätter werden einzeln von unten nach oben geerntet.

	April– Oktober		2–6 m	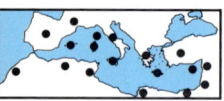

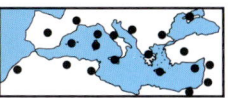

Gewelltblättrige Königskerze
Verbascum sinuatum L.
Rachenblütler
Scrophulariaceae

B: Dicht und kurz grau- oder gelbfilzige, oft verkahlende, meist vom Grunde an verzweigte Pflanze. Blätter der Grundrosette sitzend oder sehr kurz gestielt, länglich-spatelförmig, 15–35 x 6–15 cm, der grob gezähnte Rand buchtig gelappt und mehr oder weniger gewellt, besonders schön bei den im selben Jahr noch nicht blühenden Exemplaren. Stengelblätter mit breitem bis herzförmigem Grund sitzend, bei Pflanzen im östlichen Mittelmeergebiet auch am Stengel herablaufend. Blütenstand ästig, locker, Blüten zu 1–7 in den Achseln kleiner, breit herzförmig-dreieckiger, bespitzter Tragblätter sitzend. Krone 5lappig, 1,5–3 cm im Durchmesser, gelb, innen am Grunde rötlich gefleckt. Staubfäden 5, violettwollig behaart, die 2 vorderen oben kahl, die Staubbeutel quergestellt, nicht herablaufend. Kelch 2,5 mm.
S: Wegränder, Brachland.
V: Mittelmeergebiet, Kanaren, SW-Asien.
U: Ähnlich *Verbascum undulatum* Lam: Blätter 3–7 cm lang gestielt und so stark gewellt, daß sich die Abschnitte fast überdecken. Blüten 2,5–5 cm im Durchmesser, gelb, mit weiß behaarten Staubfäden. Kelch 6–12 mm (Balkanhalbinsel). Die Gattung *Verbascum* ist in Europa mit 80 Arten vertreten, davon kommt mehr als die Hälfte nur auf der Balkanhalbinsel vor. Die türkische Flora zählt 228 Arten.

	April–Oktober		0,5–1 m	

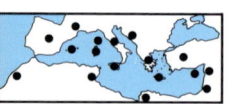

Echter Feigenkaktus
Opuntia ficus-barbarica A. Berger
(O. ficus-indica (L.) Mill.)
Kakteen
Cactaceae

B: Häufigster, wenn auch nicht einheimischer Vertreter der Kakteen im Mittelmeergebiet. Bisweilen baumförmige, stark verzweigte, fleischige Pflanze mit flachen, verkehrteiförmig bis elliptischen, 20–50 x 10–20 cm großen Stengelgliedern. In den Achseln von hinfälligen Blättchen kleine Polster von gelben, widerhakigen Borsten und außerdem manchmal 1–2 kräftige, blaßgelbe, unter 1 cm lange Dornen. Blüten 6–10 cm im Durchmesser, mit zahlreichen gelben oder orangeroten Blüten- und Staubblättern, gehäuft an den Rändern der Stengelglieder sitzend. Früchte in der Form feigenähnlich, 5–9 cm groß, gelb bis rot, mit eingesenktem Nabel, ebenfalls mit Borstenpolstern besetzt. Das saftige Fruchtfleisch ist eßbar. Vorsicht beim Schälen, die spröden Borsten verhaken sich in der Haut und brechen ab.
S, V: Wegen der Früchte (Kaktusfeigen) und als Heckenpflanze kultiviert, verwildert und gebietsweise eingebürgert (Heimat tropisches Amerika).
U: Ähnlich *Opuntia maxima* Mill: baumförmig, Stengelglieder mit bis 3 cm langen weißen Dornen zu 4–6. Früchte gelblichrot mit flachem Nabel, nicht so wohlschmeckend (Heimat wohl Mexiko). *Opuntia vulgaris* Mill.: Dornen fehlend oder 1–2, gräulich und bis 2 cm lang. Früchte tiefrot (Heimat N-Amerika).

	April–Juli		2–5 m	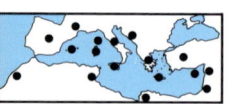

Durchwachsenblättriger Bitterling
Blackstonia perfoliata (L.) Huds.
Enziangewächse
Gentianaceae

B: Einfache oder im Blütenstand verzweigte, aufrechte, kahle Pflanze. Grundblätter eiförmig, stumpf, eine Rosette bildend. Stengelblätter gegenständig, eiförmigdreieckig, spitz oder zugespitzt, miteinander verwachsen, die oberen an der Basis kaum verschmälert. Blüten gelb, 8–15 mm im Durchmesser, mit kurzer Röhre und 6–8 ausgebreiteten Zipfeln. Kelch tief in lineale, 1nervige Abschnitte zerteilt.
S: Wälder, Macchien, Wegränder.
V: Mittelmeergebiet, West- und Mitteleuropa, SW-Asien.

U: Sehr ähnlich *Blackstonia acuminata* (Koch & Ziz) Domin, aber obere Stengelblätter deutlich verschmälert, Kelchzipfel lanzettlich, im unteren Teil 3nervig, 3–4mal so lang wie die Röhre (Mittelmeergebiet, Mitteleuropa). Bei *Blackstonia imperfoliata* (L. fil.) Samp. obere Stengelblätter frei oder nur wenig verwachsen, Kelchzipfel 2mal so lang wie die Röhre (westliches Mittelmeergebiet, Kanaren). Besonders auffällig *Blackstonia grandiflora* (Viv.) Pau durch 20–35 mm breite, 8–12zählige Blüten (südwestliches Mittelmeergebiet). Die im Habitus ähnliche, einzige gelbblühende Tausendgüldenkraut-Art *Centaurium maritimum* (L.) Fritsch hat dagegen 4–5zählige Blüten (Mittelmeergebiet, W-Europa nördlich bis NW-Frankreich).

| | Mai – September | ☉ | 10 – 60 cm | 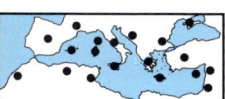 |

99

Große Affodeline
Asphodeline lutea (L.) Rchb.
Liliengewächse
Liliaceae

B: Stengel bis oben dicht beblättert. Untere Blätter 8 – 35 cm x 1,5 – 3 (–5) mm, schmallineal, zugespitzt, im Querschnitt dreieckig, am Grunde in eine stengelumfassende, häutige Scheide erweitert. Blüten goldgelb, in einer dichten, 15 – 30 cm langen, sich zur Fruchtzeit bis auf 50 cm verlängernden Traube. Hüllblattabschnitte gelb, länglich lanzettlich, 2 – 2,5 cm lang, sternförmig ausgebreitet, der untere Abschnitt etwas isoliert stehend. 3 lange und 3 kurze Staubblätter. Tragblätter häutig, etwa 2,5 x 1 cm, eiförmig zugespitzt, länger als die Blütenstiele. Kapseln rundlich, 1 – 1,5 cm, mit schwarzen, 3kantigen Samen.
S: Garigues, Felsfluren, auch als Zierpflanze kultiviert.
V: Östliches Mittelmeergebiet, auch in NW-Afrika.
U: Ähnlich *Asphodeline liburnica* (Scop.) Rchb.: Stengel 25 – 60 cm, nur in der unteren Hälfte beblättert. Hüllblattabschnitte 2,5 – 3 cm, gelb. Tragblätter nicht größer als 15 x 3 mm, mit langer Granne (östliches Mittelmeergebiet, westlich bis Istrien und S-Italien). Zahlreiche weißblütige Affodeline-Arten kommen in der Türkei vor. Bis zur Balkanhalbinsel reicht *Asphodeline taurica* (Pallas ex Bieb.) Kunth: Stengel bis oben beblättert. Hüllblattabschnitte 12 – 15 mm, die kürzeren Staubfäden an der Spitze deutlich geschwollen.

	April – Juni	♃	0,4 – 1 m	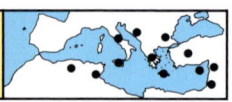

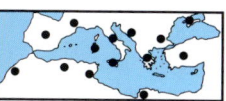

Wilde Tulpe
Tulipa sylvestris L.
Liliengewächse
Liliaceae

B: Einzige weiter verbreitete Wildtulpe des Mittelmeergebietes. Bei der abgebildeten ssp. *australis* (Link) Pamp. Stengel höchstens 2 mm im Durchmesser, mit 2–3 graugrünen, rinnigen, kahlen, schmallanzettlichen, 15–20 cm langen Blättern, das unterste weniger als 1,2 cm breit. Blüten fast immer einzeln, vor dem Aufblühen etwas nikkend, mit 6 elliptisch-lanzettlichen, 2–4 cm langen, gelben Blütenhüllblättern, die äußeren außen rötlich überlaufen, spitz, 4,5–9 mm breit, die inneren 6–16 mm breit, zugespitzt. Wesentlich kräftiger die ssp. *sylvestris*, Stengel wenig-

stens 2,5 mm im Durchmesser, unterstes Blatt über 1,2 cm breit. Blüten gewöhnlich größer, äußere Hüllblätter außen oft grünlich.
S: Ssp. *australis:* Grasfluren der Bergstufe, ssp. *sylvestris:* Baumkulturen, Weingärten, Felder.
V: Ssp. *australis:* Mittelmeergebiet, SO-Europa, fehlt auf den Inseln, ssp. *sylvestris:* zentrales Mittelmeergebiet, auch Sardinien, Sizilien, im mittleren und nördlichen Europa eingebürgert.
U: Scharlachrote Blütenhüllblätter, am Grunde mit je einem schwarzen, gelb umrandeten Fleck hat *Tulipa boeotica* Boiss. & Heldr. (südliche Balkanhalbinsel, Kleinasien). Auf Kreta die endemischen Arten *Tulipa saxatilis* Sieber ex Spreng. mit rotvioletten und *Tulipa cretica* Boiss. & Heldr. mit weißlichen bis rosa Blüten.

|  | April – Juni | ♃ | 5–45 cm | |

Rhodische Schachblume
Fritillaria rhodia A. Hansen
Liliengewächse
Liliaceae

B: Blätter 7 – 10, wechselständig, lineal bis lineallanzettlich, die untersten 4 – 8 cm lang und 0,3 – 0,7 cm breit, am Rand oft fein warzig. Blüten nickend, zu 1 – 3, schmal glockenförmig, außen gelblich-grün, innen gelblich. Die 6 Blütenhüllblätter an der Spitze nach außen umgebogen, am Grunde mit 1 mm langer, elliptischer, grüner Nektargrube, die äußeren länglich, 10 – 19 x 3 – 5 mm, die inneren etwas breiter, verkehrteiförmig bis spatelförmig. Griffel 4 – 5 mm, ungeteilt, schlank und glatt.
S: Garigues, Kiefernwälder.
V: Rhodos.

U: Nahe verwandt sind *Fritillaria forbesii* Baker in SW-Anatolien und *Fritillaria bithynica* Baker in W-Anatolien, auf Samos und Chios. Zahlreiche weitere kleinräumig verbreitete Arten besonders im östlichen Mittelmeergebiet. Breit glockenförmige, schachbrettartig gelblich, bräunlich oder purpurn gemusterte Blüten mit grünen Streifen hat *Fritillaria messanensis* Rafin.: Nektargrube am Grunde der Hüllblätter 6 – 10 mm lang. Blätter lineal, die untersten 4 – 9 cm lang und 3 – 7 mm breit (NW-Afrika, Sizilien, S-Italien, Balkanhalbinsel bis Kreta). Ähnlich *Fritillaria graeca* Boiss. & Sprun.: Nektargrube 4 – 6 mm lang. Unterste Blätter eiförmig bis lanzettlich, 3,5 – 11 cm lang und 11 – 25 mm breit (Südteil der Balkanhalbinsel, Ägäis).

	März – April	♃	6 – 30 cm	

Stechender Spargel,
Lianen-Spargel
Asparagus acutifolius L.
Liliengewächse
Liliaceae

B: Kletternder Halbstrauch mit sparrigen, weißlichen oder grauen, gerillten, verholzten Zweigen. Büschel von 5–30 und mehr etwa gleich großen, 2–8 mm langen, steifen, stechenden Kurztrieben stehen in den Achseln kleiner schuppenförmiger Blättchen. Blüten 3–7 mm lang gestielt zu 1–4, mit 3–4 mm langer, glockiger, 6teiliger, gelbgrüner Blütenhülle. Beeren rot, später schwarz, 4,5–7,5 mm im Durchmesser, mit 1–2 Samen. Die im Frühling erscheinenden, jungen grünen Sprosse werden als Wildspargel gegessen.

S: Wälder, Macchien, Garigues.
V: Mittelmeergebiet, Kanaren.
U: Ähnlich *Asparagus aphyllus* L.: Stengel holzig, grün, die stechenden Kurztriebe 10–20 mm lang, deutlich ungleich groß, in Büscheln zu 3–7. Blüten 3–4 mm lang, zu 3–6 an 2,5–5 mm langen Stielen. Beeren 8 mm im Durchmesser, schwarz, mit 1–3 Samen (Blütezeit September–Oktober, südliches Mittelmeergebiet). Dagegen nicht stechende Kurztriebe, krautige Stengel und rote Beeren bei den im Mai–Juli blühenden Arten *Asparagus tenuifolius* Lam. mit sehr zahlreichen haarfeinen Kurztrieben, Blüten einzeln oder zu zweien, 6–8 mm lang (SO-Europa, Kleinasien) und *Asparagus maritimus* (L.) Mill., Kurztriebe breiter, zu 4–7, Blüten meist zu zweien, 4–6 mm lang (Mittelmeergebiet).

	Juli–Oktober		0,4–2 m	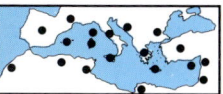

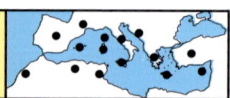

Amerikanische Agave
Agave americana L.
Agavengewächse
Agavaceae

B: Blätter der Grundrosette dickfleischig und graugrün, 15 – 25 cm breit und 1 – 2 m lang, lineallanzettlich, über der breiten, scheidenförmigen Basis eingeschnürt, am Rand entfernt dornig gezähnt und an der Spitze mit 2 – 3 cm langem, bräunlichem Dorn, in der Knospe dicht anliegend und nach dem Entfalten Abdrücke hinterlassend. Nach 10 – 15 Jahren treibt ein einziger, später verholzender, bis 8 m hoher Blütentrieb mit 3eckigen, stengelumfassenden Hochblättern und endständiger Rispe. Blüten wohlriechend, 6zipfelig, im unteren Drittel zu einer Röhre verwachsen, 7 – 9 cm lang, grünlichgelb, dicht gebüschelt und aufrecht an den Enden der waagerechten Rispenäste. Staubblätter und Griffel weit herausragend. Frucht eine bis 4 cm lange Kapsel. Nach der Fruchtreife stirbt die Pflanze ab, vermehrt sich aber leicht vegetativ durch Wurzelsprosse.

S, V: Seit dem 16. Jahrhundert im Mittelmeergebiet und auf den Kanaren als Zierpflanze kultiviert, auch in Formen mit gelblich berandeten Blättern. In Küstennähe oft verwildert, Heimat Mexiko.

U: Die zu den Liliengewächsen gehörende, sehr artenreiche Gattung *Aloe* hat im Unterschied zu den Agaven in der Knospe spreizende Blätter. Verschiedene Arten werden als Zierpflanzen kultiviert (Heimat vor allem S-Afrika).

	Juni – August	♃	5 – 8 m	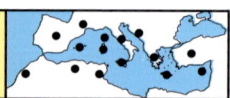

Herbst-Goldbecher
Sternbergia lutea (L.) Ker-Gawl.
Narzissengewächse
Amaryllidaceae

B: Krokusähnliche Pflanze mit linealen, stumpfen, 7–11 mm breiten und 12–18 cm langen, ganzrandigen oder undeutlich gezähnten Blättern, die vor oder gleichzeitig mit den Blüten erscheinen. Die goldgelben Blüten einzeln, seltener zu zweien, aufrecht auf 4–10 cm langem Schaft, mit kurzer Röhre und sechs 3–4 cm langen und 7–15 mm breiten, eiförmig-elliptischen Hüllblattabschnitten. Am Grund ein häutiges, grün berandetes, manchmal 2zähniges Hochblatt. Staubfäden 6, viel länger als die Staubbeutel. Formen mit 3–5 mm breiten, am Rand deutlich gezähnten, dunkler grünen Blättern mit gräulichem Streifen in der Mitte und mit nur 4–8 mm breiten, spitzeren Hüllblattabschnitten werden als ssp. *sicula* (Tineo ex Guss.) D. A. Webb bezeichnet (nur S-Italien, Sizilien, S-Griechenland, Türkei).

S: Garigues, Felsfluren, Weideland, auch als Zierpflanze.

V: S-Europa, SW-Asien, NW-Afrika, sonst gelegentlich verwildert.

U: Ähnlich *Sternbergia colchiciflora* Waldst. & Kit.: Blätter erst im Frühjahr nach der Blüte erscheinend, 2–5 mm breit und 4–10 cm lang, am Rand sehr fein gezähnt oder gewimpert. Blütenschaft nur 1–2 cm, zum größten Teil unterirdisch. Blütenröhre fast so lang wie die 3–4 cm langen und 2–5 mm breiten, zusammenneigenden Hüllblattabschnitte (Spanien bis Kleinasien).

 September–Oktober	♃	10–30 cm	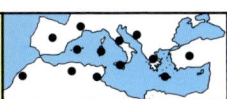

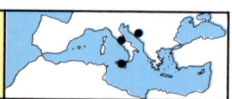

Sizilische Zwergiris
Iris pseudopumila Tineo
Schwertliliengewächse
Iridaceae

B: Schwertlilienart mit kräftigem Wurzelstock. Blätter den Winter überdauernd, nicht breiter als 15 mm, lanzettlich oder sichelförmig, spitz. Stengel bis 25 cm lang. Blüten einzeln, violett, ganz gelb oder nur die 3 äußeren Hüllblätter violettbraun gefärbt, diese 5–7,5 cm lang, gelbbärtig, die Enden nach außen gebogen, die inneren Hüllblätter aufrecht und zusammenneigend, etwa ebenso lang, mit breitelliptischer Lippe. Hochblätter bis 12 cm lang, die 5–7,5 cm lange Blütenröhre fast ganz umschließend, teilweise von den Blättern verdeckt.

S: Garigues, Grasfluren.
V: Zentrales Mittelmeergebiet.
U: Ähnlich *Iris lutescens* Lam.. Blätter den Winter überdauernd, 5–25 mm breit, mehr oder weniger gerade. Hochblätter den oberen Teil der Blütenröhre freilassend und nicht von den Blättern verdeckt (SW-Europa). *Iris pumila* L.: Pflanze im Winter blattlos, Blätter bei der ssp. *pumila* bis 15 cm lang und 17 mm breit, höchstens schwach sichelförmig, bei der ssp. *attica* (Boiss. & Heldr.) Hay (nur Griechenland, Mazedonien, Kleinasien) nicht länger als 8 cm und breiter als 9 mm, stark sichelförmig. Blüten einzeln, gelb, blau oder purpurn. Blütenröhre 4–9 cm lang, schlank, äußere Hüllblätter 35–60 x 12–20 mm, innere 40–80 x 15–23 mm, mit deutlichem Nagel (SO-Europa bis Zentralrußland).

	März–Mai	♃	5–30 cm	

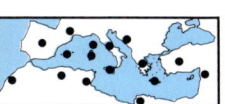

Zwergedelweiß
Evax pygmaea (L.) Brot.
Korbblütler
Asteraceae (Compositae)

B: Kleine, am Grunde verzweigte, graufilzig behaarte Pflanze. Stengel beblättert, oben mit einer Rosette aus 5 – 16 mm langen und 2 – 5 mm breiten, länglich verkehrteiförmigen bis spateligen, stumpfen oder kaum spitzen, abstehenden Blättern. Sie umgeben ein 5 – 35 mm breites Büschel von fast sitzenden Blütenköpfchen und sind 2 – 3-mal so lang wie dieses. Hüllblätter mehr als 30, bräunlichgelb, kahl, eiförmig-lanzettlich, 3 – 4 mm lang, auf dem Rücken gerade, mit 1 mm langer Granne. Nur kleine, gelbliche Röhrenblüten. Früchte meist dunkelbraun, warzig.

S: Garigues, offene Grasfluren, in Küstennähe.
V: Mittelmeergebiet, Kanaren.
U: Ähnlich *Evax asterisciflora* (Lam.) Pers.: Pflanze bis 13 cm hoch. Rosettenblätter 15 – 40 mm lang und 3 – 7 mm breit, länglich-lanzettlich, zugespitzt, etwa 4mal so lang wie das 12 – 28 mm breite Köpfchenbüschel. Hüllblätter fast kahl, mit zurückgebogener Granne. Früchte braun, spärlich behaart, an der Spitze ausgerandet (westliches Mittelmeergebiet). Endemisch auf Korsika und Sardinien *Evax rotundata* Moris: Rosettenblätter breiteiförmig bis fast rundlich, das 2 – 8 mm breite Köpfchenbüschel nur wenig überragend. Hüllblätter dicht behaart, nur kurz bespitzt, am Rücken gebogen. Früchte hellbraun, glatt oder spärlich warzig.

| | April – Juni | | 1 – 4 cm | |

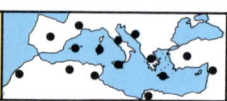

Mittelmeer-Strohblume
Gewöhnliche Immortelle
Helichrysum stoechas (L.) Moench
Korbblütler
Asteraceae (Compositae)

B: Kleiner Halbstrauch mit sitzenden, am Rand umgerollten, weißfilzigen, oberseits manchmal verkahlenden Blättern. Blütenköpfchen in dichten, 1,5 – 3 cm breiten Doldentrauben mit gelben Röhrenblüten und leuchtend hellgelber, 4 – 6 mm breiter, kugeliger bis breiteiförmiger Hülle. Hüllblätter in mehreren Reihen ziemlich locker dachziegelig angeordnet, drüsenlos, die äußeren häutig. Ssp. *stoechas*: Pflanze stark aromatisch (an Curry erinnernd), Blätter schmallineal, gewöhnlich länger als 2 cm; ssp. *barrelieri*

(Ten.) Nym.: Pflanze nicht oder kaum aromatisch, Blätter breitlineal bis schmalspatelförmig, gewöhnlich kürzer als 2 cm. Sehr variable Art.
S: Sand- und Felsküsten, Garigues.
V: Die ssp. *stoechas* in S-Europa östlich bis Jugoslawien, die ssp. *barrelieri* von Sizilien an östlich bis zur Türkei und N-Afrika.
U: Ähnlich *Helichrysum italicum* (Roth) Don fil.: Pflanze aromatisch. Blätter 10 – 30 mm lang, schmallineal mit umgerolltem Rand, grünlich und spärlich filzig, selten weißfilzig. Blütenstand 1,5 – 8 cm im Durchmesser. Blütenköpfchen mit 2 – 4 mm breiter, schmal glokkiger Hülle, die deutlich länger als breit ist. Äußere Hüllblätter ledrig, innere schmaler und mindestens 5 mal so lang, drüsig (S-Europa, NW-Afrika, Kleinasien).

	April – Juli		10 – 50 cm	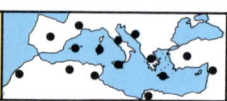

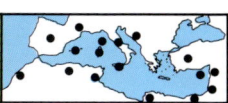

Gewöhnliche Steinimmortelle
Phagnalon rupestre (L.) DC.
Korbblütler
Asteraceae (Compositae)

B: Kleiner Halbstrauch mit dicht weißfilzigen Zweigen. Blätter 1 – 4 cm lang, schmal eiförmiglanzettlich, untere an der Basis verschmälert, obere mit verbreitertem Grund sitzend, am Rand gewellt und schwach gezähnt, mehr oder weniger umgerollt, oberseits dunkelgrün, dünn spinnwebig, unterseits dicht weißfilzig. Köpfchen einzeln, etwa 1 cm groß, lang gestielt, mit gelblichen Röhrenblüten und dicht angedrückten, kahlen, häufig bräunlichen Hüllblättern, deren äußere eiförmig bis 3eckig und stumpf. Rand der mittleren Hüllblätter nicht gewellt.

S: Felsfluren, Garigues.
V: Mittelmeergebiet, Kanaren, SW-Asien.
U: Ähnlich *Phagnalon graecum* Bois. & Heldr.: äußere Hüllblätter schmal 3eckig bis lanzettlich, spitz, Rand der mittleren Hüllblätter nicht gewellt (östliches Mittelmeergebiet). *Phagnalon saxatile* (L.) Cass.: obere Stengelblätter lineal, am Rand manchmal umgerollt. Hüllblätter spitz, die äußeren später abstehend oder zurückgebogen. Rand der mittleren Hüllblätter gewellt (S-Europa, NW-Afrika, Kanaren). *Phagnalon sordidum* (L.) Rchb.: Blätter lineal, auf beiden Seiten dicht behaart, ganzrandig und die Ränder stark umgerollt. Blütenköpfchen zu 2 – 6 sitzend oder kurz gestielt. Hüllblätter eiförmig spitz, den Köpfchen angedrückt (westliches Mittelmeergebiet).

	März – Juli		5 – 50 cm	

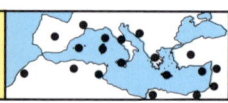

Salz-Alant
Inula crithmoides L.
Korbblütler
Asteraceae (Compositae)

B: Küstenpflanze mit am Grunde verholzten, aufrechten oder aufsteigenden, wenig verzweigten, reich beblätterten Trieben. Blätter fleischig, kahl, linealisch, 2 – 4,5 cm lang und 2 – 4 mm breit, ganzrandig oder an der Spitze 3zähnig. In den Blattachseln büschelartig kleine Kurztriebe. Blütenköpfchen aus orangegelben, 5 mm langen Scheibenblüten und gelben, 14 – 25 mm langen Zungenblüten, die den halbkugeligen Hüllkelch um das Doppelte überragen. Äußere Hüllblätter lineal, aufrecht, 3 – 4 mm, innere linealpfriemlich, 5 – 10 mm lang. Köpfchenstiele oben verdickt, mit kleinen linealen, spitzen Hochblättern. Früchtchen gerippt, an der Spitze nicht verjüngt, 2 – 3 mm lang, behaart, mit bräunlichweißen, am Grunde nicht verbundenen Pappusborsten. Während einige Alant-Arten durch starke Behaarung an trockene Standorte angepaßt sind, stellen die kahlen, fleischigen Blätter des Salz-Alant eine Anpassung an den hohen Salzgehalt der Küstenstandorte dar. Andere Beispiele hierfür sind der Meerfenchel *Crithmum maritimum* oder die Graue Gliedermelde *Arthrocnemum macrostachyum*.
S: Sandstrand, Küstenfelsen, Salzsümpfe.
V: Küsten des Mittelmeeres und W-Europas, nördlich bis England und Irland, in O-Spanien und N-Afrika auch im Binnenland.

|  | August – Oktober | ♃ | 10 – 90 cm | |

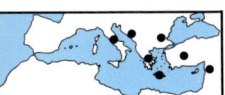

Schneeweißer Alant
Inula verbascifolia (Willd.) Hausskn.
(I. candida (L.) Cass.
ssp. *verbascifolia* (Willd.) Hay.)
Korbblütler
Asteraceae (Compositae)

B: Am Grunde verholzte, weißwollig-filzige Pflanze. Grundblätter lang gestielt, eiförmig-lanzettlich, an der Basis kurz keilförmig, oft spitz, ganzrandig oder gekerbt, unterseits mit stark hervortretenden Nerven, Stengelblätter kleiner. Blütenköpfchen unterschiedlich in der Größe, mit gelben Röhren- und gelben Zungenblüten, die länger oder kürzer (wie z. B. bei der abgebildeten ssp. *heterolepsis* (Boiss.) Tutin) sind als der 7–12 mm breite Hüllkelch. Dieser unten meist mit spatelförmigen

eiförmigen oder lanzettlichen Hochblättern, Früchtchen zylindrisch, etwa 2 mm, behaart, mit einem einreihigen Pappus aus 10–15 etwa doppelt so langen Borsten. Sehr variable Art mit 5 Unterarten.
S: Felsspalten, besonders in Kalkgestein.
V: Östliches Mittelmeergebiet.
U: Ähnlich *Inula candida* (L.) Cass. *(I. candida* ssp. *limonifolia* (Sibth & Sm.) Hay.): Blätter mehr oder weniger dicht angedrückt seidenhaarig-filzig, allmählich in den Blattstiel verschmälert, ganzrandig, stumpf, Nerven unterseits nicht hervortretend. Hüllkelch 8–9 mm im Durchmesser, länger als die Zungenblüten. Mehrere Unterarten kommon vor (nur in Griechenland und auf Kreta).

	Juli– August	♃	10–50 cm	

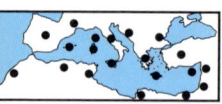

Klebriger Alant
Dittrichia viscosa (L.) Greut.
(Inula viscosa (L.) Ait.)
Korbblütler
Asteraceae (Compositae)

B: Streng aromatische, drüsig-klebrige und mit einzelnen längeren Haaren versehene, am Grunde verholzte Pflanze mit aufrechten, einfachen oder verzweigten, dicht beblätterten Stengeln. Untere Blätter lineal bis länglich-lanzettlich, spitz, 3–7 cm lang, bis 3 cm breit, ganzrandig bis entfernt gezähnt, obere halbstengelumfassend sitzend. Blütenstand beblättert, lang rispig pyramidal, mit zahlreichen, im Durchmesser etwa 1,5 cm großen, gestielten Blütenköpfchen. Scheibenblüten gelborange, Zungenblüten gelb, 10–12 mm lang, den Hüllkelch deutlich überragend. Hüllblätter mit winzigen Drüsenhaaren, etwas häutig, blaß mit grüner Mittelrippe, lineallanzettlich, die äußeren spitz, 1–2 mm lang, innere 6–8 mm lang. Früchte 2 mm, behaart, am Ende plötzlich zusammengezogen, die 15 bräunlichen Pappusborsten nahe dem Grunde verwachsen.

S: Wegränder, Brachland, auch in Garigues, oft bestandsbildend.

V: Mittelmeergebiet, Kanaren.

U: *Dittrichia graveolens* (L.) Greut. *(Inula graveolens* (L.) Desf.): Pflanze mit Kampfergeruch, 1jährig, 20–50 cm hoch, vom Grunde an verzweigt, dicht drüsig und mit einzelnen längeren Haaren. Blütenköpfchen klein, Zungenblüten 4–7 mm lang, kaum den Hüllkelch überragend (Mittelmeergebiet, SW-Asien).

	August–November	♃	0,5–1,3 m	

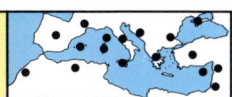

Großes Flohkraut
Pulicaria dysenterica (L.) Bernh.
Korbblütler
Asteraceae (Compositae)

B: Pflanze mit unterirdischen Ausläufern. Stengel aufrecht, behaart, im oberen Teil verzweigt. Blätter länglich-lanzettlich, beiderseits behaart, besonders unterseits mit sitzenden Drüsen, etwas gewellt und am Rand entfernt gezähnt, die untersten gestielt und zur Blütezeit verwelkt, die übrigen mit herz- bis pfeilförmigem Grund stengelumfassend. Köpfchen zahlreich, die der Seitenäste das Endköpfchen häufig überragend, 1,5–3 cm breit, die goldgelben Zungenblüten etwa 5 mm länger als der Hüllkelch aus lineallanzettlichen, behaarten Hüllblättern. Früchtchen mit etwa 4 mm langen, rauhen Pappusborsten, die am Grunde von einem kleinen, zerschlitzten Krönchen umgeben sind (Unterschied zu *Inula*). Der Gattungsname läßt sich aus der früheren Anwendung des aromatischen Krautes als Mittel gegen Ungeziefer erklären, während der Artname auf die Verwendung bei Ruhr hinweist.
S: Feuchte Standorte.
V: Mittelmeergebiet, nördlich bis Zentraleuropa, östlich bis Zentralasien.
U: Ebenfalls lange Zungenblüten hat *Pulicaria odora* (L.) Rchb.: Pflanze ohne Ausläufer. Stengel mit nur einem oder wenigen Blütenköpfchen. Grundblätter zur Blütezeit grün (Mittelmeergebiet). Mehrere 1jährige Arten mit Zungenblüten, die die Hüllblätter kaum überragen.

	Juli–Oktober	♃	0,2–1 m	

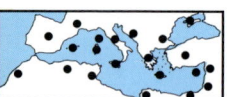

Stechendes Sternauge
Pallenis spinosa (L.) Cass.
Korbblütler
Asteraceae (Compositae)

B: Stengel am Grunde verholzt, abstehend behaart, im oberen Drittel meist aufrecht-abstehend verzweigt. Blätter angedrückt behaart, ganzrandig, kurz bespitzt, die unteren oval-länglich, in einen Stiel verschmälert, die oberen halbstengelumfassend sitzend. Blüten in langgestielten, 2,5 cm breiten Köpfen, wobei die seitlichen Blütenköpfe die mittleren überragen. Äußere Hüllblätter strahlend, blattähnlich, 1,5 – 3,5 cm lang, lanzettlich, mit kurzer stechender Spitze, parallelnervig, viel länger als die eiförmigen, ledrigen inneren und auch die 3zähnigen Zungenblüten weit überragend, letztere dunkelgelb, 2reihig, 1,2 cm lang. Im Gegensatz zu den *Asteriscus*-Arten Früchtchen der Zungenblüten flach und geflügelt, die der Scheibenblüten leicht zusammengedrückt, kaum geflügelt, 2 – 2,5 mm. Pappus aus zahlreichen kurzen, häutigen Schuppen.
S: Wegränder, Brachland.
V: Mittelmeergebiet, Kanaren.
U: Im östlichen Mittelmeergebiet neben der oben beschriebenen ssp. *spinosa* auch die ssp. *microcephala* (Halácsy) Rech. fil. mit blaßgelben, oft purpurn überlaufenen, kleineren Blütenköpfen. Stengel nur oben spärlich behaart, unterhalb der Mitte abstehend verzweigt.

	April – August		10 – 60 cm	

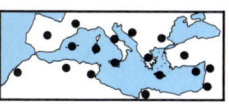

Einjähriger Strandstern
Asteriscus aquaticus (L.) Less.
Korbblütler
Asteraceae (Compositae)

B: Stengel einfach oder oben aufrecht-abstehend verzweigt. Blätter behaart, länglich-spatelförmig, ganzrandig, stumpf, die unteren in einen Blattstiel verschmälert, die oberen halbstengel-umfassend sitzend. Köpfchen fast sitzend, einzeln, 1,5 – 3 cm breit, mit kurzen, an der Spitze 3zähnigen, schwefelgelben Zungenblüten und walzlichen Röhrenblüten, 2 – 3fach überragt von den äußeren, 1 – 2 cm langen Hüllblättern, die eine lange, stumpfe, blattähnliche Spitze tragen. Früchtchen 1,5 – 2 mm, seidenhaarig, mit gewimperten Pappusschuppen, die äußeren 3kantig oder zusammengedrückt, ohne Flügel. **S:** Sandige, feuchte Standorte in Küstennähe.
V: Mittelmeergebiet, Kanaren.
U: *Asteriscus pygmaeus* (DC.) Coss. & Dur.: Pflanze 1jährig, praktisch stengellos, nahe dem Grunde verzweigt, Blätter alle in einen Stiel verschmälert. Blütenköpfchen 1,5 cm breit, Pappusschuppen kaum gewimpert (N-Afrika, Kanaren, SW-Asien). Ausdauernd dagegen *Asteriscus maritimus* (L.) Less.. am Grunde verholzte, rauh behaarte Pflanze mit niederliegenden, aufsteigenden oder auch aufrechten Ästen. Blätter alle in einen Stiel verschmälert. Blütenköpfchen 3 – 4 cm breit, Zungenblüten goldgelb, 9 mm, so lang wie die äußeren Hüllblätter oder wenig länger (S-Europa, NW-Afrika, Kanaren).

	April – August		10 – 40 cm	

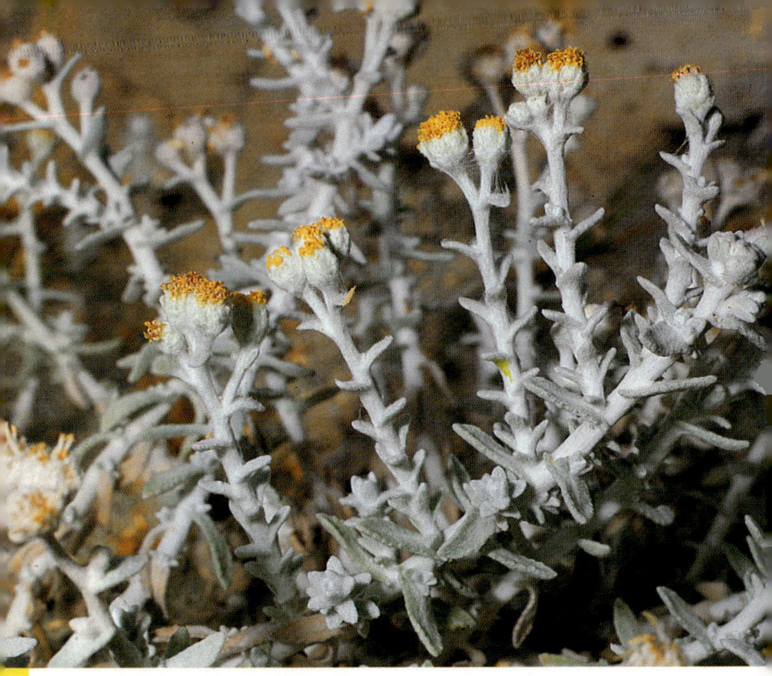

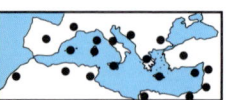

B: Aromatische, dicht weißfilzige Strandpflanze. Stengel kräftig, aufsteigend oder aufrecht, mit verholztem Grund, einfach oder abstehend verzweigt. Blätter zahlreich, mit breitem Grund sitzend, länglich oder spatelförmig, 5–17 mm lang, stumpf, ganzrandig oder fein gekerbt-gesägt. Nur gelbe Röhrenblüten in kugeligen, 8–10 mm breiten, kurz gestielten Köpfchen. Hüllblätter eiförmig-lanzettlich, stumpf, die äußeren weißfilzig, die inneren kahl mit weißfilziger Spitze. Blütenkrone am Grunde mit 2 schmalen Flügeln. Früchte etwa 4 mm lang, gebogen, ohne Pappus, teilweise von der zur Fruchtzeit verdickten, ausdauernden Krone eingeschlossen, die die Früchte schwimmfähig macht. Die Ausbildung eines dichten, weißen Haarfilzes ist eine der möglichen Anpassungen zum Schutze vor zu starker Verdunstung, die bei Strandpflanzen wie bei Gebirgspflanzen öfter auftritt: Die dichte Hülle luftgefüllter Haare um alle transpirierenden Organe der Pflanze bewirkt, daß diese von einer mehr oder weniger stehenden Luftschicht umgeben werden, so daß die Abgabe von Wasserdampf an die Umgebung wesentlich verzögert wird.
S Sandstrand.
V: Küsten des Mittelmeeres und des Atlantiks, nördlich bis Irland, Kanaren.

	Juni – September	♃	10–50 cm	

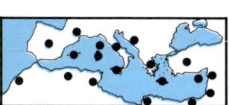

Kronen-Wucherblume
Chrysanthemum coronarium L.
Korbblütler
Asteraceae (Compositae)

B: Kräftige aufrechte, verzweigte und reich beblätterte, kahle Pflanze. Blätter länglich bis verkehrteiförmig, doppelt fiederteilig mit lanzettlichen, zugespitzten Lappen, untere sitzend, obere mit geöhrtem Grund stengelumfassend. Blütenköpfe einzeln, lang gestielt, im Durchmesser 3 – 6 cm, mit gelben Röhren- und Zungenbluten. Hüllblätter oiförmig, stumpf, mit braunem, außen durchscheinendem häutigem Rand, innere Hüllblätter noch breiter hautrandig und mit rundlichem häutigem Anhängsel. Früchte gerippt, ohne Pappus, die der Zungenblüten mit 3 Flügeln.

Zwei Varietäten kommen auch gelegentlich gemeinsam vor: die eine mit dunkelgelben (var. *coronarium),* die andere mit außen blaßgelben, nur am Grunde dunkelgelben Zungenblüten (var. *discolor* d'Urv.).

S: Kultur- und Brachland, auch kultiviert.

V: Mittelmeergebiet, östlich bis in den Iran, Kanaren.

U: *Chrysanthemum segetum* L.: Blätter länglich bis verkehrteiförmig, eingeschnitten oder grob gezähnt, die oberen fast ungeteilt. Blütenköpfe 2 – 5 cm breit, mit gelben Röhren- und Zungenblüten. Hüllblätter hellgrün, mit blaßbraunem häutigem Rand. Früchte der Zungenblüten mit 2 Flügeln (östliches Mittelmeergebiet, SW-Asien, im übrigen Mittelmeergebiet, Kanaren und fast ganz Europa eingebürgert).

 | 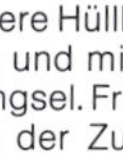 März – September | | 30 – 80 cm 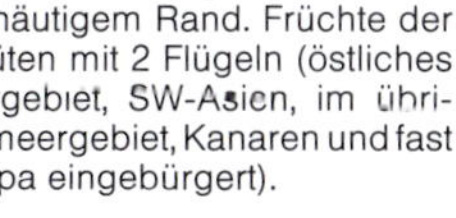 |

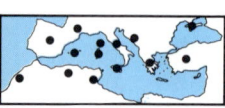

Weißfilziges Greiskraut
Senecio bicolor (Willd.) Tod.
Korbblütler
Asteraceae (Compositae)

B: Reichverzweigter, weißfilziger Halbstrauch. Blätter am Grunde der blühenden Triebe gehäuft oder nicht blühende Rosetten bildend, oberseits spinnwebig filzig, verkahlend, unterseits dicht weißfilzig, 4 – 15 cm lang und 2,5 – 7 cm breit, bei der abgebildeten ssp. *cineraria* (DC.) Chat. (*S. cineraria* DC.) eiförmig, gelappt bis tief fiederteilig und nochmals geteilt, der Endlappen meist länger als breit und mehr oder weniger spitz (westliches und zentrales Mittelmeergebiet), bei der ssp. *bicolor* Endfieder der Blätter so breit wie lang und stumpf (zentrales und östliches Mittelmeergebiet) und bei der ssp. *nebrodensis* (Guss.) Chat. Blätter insgesamt breiter, leierförmig fiederschnittig bis unregelmäßig schwach buchtig gezähnt (Sizilien). Blüten in Trugdolden, die Köpfchen 12 – 15 mm breit, mit gelborangefarbenen Röhrenblüten und 10 – 13 hellgelben, 3 – 6 mm langen Zungenblüten. Hüllblätter weißfilzig, die inneren 7 mm, die äußeren 3 mm lang. Früchte mit weißem Pappus.

S: Küstenfelsen, auch auf Sand, als Zierpflanze kultiviert.

V: Mittelmeergebiet, Kanaren.

U: Ähnlich *Senecio ambiguus* (Biv.) DC.: Pflanze am Grunde nur mit wenigen Seitenzweigen, gleichmäßig beblättert, nicht blühende Triebe ohne deutliche Rosetten. Köpfchen 10 – 12 mm im Durchmesser (S-Italien, Sizilien, S-Griechenland).

| | Mai – August |  | 25 – 60 cm | |

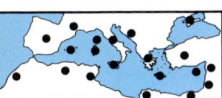

Acker-Ringelblume
Calendula arvensis L.
Korbblütler
Asteraceae (Compositae)

B: Bogig aufsteigende bis niederliegende Pflanze mit gewöhnlich verzweigtem, bis obenhin beblättertem Stengel. Blätter flaumig behaart, länglich-lanzettlich, etwas gewellt, ganzrandig bis entfernt gezähnt, kurz zugespitzt und kurz gestielt, die oberen mit schwach herzförmigem Grund halbstengelumfassend sitzend. Blüten in endständigen, 1–2 cm breiten Köpfchen, die sich zur Fruchtzeit nach unten neigen. Zungenblüten 3zähnig, orange bis goldgelb, weniger als doppelt so lang wie die Hüllblätter. Diese 1reihig, eilanzettlich, lang zugespitzt, an der Spitze häufig rötlich überlaufen, weißhäutig berandet. In jedem Köpfchen 3 verschiedene Fruchtformen: außen gekrümmte, mit vielen Stacheln besetzte, von Tieren verbreitete, 1,3–2 cm lange Hakenfrüchte, dazwischen Früchte mit seitlichen Flügeln, die durch den Wind verbreitet werden, und innen schmale, raupenförmige, am Rücken stachelig quer geriefte Früchte, denen die Pflanze ihren deutschen Namen „Ringelblume" verdankt.

S: Kulturland, Brachland, Wegränder.
V: Mittelmeergebiet, östlich bis Persien, selten bis in die wärmsten Gebiete Mitteleuropas, Kanaren.
U: Am Grunde verholzt ist *Calendula suffruticosa* Vahl., Zungenblüten mehr als 2mal so lang wie die Hüllblätter (südliches Mittelmeergebiet, Kanaren).

	April – Oktober		10 – 30 cm	

Ebensträußige Eberwurz
Carlina corymbosa L.
Korbblütler
Asteraceae (Compositae)

B: Stengel der kahlen oder schwach spinnwebig-filzigen, distelartigen Pflanze steif aufrecht und reich verzweigt, unten ohne oder mit nur wenigen Blättern, mit den Blütenköpfen eine Trugdolde bildend. Blätter länglich-lanzettlich, bis 9 x 3 cm, gewellt, mit stacheligem, gezähntem bis fiederteiligem Rand, die oberen stengelumfassend. Blütenköpfe 1,2 – 2 cm im Durchmesser, mit gelben Röhrenblüten, innere Hüllblätter bei Trockenheit ausgebreitet und Zungenblüten vortäuschend, goldgelb, 10 – 16 mm lang. Mehrere Unterarten kommen vor, die sich u. a. in

der Länge der äußeren Hüllblätter unterscheiden.
S: Weideflächen, Brachland, lichte Wälder und Gebüsche.
V: Mittelmeergebiet.
U: Weitere Arten sind an den verschieden gefärbten inneren Hüllblättern leicht kenntlich: *Carlina macrocephala* Moris mit oberseits weißen, unterseits purpurnen, 13 – 17 mm langen und 1,5 – 2 mm breiten inneren Hüllblättern (Korsika, Sardinien, Sizilien, Mittelitalien), ähnlich bei *Carlina sicula* Ten., aber 2,5 – 3 mm breit (SO-Italien, Sizilien). Einjährig sind *Carlina racemosa* L. mit schwefelgelben inneren Hüllblättern (südliche Iberische Halbinsel, Sardinien, NW-Afrika) und *Carlina lanata* L. mit beiderseits rötlich-purpurnen inneren Hüllblättern (Mittelmeergebiet, östlich bis in den Iran).

	Juni – September	♃	20 – 70 m	

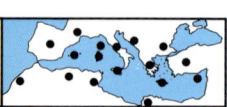

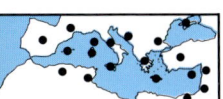

Sonnenwend-Flockenblume
Centaurea solstitialis L.
Korbblütler
Asteraceae (Compositae)

B: Vom Grunde an sparrig verzweigte, graugrüne, wollig oder filzig behaarte Pflanze, Stengel durch die herablaufenden Blätter geflügelt. Untere Blätter gestielt, leierförmig-fiederspaltig mit 3eckiglänglichen, gezähnten oder ganzrandigen Abschnitten, zur Blütezeit vertrocknet, obere sitzend, lineallanzettlich, ganzrandig, kurz stachelspitzig. Köpfchen einzeln am Ende der Äste, Blüten hellgelb und drüsenlos, Randblüten kaum vergrößert. Hülle eiförmig-rundlich, 7–12 mm breit, spinnwebig filzig, die innersten Hüllblätter lanzettlich, mit einem rundlichen, trockenhäu-tigen Anhängsel, die äußeren oval und in einem gelben, 10–15 (–30) mm langen Dorn endend, der am Grunde beiderseits 1–3 etwa 3 mm lange Seitendornen trägt. Früchte 2,5 mm, kahl, randliche schwärzlich, oft ohne Pappus, innere gräulich bis braun mit bis 5 mm langem weißem Pappus. Formenreiche Art.

S: Kulturland, Brachland, Schuttplätze.

V: Mittelmeergebiet, SW-Asien, bis Zentraleuropa verschleppt.

U: Ähnlich *Centaurea melitensis* L.: Pflanze in der oberen Hälfte verzweigt, grün, Köpfchen einzeln oder zu 2–3. Blüten dicht mit sitzenden Drüsen bedeckt. Dorn der Hüllblätter 5–8 mm lang, bis zur Mitte mit 1–3 seitlichen Dornen (S-Europa, NW-Afrika, Kanaren).

	Juni – September		0,2 – 1 m	

Benediktenkraut
Cnicus benedictus L.
Korbblütler
Asteraceae (Compositae)

B: Distelartige Pflanze mit aufrechtem, verzweigtem, kantig gerilltem, unten borstigem, im oberen Teil drüsig behaartem Stengel. Blätter fiederspaltig bis buchtig-dornig gezähnt, hellgrün, die unteren gestielt, die oberen kleiner, halbstengelumfassend sitzend, alle spinnwebig-zottig behaart und drüsig klebrig, auf der Unterseite mit weißen, hervortretenden Adern. Blütenköpfchen 2 – 3 cm breit, nur aus gelben Röhrenblüten, einzeln an den Zweigenden, von den obersten Blättern umgeben. Hüllblätter braun, die äußeren mit kurzem einfachen, die inneren längeren mit einem gefiederten, geknieten Dorn. Blütenboden mit borstenförmigen Spreublättern. Die gelbbraunen, 6 – 8 mm langen, zylindrischen und gerippten Früchte mit einem 2reihigen Pappus aus 10 äußeren rauhen, etwa 1 cm langen und 10 inneren gewimperten, kürzeren gelben Borsten. Benediktenkraut, dessen Name wohl von den Benediktinermönchen herzuleiten ist, hatte im Mittelalter große medizinische Bedeutung. Auch heute ist es noch aufgrund seiner Inhaltsstoffe, dem Bitterstoff Cnicin und ätherischem Öl, in Arzneimitteln und vor allem Kräuterlikören, die die Verdauungssaftsekretion anregen sollen, enthalten.
S: Kulturland, Brachland, auch angebaut.
V: Mittelmeergebiet, SW-Asien, sonst gelegentlich verwildert.

	April – Juli		10 – 60 cm	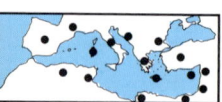

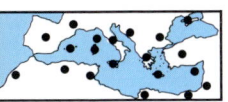

Wollige Färberdistel
Carthamus lanatus L.
Korbblütler
Asteraceae (Compositae)

B: Anfangs spinnwebig-wollige, später verkahlende, drüsige, im oberen Teil meist verzweigte, distelartige Pflanze mit strohfarbenen runden Stengeln. Die eiförmig-lanzettlichen, ledrigen Blätter mit verbreitertem Grund, die oberen halbstengelumfassend sitzend, fiederspaltig bis buchtig gezähnt, mit 3eckigen, stechenden Abschnitten. Köpfe 2–3 cm, einzeln an den Zweigenden, von den obersten Laubblättern umgeben. Äußere Hüllblätter mit dornig gezähntem Anhängsel, die innersten viel kürzer, länglich-lanzettlich, mit schmalem, häutigem, ganzrandigem oder gezähntem Anhängsel. Nur Röhrenblüten, goldgelb oder blaßgelb mit roten Adern. Früchte 4kantig, dunkelbraun, Pappus aus mehreren Reihen bräunlicher, gewimperter Schuppen.

S: Brachland, Weiden, Wegränder.
V: Mittelmeergebiet, Kanaren, SO-Europa, SW-Asien.
U: In S-Spanien und NW-Afrika, bis 2,5 m hoch, ausdauernd und am Grunde verholzt, *Carthamus arborescens* L.: Blütenköpfe bis 4 cm breit, mit gelben Blüten, innere Hüllblätter ohne Anhängsel. Rotblütig dagegen, bis 1 m hoch und 1jährig *Carthamus dentatus* (Forck.) Vahl.: Blätter häufig graugrün. Innere Hüllblätter mit eilanzettlichen, gezähnten Anhängseln. Auffällig die Früchte mit einem Pappus aus braunen, gewimperten Schuppen (südliche Balkanhalbinsel, SW-Asien).

	Juni–September		15–75 cm	

123

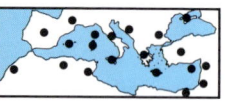

Spanische Golddistel
Scolymus hispanicus L.
Korbblütler
Asteraceae (Compositae)

B: Aufrechte und meist verzweigte, distelartige Pflanze. Stengelblätter starr, buchtig fiederteilig mit dornig gezähnten Abschnitten, der Rand kaum verdickt, am Stengel nur so weit herablaufend, daß dieser unterbrochen geflügelt erscheint. Blütenköpfchen 1–2 cm breit, end- und achselständig. Die goldgelben Zungenblüten 16–17 mm lang, außen weiß behaart, überragt von 3 dornig gezähnten Hochblättern. Hüllblätter lanzettlich, allmählich zugespitzt, kaum behaart. Äußere Früchte von den Spreublättern eingeschlossen. Pappus aus 2–4 kurzen Borsten.

S: Wegränder, Schuttplätze, Brachland.

V: Mittelmeergebiet, Kanaren

U: Ähnlich *Scolymus grandiflorus* Desf.: Pflanze ausdauernd, Stengel durchgehend geflügelt. Blütenkronen 23–25 mm lang, außen weiß behaart. Hüllblätter mit zahlreichen Haaren, die äußeren plötzlich in eine dornige Spitze zusammengezogen. Pappus aus 2–4 Borsten (zentrales Mittelmeergebiet). *Scolymus maculatus* L.: Pflanze 1jährig, Stengel durchgehend geflügelt, Blätter und Flügel mit stark verdicktem, weißem Rand, die obersten Blätter sehr regelmäßig kammförmig-dornig. Blütenkronen 15–17 mm lang, außen schwarz behaart und mit schwarzen Staubbeuteln. Hüllblätter spitz. Pappus fehlend (Mittelmeergebiet, Kanaren).

| | Juni – September | | 20 – 80 m | |

Strahliger Schweinssalat
Hyoseris radiata L.
Korbblütler
Asteraceae (Compositae)

B: Löwenzahnähnliche Rosettenpflanze mit 5–25 cm langen, oft langgestielten, gleichmäßig schrotsägeförmig gezähnten Blättern, Abschnitte gezähnt. Blütenköpfchen einzeln auf blattlosen, kahlen, seltener mehligen oder etwas rauhen, 6–40 cm langen Stielen. Äußere Hüllblätter schmal eiförmig, 4–5 mm, innere lanzettlich, 10–15 mm lang, zur Fruchtzeit ausgebreitet. Die gelben Zungenblüten etwa doppelt so lang. Früchte 8–10 mm, behaart, braun, alle mit einem mehr als 5 mm langen, gelblichen Pappus aus steifen Haaren und linealen Schuppen. Im zentralen Mittelmeergebiet neben der typischen Unterart die ssp. *graeca* Halácsy mit fleischigen Blättern, Abschnitte ganzrandig oder schwach gezähnt. Pappus der randständigen Früchte nur bis 1 mm lang.

S: Grasfluren, Felsfluren.

V: Mittelmeergebiet, Kanaren.

U: *Hyoseris scabra* L.: Kleine 1jährige Pflanze. Köpfchenstiele kürzer als die Blätter, 0,5–7 cm lang, niederliegend oder aufsteigend, in der Mitte oder weiter oben keulenförmig verdickt. Innere Hüllblätter 7–10 mm, zur Fruchtzeit aufrecht. Früchte 7–8 mm, braun, manchmal behaart, die randständigen mit einem Pappus aus kurzen Haaren, die mittleren und inneren mit blassen, schmal lineallanzettlichen Schuppen (Mittelmeergebiet).

	Januar–Dezember	♃	10–35 cm	

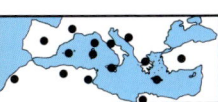

Weichhaariges Schwefelkörbchen
Urospermum dalechampii (L.) Scop.
Korbblütler
Asteraceae (Compositae)

B: Abstehend behaarte Pflanze mit einer Grundrosette aus schrotsägeförmig fiederschnittigen, 5–19 cm langen und 1–4 cm breiten Blättern. Stengelblätter ganzrandig oder gezähnt, stengelumfassend, die obersten gegenständig. Blütenköpfchen bis 5 cm im Durchmesser, einzeln auf langen, kräftigen, oben verdickten Stielen, die schwefelgelben Zungenblüten an der Spitze, die randlichen häufig auch außen rotbraun. Der Hüllkelch aus nur einer Reihe von 7–8 lanzettlichen, 1,5–2,5 cm langen, am Grunde verwachsenen, weichhaarigen und teilweise berandeten Hüllblättern. Blütenboden ohne Spreublätter. Früchte etwa 5 mm, mit warzigen Rippen, mit 9–14 mm langem, allmählich verjüngtem, rauhem, etwas schief stehenden Schnabel und einem Pappus aus 2 Reihen fedriger, schwach rotbrauner Haare.
S: Wegränder, Kulturland, Brachland.
V: Westliches Mittelmeergebiet.
U: *Urospermum picroides* (L.) Scop.: 1jährige, lang rauh behaarte Pflanze. Köpfchen 1–9, kleiner, bis 4 cm im Durchmesser, mit eiförmig-lanzettlichen, lang zugespitzten, steifen, borstlich behaarten Hüllblättern. Früchte 5–6,5 mm, an der Spitze verdickt, mit 6–8 mm langem Schnabel und weißem Pappus (Mittelmeergebiet, Kanaren, SW-Asien).

	April – August	♃	20 – 40 cm	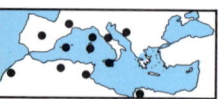

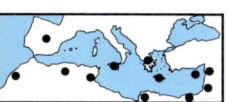

Tanger-Reichardie
Reichardia tingitana (L.) Roth
(Picridium tingitanum (L.) Desf.)
Korbblütler
Asteraceae (Compositae)

B: Blätter kahl, glatt bis dicht weiß papillös, die der Grundrosette lanzettlich, stumpf oder spitz, gezähnt oder fiederspaltig, 2–17 cm lang und 0,5–7 cm breit, in einen kurzen, breit geflügelten Stiel verschmälert. Stengelblätter 1–6, sitzend und mehr oder weniger stengelumfassend. Köpfchen zu 1–4, 2–2,5 cm breit, auf langen, am Ende verdickten Stielen, teilweise mit hüllblattähnlichen Hochblättern. Zungenblüten gelb, am Grunde purpurn, die randlichen außen mit rotem Streifen, 2mal so lang wie die Hülle. Diese 10–15 mm breit, aus mehreren Reihen kahler, eiförmiger Hüllblätter mit sehr breitem, häutigem Rand. Blütenboden ohne Spreublätter. Alle Früchte gerieft und quer runzelig, mit schneeweißem, weichem Pappus aus einfachen Haaren.
S: Auf Sand und Fels in Küstennähe, auch bis in die Wüsten.
V: Südliches Mittelmeergebiet, Kanaren, SW-Asien.
U: *Reichardia picroides* (L.) Roth: Blätter glatt oder nur spärlich papillös, Zungenblüten auch am Grunde gelb. Häutiger Rand der äußeren Hüllblätter schmal, nicht über 0,5 mm. Innere Früchte glatt. Ähnlich *Reichardia intermedia* (Schultz Bip.) Coutinho: häutiger Rand der äußeren Hüllblätter 1–1,5 mm breit (beide Arten Mittelmeergebiet, Kanaren).

	April–Mai		5–40 cm	

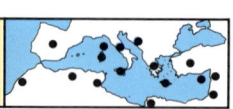

Behaarter Dornginster
Calicotome villosa (Poir.) Link
Schmetterlingsblütler
Fabaceae (Papilionaceae)

B: Sparrig verzweigter Dornstrauch. Junge Zweige, Unterseite der Blätter und Kelch mehr oder weniger dicht seidig oder wollig behaart. Blätter gestielt, 3zählig. Blättchen verkehrteiförmig, 5–15 mm, bis zum Sommer meist abgefallen. Blüten goldgelb, 12–18 mm, gewöhnlich büschelig zu 2–15 oder in blattlosen Trauben. Der obere Teil des Kelches beim Aufblühen vom unteren getrennt und emporgehoben und noch eine Zeitlang als Hütchen sitzenbleibend. „Kelchzerteiler" wäre die deutsche Übersetzung für den lateinischen Gattungsnamen. Dieses Merkmal unterscheidet die Gattung deutlich von den übrigen so zahlreichen gelbblühenden Dornsträuchern in der Familie der Schmetterlingsblütler. Hülsen dicht zottig oder seidig behaart, 2–4 cm lang, mit deutlich verdickter Naht, 6–10 länglich-rundliche Samen.

S: Garigues, Macchien, wie im Bild rechts mit Rosmarin und Montpellier-Zistrose. Nach Kahlschlag von Wäldern gebietsweise bestandsbildend, vorwiegend auf sauren Böden.

V: Mittelmeergebiet.

U: *Calicotome spinosa* (L.) Link: Sehr ähnlich, Dornen aber kräftiger, Behaarung insgesamt spärlicher. Blüten meist einzeln, gelegentlich in Büscheln. Hülse kahl oder schwach behaart, mit kaum verdickter Naht, 3–8 Samen (westliches Mittelmeergebiet, östlich bis Italien).

	Januar– Juni		0,5–3 m	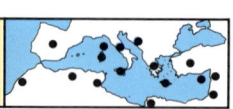

128

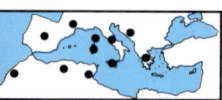

Dreiblütiger Geißklee
Cytisus villosus Pourr.
(C. triflorus L'Hér.)
Schmetterlingsblütler
Fabaceae (Papilionaceae)

B: Dornenloser, aufrechter Strauch, die jungen Zweige 5kantig. Blätter 2–10 mm lang gestielt, 3zählig, mit länglich-elliptischen, 1–3 cm langen und 5–15 mm breiten, ganzrandigen, oberseits kahlen und unterseits anliegend behaarten Blättchen, das mittlere länger als die beiden seitlichen. Blüten einzeln oder 2–3 auf 5–10 mm langen, behaarten Stielen in den oberen Blattachseln, einen langen, beblätterten, traubigen Blütenstand bildend. Blütenblätter gelb, Fahne 15–18 mm lang, am Grunde rotbraun gestreift, kürzer als das Schiffchen. Kelch 2lippig, Oberlippe mit 2, Unterlippe mit 3 sehr kurzen Zähnen (Merkmal für die Gattung *Cytisus* zur Unterscheidung von *Genista-, Teline-, Ulex*-Arten u.a.). Hülse 2–4,5 cm lang und bis 7 mm breit, lang behaart, verkahlend.

S: Macchien, Wälder, besonders auf saurem Gestein.

V: S-Europa, NW-Afrika.

U: Zahlreiche weitere gelbblütige Arten, in ihrer Verbreitung meist auf kleine Gebiete der Westmediterraneis beschränkt. Leicht kenntlich *Cytisus sessilifolius* L. durch die lebhaft grünen, gestielten, an den blütentragenden Trieben fast sitzenden 3zähligen Blätter. Blüten in laubblattlosen, kurzen endständigen Trauben (SW-Europa, östlich bis Italien, fehlt auf den Inseln).

	März–Mai		1–2 m	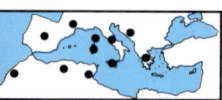

Montpellier-Geißklee
Teline monspessulana (L.) C. Koch
(Cytisus monspessulanus L.)
Schmetterlingsblütler
Fabaceae (Papilionaceae)

B: Ein dornenloser Vertreter der zahlreichen Sträucher mit gelben Schmetterlingsblüten im Mittelmeergebiet. Blätter 2–8 mm lang gestielt, 3zählig, die Blättchen verkehrteiförmig, 8 20 x 4–10 mm, an der Spitze ausgerandet oder bespitzt, beidseitig spärlich bis dicht behaart oder oberseits kahl. Blüten zu 3–8 in den Blattachseln, die gelbe Krone mit 10–12 mm langer, breiteiförmiger, kahler Fahne, die Flügel und das spärlich seidenhaarige Schiffchen wenig überragend. Kelch dicht seidig oder mit abstehenden Haaren, 2lippig, Oberlippe tief 2spaltig, Unterlippe mit 3 kleinen Zähnen. Behaarte, etwa 2 cm lange, zusammengedrückte Hülsen mit 2–6 Samen.
S: Lichte immergrüne Wälder und Macchien.
V: S-Europa, Kleinasien, NW-Afrika.
U: Nur im westlichen Mittelmeergebiet, Kanaren, östlich bis Frankreich, Korsika und Tunesien *Teline linifolia* (L.) Webb & Berth.: Bis 1,5 m hoher Strauch, die fast sitzenden Blätter mit 10–15 mm langen linealen bis länglichen, oberseits kahlen, unterseits angedrückt seidenhaarigen Blättchen. Blütentrauben endständig, die 10–18 mm lange, breiteiförmige Fahne der Blüten wie auch das Schiffchen seidenhaarig. Hülsen mit 2–3 Samen. Weitere Arten sind in ihrer Verbreitung auf die Kanarischen Inseln beschränkt.

	April – Juni		0,5 – 3 m	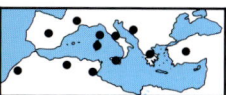

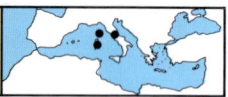

Salzmanns Ginster
Genista salzmannii DC.
Schmetterlingsblütler
Fabaceae (Papilionaceae)

B: Niedriger, reich verzweigter Strauch, die Hauptäste in 1–2 cm langen, kräftigen, spitzen Dornen endend. Blätter alle einfach, 3–8 mm lang und 1–3 mm breit, unterseits seidenhaarig, oberseits kahl oder spärlich behaart. Blüten gewöhnlich paarweise in den Blattachseln, 1–4 mm lang gestielt, in der Mitte der Stiele je 2 winzige Hochblätter. Blütenkrone gelb, mit breiteiförmiger, behaarter, 10 mm langer Fahne, die so lang ist wie das Schiffchen. Kelch wie bei allen Ginster-Arten 2lippig, Oberlippe tief 2teilig, Unterlippe 3zähnig. Hülse schmallänglich.

S: Garigues, von der Küste bis in die Gebirge.
V: Zentrales Mittelmeergebiet.
U: Sehr ähnlich *Genista lobelii* DC., aber Blüten meist einzeln an 4–9 mm langen Stielen (SO-Frankreich, S- und SO-Spanien). Endständige Dornen hat auch *Genista acanthoclada* DC.: Zweige gegenständig mit 3zähligen Blättern. Blüten einzeln in den Achseln von 3teiligen oder einfachen Hochblättern. Krone mit 7–14 mm langer Fahne, die kürzer ist als das Schiffchen (östliches Mittelmeergebiet, Sardinien). Achselständige, manchmal verzweigte Dornen hat *Genista corsica* (Lois.) DC.: untere Blätter 3zählig, obere einfach, bald abfallend. Blüten einzeln oder zu 2–6, mit 7–12 mm langer Krone (Korsika, Sardinien).

	April–Juni		30–70 cm	

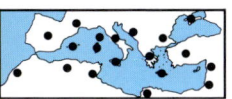

Pfriemenginster,
Spanischer Ginster
Spartium junceum L.
Schmetterlingsblütler
Fabaceae (Papilionaceae)

B: Hoher Rutenstrauch mit rundlichen, graugrünen, kahlen, aufrechten und biegsamen Zweigen. Die vereinzelten, bald abfallenden, ungeteilten, lineallanzettlichen, 1 – 3 cm langen und 2 – 5 mm breiten Blätter oberseits kahl und unterseits seidig behaart. Blüten meist einzeln in aufrechten, endständigen Trauben, leuchtend gelb, 2 – 2,5 cm groß, duftend. Flügel kürzer als die fast rundliche Fahne und das Schiffchen. Kelch 4 mm, häutig, oben zerteilt, mit 5 kurzen Zähnen. Hülsen flach, 4 – 8 cm lang und 7 mm breit, zunächst seidig behaart, später verkahlend und schwarzbraun, mit 10 – 18 rötlichgelben, glänzenden Samen. Giftig durch das Alkaloid Spartein. Früher als Heilpflanze verwendet, die Triebe auch zum Flechten von Körben und ihre Bastfasern zur Herstellung von Geweben.

S: Garigues, Macchien, bevorzugt auf Kalk, häufig als Zierstrauch, zum Teil mit gefüllten Blüten, auch nördlich der Alpen kultiviert, aber nicht frosthart.

V: Mittelmeergebiet, Kanaren.

U: *Cytisus scoparius* (L.) Link, Besenginster: im Habitus ähnlich, aber mit 5kantigen Zweigen und nur 1,6 – 2 cm großen Blüten. Hülsen meistens 2,5 – 4 cm lang, nur auf den Rändern behaart (in Europa weit verbreitet, im Mittelmeergebiet östlich bis Jugoslawien, kalkmeidend).

	April – Juli		1 – 3 (– 5) m	

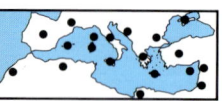

Bastard-Wicke
Vicia hybrida L.
Schmetterlingsblütler
Fabaceae (Papilionaceae)

B: Weich behaarte oder fast kahle, niederliegende, aufsteigende oder kletternde Wicke. Blätter mit 3 – 8 Fiederpaaren und endständiger Ranke, Blättchen verkehrteiförmig-elliptisch, an der Spitze ausgerandet oder stumpf, mit aufgesetzter Spitze, 6 – 15 x 1,5 – 7 mm, Nebenblätter ganzrandig. Blüten an kurzen Stielen einzeln in den oberen Blattachseln, mit 18 – 30 mm langer, blaßgelber, manchmal purpurn überlaufener Krone, Fahne seidig behaart. Kelchzähne unterschiedlich lang, kürzer als die Röhre. Hülse flach, 2,5 – 4 cm x 8 – 10 mm, bräunlich, behaart.

S: Kulturland, Wegränder, Grasfluren.
V: Mittelmeergebiet, weiter nördlich verschleppt, SW-Asien.
U: Eine kahle Fahne haben *Vicia lutea* L.. Blätter mit 0 – 10 Fiederpaaren, die Blättchen lineal bis länglich, 10 – 25 x 1 – 5 mm, Blüten zu 1 – 3, 20 – 35 mm lang, blaßgelb, oft purpurn geadert, Hülse gelblichbraun bis schwarz mit am Grunde warzigen Haaren oder selten kahl (Mittelmeergebiet, W-Europa, Kanaren) und *Vicia melanops* Sibth. & Sm.: Blätter mit 5 – 10 Fiederpaaren, die Blättchen länglich oder eiförmig, 5 – 20 x 2 – 8 mm, Blüten zu 1 – 4, 15 – 22 mm lang, Fahne grünlichgelb, Flügel mit schwärzlichen Spitzen und das Schiffchen purpurn, Hülse braun, bis auf den warzigen und behaarten Rand kahl (S-Europa, westlich bis S-Frankreich, Kleinasien).

| | April – Juni | | 20 – 60 cm | |

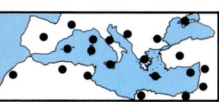

Ranken-Platterbse
Lathyrus aphaca L.
Schmetterlingsblütler
Fabaceae (Papilionaceae)

B: Pflanze mit dünnen, aufsteigenden oder kletternden, 4kantigen, aber flügellosen, völlig kahlen Stengeln. Blätter nur aus einer einfachen oder verzweigten Ranke bestehend, selten die unteren mit einzelnen elliptisch-lanzettlichen Blättchen. Die beiden gegenüberstehenden Nebenblätter groß, 6 – 50 x 5 – 40 mm, breiteiförmig, am Grunde mit 2 spreizenden Öhrchen. Blüten meist einzeln, selten 2, langgestielt, mit hellgelber, 6 – 18 mm langer Krone. Kelchzähne gleich, 2 – 3mal so lang wie die Röhre. Hülse aufrecht, abstehend, grünlich-braun, flach und glatt, 2 – 3,5 cm lang und 3 – 8 mm breit, mit 4 – 8 hervortretenden Samen.

S: Kulturland, besonders in Getreidefeldern, Wegränder.

V: Mittelmeergebiet, Kanaren, SW-Asien, weiter verschleppt.

U: Während bei obiger Art die Nebenblätter die Aufgabe der Blätter übernommen haben, sind es bei der Flügel-Platterbse *Lathyrus ochrus* (L.) DC. der geflügelte Stengel und der eiförmig-länglich verbreiterte Blattstiel, der in einer Ranke endet und nur im oberen Teil der Pflanze 1 – 2 Paar eiförmige Fiederblättchen trägt. Blüten blaßgelb, 16 – 18 mm lang, zu 1 – 2. Kelchzähne etwas verschieden, so lang wie die Röhre. Hülse 4 – 6 cm lang und 10 – 12 mm breit, mit 2 Flügeln auf der Rückennaht (Mittelmeergebiet, Kanaren, früher auch als Futterpflanze angebaut).

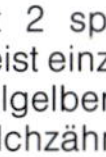	April – Juli	⊙	30 – 80 cm	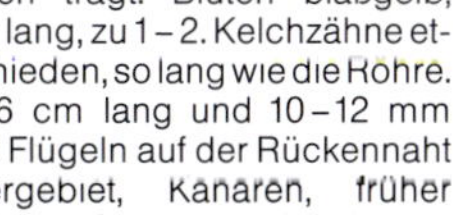

Gelbe Hauhechel
Ononis natrix L.
Schmetterlingsblütler
Fabaceae (Papilionaceae)

B: Reich verzweigte, im unteren Teil mehr oder weniger verholzte, in allen Teilen dicht drüsenhaarige und dadurch klebrige Pflanze. Blätter mit Ausnahme der obersten 3zählig, Teilblättchen sehr unterschiedlich, bis 2 cm lang, eiförmig bis lineal, meist gezähnt. Blüten einzeln an gegliederten Stielen in lockeren, beblätterten, traubigen Blütenständen. Krone gelb, häufig mit roten oder violetten Adern, 6–20 mm lang. Zylindrische, 10–25 mm lange, behaarte, hängende Hülsen. Samen 4–10, glatt oder fein warzig. Sehr variable Art mit mehreren Unterarten.

S: Brachland, Wegränder, Unkrautfluren, Garigues, besonders auf Kalk.
V: Mittelmeergebiet, Kanaren.
U: Ähnlich *Ononis crispa* L.: Stengel dicht drüsenhaarig. Untere Blätter oft 5zählig, Blättchen rundlich, 7–9 mm, mit gewelltem Rand (SO-Spanien, Balearen). Mehrere gelbe 1jährige Arten kommen vor, am Sandstrand charakteristisch *Ononis variegata* L.: Stengel niederliegend oder aufsteigend, mit Drüsen- und einfachen Haaren. Blätter sehr kurz gestielt, fast alle nur 1blättrig, gefaltet, verkehrteiförmig, scharf gezähnt und mit stark hervortretenden Nerven, 5–10 mm lang. Große eiförmige Nebenblätter. Blüten einzeln in den oberen Blattachseln, 12–14 mm lang (zerstreut im ganzen Mittelmeergebiet, Kanaren).

	April–Juli	♃	0,2–1 m	
	April–Juli	♃	0,2–1 m	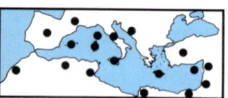

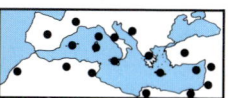

Orientalischer Steinklee
Melilotus indica (L.) All.
Schmetterlingsblütler
Fabaceae (Papilionaceae)

B: Kleine Steinklee-Art mit aufsteigenden oder aufrechten, verzweigten Stengeln. Blätter lang gestielt, 3zählig, Teilblättchen länglich-lanzettlich, in der vorderen Hälfte meist gezähnt. Nebenblätter der mittleren Stengelblätter fast ganzrandig. Blüten in 10–60blütigen, achselständigen, 0,5–4 cm langen Trauben, zur Blütezeit oft nur so lang wie die Tragblätter, später stark verlängert. Blüten kurz gestielt, mit 2–3 mm langer, gelber, verblassender Fahne. Hülsen fast kugelig, 1,5–3 mm im Durchmesser, kahl, mit deutlicher Netznervatur.

S: Kulturland, Brachland und an Wegrändern.
V: Mittelmeergebiet, Kanaren, auch weiter verschleppt.
U: Mehrere weitere 1jährige und gelbblühende *Melilotus*-Arten kommen im Mittelmeergebiet vor, u. a. *Melilotus sulcata* Desf.: Nebenblätter der mittleren Stengelblätter kräftig gezähnt. Blüten 3–4 mm lang, in 8–25blütigen Trauben, die zur Fruchtzeit so lang wie oder länger als die Tragblätter sind. Hülsen 3–4 mm, kugelig, konzentrisch gerippt. *Melilotus messanensis* (L.) All.: untere Nebenblätter gezähnt, obere nur am Grunde gezähnt. Blüten 4–5 mm lang, in 3–10blütigen Trauben, die kürzer als die Tragblätter sind. Hülsen 5–8 mm, schiefeiförmig, spitz, konzentrisch gerippt.

	Februar – Juli		15 – 50 cm	

Strauch-Schneckenklee
Medicago arborea L.
Schmetterlingsblütler
Fabaceae (Papilionaceae)

B: Strauch, die jungen Zweige seidenhaarig weiß. Blätter 3zählig, Teilblättchen verkehrteiförmig, am Grunde keilig, ganzrandig oder an der Spitze gezähnt, unterseits seidig behaart. Blüten zu 5 – 20 in köpfchenartigen Blütentrauben, 12 – 15 mm lang, goldgelb. Früchte 1 – 1,5mal spiralig gedreht, in der Mitte ein Loch freilassend, flach zusammengedrückt und auf der Oberfläche netznervig, 12 – 15 mm breit.
S: Felsküsten, auch als Zierpflanze.
V: S-Europa, Kleinasien, gebietsweise eingebürgert.

März – August   ⌂   1 – 4 m

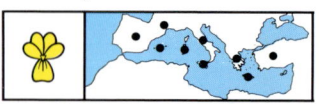

Scheiben-Schneckenklee
Medicago orbicularis (L.) Bartel.
Schmetterlingsblütler
Fabaceae (Papilionaceae)

B: Niederliegender, kahler oder zerstreut behaarter Schneckenklee. Teilblättchen der 3zähligen Blätter verkehrteiförmig, am Grunde keilförmig, im oberen Teil gezähnelt. Blüten gelb, 2 – 5 mm lang, in köpfchenförmigen Trauben zu 1 – 5. Früchte hellgrün, später hellbraun, scheibenförmig, leicht gewölbt mit 4 – 6 Windungen, stachellos, 10 – 17 mm im Durchmesser. Nerven auf der Fläche undeutlich.
S: Kulturland, Brachland, Wegränder.
V: Mittelmeergebiet, Kanaren, SW-Asien.

April – Juni   ☉   10 – 80 cm

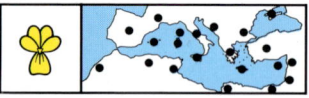

Strand-Schneckenklee
Medicago marina L.
Schmetterlingsblütler
Fabaceae (Papilionaceae)

B: Kriechende, dicht silbrigweiß behaarte Pflanze. Blätter 3zählig, Teilblättchen verkehrteiförmig-keilförmig, zur Spitze hin gezähnt. Blüten blaßgelb bis orangegelb, 5–10 mm lang, in 5–12-blütigen köpfchenförmigen Trauben. Früchte 5–7 mm breit, mit 2–3 Windungen, die in der Mitte ein kleines Loch freilassen, auf dem Rücken meist mit 2 Reihen langer Stacheln, die aus der dichten Behaarung herausragen.
S: Sandstrände, Dünen.
V: Mittelmeer-, Schwarzmeer- und Atlantikküste, bis zur Bretagne, Kanaren.

April–Juni ⌁ 20–50 cm

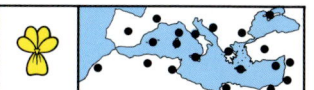

Rauher Schneckenklee
Medicago polymorpha L.
Schmetterlingsblütler
Fabaceae (Papilionaceae)

B: Niederliegende, kahle oder spärlich behaarte Pflanze. Blätter 3zählig, Teilblättchen aus keilförmigem Grund verkehrtherzförmig bis -eiförmig, vorne gezähnelt. Blüten zu 1–5 (–8), gelb, 3–4,5 mm lang. Frucht mit 1,5–6 Windungen, meist kahl, 4–10 mm breit. Neben der Rückennaht je 1 paralleler Nerv, von dem der äußere Schenkel der in 2 Reihen stehenden, oft hakig gekrümmten Stacheln ausgeht.
S: Kultur- und Brachland, Grasfluren.
V: Mittelmeergebiet, Kanaren, SW-Asien, weiter verschleppt.

April–Juni ⊙ 10–60 cm

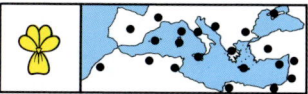

Geißkleeartiger Hornklee
Lotus cytisoides L.
Schmetterlingsblütler
Fabaceae (Papilionaceae)

B: Hornklee-Art mit niederliegenden bis aufsteigenden Stengeln. Blätter behaart und fleischig, mit 5 lanzettlichen bis eiförmigen Fiederblättchen, die beiden unteren kleiner, etwa so lang wie die Blattspindel. Blüten zu 2–6 in Köpfchen, deren Stiele 2–4mal so lang wie die zugehörigen Blätter. Krone gelb, 8–14 mm, Schiffchen kürzer als die Flügel, mit kurzem, gebogenem, manchmal purpurnem Schnabel. Kelch 2lippig, 6–7,5 mm, Zähne ungefähr so lang wie die Röhre, die oberen 2 aufwärts gebogen, die 2 seitlichen stumpf und kürzer. Hülse gerade oder leicht ge-

krümmt, 2–5 cm lang und 2 mm breit.
S: Meist an Felsküsten.
V: Mittelmeergebiet.
U: Ähnlich *Lotus creticus* L.: Blätter dicht silbrig behaart, Blattspindel nur 1/4 bis 1/2 so lang wie die untersten Fiederblättchen. Blüten 12–18 mm lang, Schiffchen mit langem, geradem, purpurnem Schnabel, länger als die Flügel. Seitliche Kelchzähne spitz, nur wenig kürzer als die oberen (vorwiegend an Sandstränden, Mittelmeergebiet, Kanaren, gebietsweise fehlend). An den 2–4 cm langen und 4–8 mm dicken, etwas aufwärts gebogenen, in der Jugend fleischigen Hülsen leicht kenntlich *Lotus edulis* L.: Blüten zu 1–2, mit 10–16 mm langer gelber Krone (Kulturland, Brachland, Grasfluren, Mittelmeergebiet).

	März–Juni	2⃓	20–30 cm	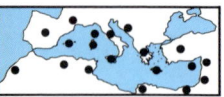

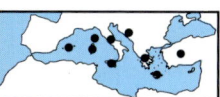

Dorniger Wundklee
Anthyllis hermanniae L.
Schmetterlingsblütler
Fabaceae (Papilionaceae)

B: Niedriger Dornstrauch, sparrig verzweigt und mit gedrehten Ästen, die älteren in einem Dorn endend, anfangs behaart, später mehr oder weniger kahl. Blätter einfach oder auch dreizählig mit schmalen, länglichen, häufig gefalteten, besonders unterseits seidenhaarigen, 1–2 cm langen Fiedern. Blüten zu 2–5, seltener einzeln in den Blattachseln, mit 6–9 mm langer, gelber, gekrümmter Krone, einen langen, unterbrochenen Blütenstand bildend. Kelch 3–5 mm, mit 5 etwa gleich langen Zähnen, die kürzer als die seidenhaarige Kelchröhre sind. Frucht eiförmig, 2–3 mm, einsamig, kahl. Der Strauch ist einigen Ginster-Arten ähnlich, läßt sich aber am Kelch leicht unterscheiden.

S: Garigues.

V: S-Europa, Kleinasien.

U: Dornenlos ist *Anthyllis cytisoides* L. mit aufrechten, fast rutenförmigen Zweigen. Untere Blätter einfach, obere dreizählig, das Endblättchen viel größer als die beiden seitlichen. 5–8 mm lange, blaßgelbo Blüten einzeln oder zu 2–3 in den Achseln einfacher Tragblätter, einen langen ährenartigen Blütenstand bildend. Kelch zottig behaart, 4,5–7 mm lang, die 5 gleichen Zähne kürzer als die Röhre (Spanien, Balearen, S-Frankreich, NW-Afrika). Ähnlich in Spanien und Marokko *Anthyllis terniflora* (Lag.) Pau, nur mit einfachen Blättern.

	April–Juli		10–50 cm	

141

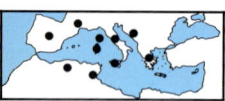

Jupiterbart
Anthyllis barba-jovis L.
Schmetterlingsblütler
Fabaceae (Papilionaceae)

B: Durch seinen oft exponierten Standort an Küstenfelsen, seinen Wuchs und die silbrige Behaarung auffallender, dekorativer Strauch. Blätter unpaarig gefiedert, die 13–19 schmal elliptischen bis schmal verkehrteiförmigen Blättchen fast gleich groß, 11–16 mm lang und 4–5 mm breit, auf der Oberseite grünseidig, auf der Unterseite silbrig schimmernd. 10 und mehr blaßgelbe, 9–10 mm lange Blüten in endständigen Köpfchen, getragen von einem in fingerförmige Abschnitte geteilten Hochblatt. Kelch behaart, 4–6 mm lang, mit 5 etwa gleich langen Zähnen,

die kürzer als die weißhaarige Röhre sind. Hülse einsamig.

S: Küstenfelsen, in Gärten auch als Zierpflanze.

V; Von O-Spanien bis zur Balkanhalbinsel, NW-Afrika.

U: Nahe verwandt ist *Anthyllis aegaea* Turill: Fiederblättchen sehr schmal elliptisch bis lineal, oft am Rand umgerollt. Köpfchen nur mit 5–9 Blüten, Kelch länger als bei obiger Art, 6–9 mm (nur auf Kreta und den Kykladen). 3–5 oberseits und unterseits seidenhaarige Fiederblättchen, das Endblättchen aber viel größer als die seitlichen, bei *Anthyllis henoniana* Cosson, einem bis 60 cm hohen Strauch, dornig durch ausdauernde Blattstiele. Das Köpfchen aus 5–8 gelben Blüten. Kelch behaart, 5–6,5 mm lang (S- und O-Spanien, NW-Afrika).

	April–Juni		0,5–1,5 (–2) m	

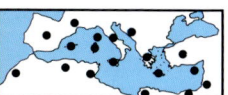

Blasen-Wundklee
Anthyllis tetraphylla L.
Schmetterlingsblütler
Fabaceae (Papilionaceae)

B: Krautige Pflanze mit niederliegen-den bis aufsteigenden, behaarten Sten-geln. Blätter auf beiden Seiten behaart, unpaarig gefiedert mit höchstens 5 Blättchen, wobei das verkehrteiförmige Endblättchen wesentlich größer ist als die seitlichen. Blüten bis zu 4–8 büschelig gehäuft in den Blattachseln. Krone hellgelb, das Schiffchen der Schmetterlingsblüte an der Spitze häu-fig rot gefärbt. Charakteristisch ist der 12–15 mm lange und 4,5–6 mm breite, zur Fruchtzeit aber bis 12 mm breit auf-geblasene, an der Spitze zusammen gezogene, dicht seidig behaarte Kelch mit gerader Mündung, der nur wenig kürzer als die Blüte ist und fast gleiche, kurze spitze Zähne hat. Hülse gewöhn-lich zweisamig, zwischen den Samen eingeschnürt.

S: Wegränder, Kulturland, Brachland, Gariques.

V: Mittelmeergebiet.

U: Einen zur Fruchtzeit aufgeblasenen Kelch, aber mit schiefer Mündung und 5 ungleich langen Zähnen hat der Ech-te Wundklee *Anthyllis vulneraria* L.: Köpfchen vielblütig, umhüllt von 2 stark zerteilten, hochblattartigen Laubblät-tern. Stengelblätter meist mit mehreren Fiedern. Diese aus Mitteleuropa be-kannte Art ist sehr formenreich und hat auch im Mittelmeergebiet zahlreiche Unterarten, die gelb oder rot blühen und schwierig zu unterscheiden sind.

	März – Juni		bis 50 cm	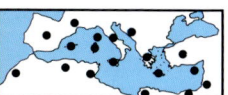

Strauchige Kronwicke
Coronilla emerus L.
Schmetterlingsblütler
Fabaceae (Papilionaceae)

B: Sommergrüner Strauch mit grünen, gefiederten Blättern, kahl, nur die jungen Triebe, Blütenstiele und Kelche zerstreut behaart. Die 5–9 Teilblättchen etwa gleich groß, verkehrteiförmig, 1–2 cm lang. Blüten meist zu mehreren, nickend, mit 14–22 mm langer Fahne, Nagel der Kronblätter 2–3-mal so lang wie der Kelch (charakteristisch für diese Art!). Hülsen hängend, gerade und walzlich, 5–11 cm lang, nur wenig eingeschnürt, mit 3–12 Gliedern. Bei der ssp. *emerus* Köpfchen 1–5blütig, Stengel des Blütenstandes ungefähr so lang wie die Blätter, bei der ssp. *emeroides* (Boiss. & Sprun.) Hay. Köpfchen bis 8blütig, Stengel des Blütenstandes länger als die Blätter.

S: Gebüsche, Waldränder, lichte Wälder, auch kultiviert.

V: S-Europa, nördlich vereinzelt bis Norwegen und Schweden, in S-Italien, Balkanhalbinsel, SW-Asien die ssp. *emeroides*.

U: *Coronilla valentina* L.: kleiner Strauch, Blätter blaugrün, mit 15–17 verkehrteiförmigen Fiedern. Blüten zu 4–12, mit 7–12 mm langer Krone, Früchte etwas zusammengedrückt, stumpf 2kantig (S-Europa, NW-Afrika). *Coronilla juncea* L.: Rutenstrauch, Blätter hinfällig, mit 3–7 schmalen, fleischigen Blättchen. Blüten zu 5–12, mit 6–12 mm langer Krone. Früchte stumpf 4kantig (westliches Mittelmeergebiet, östlich bis Jugoslawien).

| | April – Juni | | 1–2 m | 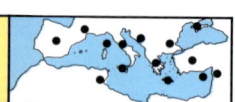 |

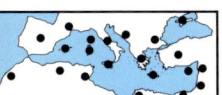

Skorpions-Kronwicke
Coronilla scorpioides (L.) Koch
Schmetterlingsblütler
Fabaceae (Papilionaceae)

B: Kahle, aufsteigende bis aufrechte, vom Grunde an verzweigte, bläulich-grüne, 1jährige Kronwicke. Blätter sitzend, etwas fleischig, nur die unteren einfach, die übrigen 3zählig, das Endblatt bis 4 cm lang, elliptisch oder fast rundlich, kurz gestielt, viel größer als die beiden seitlichen, rundlichen, 5–6 mm langen Fiederblättchen. Nebenblätter klein, häutig und oft an der Basis verwachsen. Blüten zu 2–5 kronenartig auf etwa blattlangem Stiel in den Blattachseln, Kronblätter hellgelb, 4–8 mm lang. Hülsen 2–6 cm lang und 0,2 cm breit, stark gekrümmt, die 2–11 Glieder aber gerade, mit 4–6 stumpfen Kanten, Schnabel 2–3 mm.
S: Kulturland, Brachland, Garigues.
V: Mittelmeergebiet, SW-Asien, in Mitteleuropa gelegentlich eingeschleppt.
U: Ähnlich *Coronilla repanda* (Poir.) Guss., obere Blätter jedoch unpaarig gefiedert mit 5–7 fast gleichen, 4–15 mm großen, länglichen, an der Spitze stumpfen oder ausgerandeten Blättchen. Glieder der Hülse deutlich gebogen (südliches Mittelmeergebiet). 1jährig sind auch die weiß- bis rosablütigen Arten *Coronilla cretica* L. mit linealen, häutigen Nebenblättern und 4–7 mm langer Krone und *Coronilla rostrata* Boiss. & Sprun. mit eiförmigen Nebenblättern und 7–11 mm langer Krone, beide mit Schwerpunkt im östlichen Mittelmeergebiet.

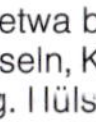	März – Juni		10–40 cm	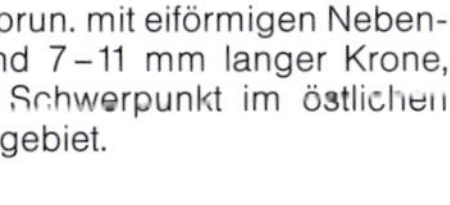 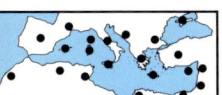

Einhülsiger Hufeisenklee
Hippocrepis unisiliquosa L.
Schmetterlingsblütler
Fabaceae (Papilionaceae)

B: Kleine niederliegende bis aufsteigende Pflanze. Blätter mit 7 – 15 linealen bis verkehrteiförmigen, 2 – 12 mm langen Fiederchen. Die 4 – 7 mm großen, gelben Blüten gewöhnlich einzeln, seltener zu 2 oder 3, höchstens 5 mm lang gestielt in den oberen Blattachseln. Die charakteristische Frucht seitlich zusammengedrückt, nur wenig gekrümmt, 1,4 – 4 cm lang und 4 – 5 mm breit, mit 4 – 12 hufeisenförmigen Gliedern, kahl oder spärlich warzig.
S: Kulturland, Weiden, Gariques.
V: Mittelmeergebiet, SW-Asien.
U: Einjährige Arten sind auch *Hippocrepis multisiliquosa* L.: Blüten 5 – 8 mm lang, in 2 – 6blütigen Köpfchen, deren Stiele etwa so lang wie die Blätter. Früchte auswärts gekrümmt, 2 – 4 cm lang, kahl oder mit wenigen kleinen Warzen (westliches Mittelmeergebiet, Kanaren) und *Hippocrepis ciliata* Willd.: Köpfchen ebenfalls 2 – 6blütig und ebenso lang gestielt, Krone nur 3 – 5 mm lang. Früchte einwärts gekrümmt, 1,5 – 2,5 cm lang, an den Samenausbuchtungen mit langen Warzen (Mittelmeergebiet). Ausdauernd ist *Hippocrepis glauca* Ten. mit unterseits dicht weißhaarigen Fiederblättchen. Blüten 6 – 12 mm lang, zu 4 – 8 auf einem Stiel, der 2 – 3mal so lang ist wie die Blätter. Hülsenglieder sichelförmig, mit weißlichen Warzen (S-Europa). *Hippocrepis comosa* L. hat rotbraune Warzen auf den Früchten.

	März – Juni	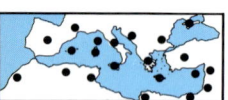	5 – 40 cm	

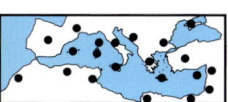

Skorpionsschwanz
Scorpiurus muricatus L.
Schmetterlingsblütler
Fabaceae (Papilionaceae)

B: Stengel niederliegend bis aufsteigend, mehr oder weniger behaart. Blätter einfach, spatelig bis lanzettlich, spitz und in den Stiel lang verschmälert, mit 3 – 5 parallelen Nerven, 3 – 10 cm lang und 1 – 2 cm breit. Blüten gewöhnlich zu 2 – 5 in langgestielten, blattachselständigen Köpfchen, Krone gelb, 5 – 10 mm lang. Kelch glockig mit 5 gleich langen, linealen, spitzen Zähnen. Charakteristische, unregelmäßig spiralig gedrehte Hülsen, zwischen den Samen eingeschnürt und häufig mit Höckern oder Stacheln auf den äußeren Rippen, denen die Gattung den Namen Skorpionsschwanz verdankt. Samen halbmondförmig, braun bis gelblich.

Sehr variable Art in bezug auf die Behaarung, Länge des Blütenstandsstieles im Verhältnis zu den Blättern und besonders die Ausbildung der Früchte. So hat die var. *subvillosus* (L.) Fiori et Bég. Hülsen mit langen, feinen, hakenförmigen oder zweispaltigen Stacheln. **S:** Kulturland, Brachland, Wegränder. **V:** Mittelmeergebiet, Kanaren, SW-Asien.

U: *Scorpiurus vermiculatus* L.: ähnlich, aber mit meist einzelnen, selten zwei, 10 – 20 mm großen Blüten. Äußere Rippen der Hülsen mit kräftigen, köpfchenförmigen Höckern. Samen elliptisch oder länglich (westliches Mittelmeergebiet, Kanaren).

	April – Juni	♃	5 – 60 cm	

147

Strauchiges Brandkraut
Phlomis fruticosa L.
Lippenblütler
Lamiaceae (Labiatae)

B: Dichter Strauch mit sternhaarig-filzigen Stengeln. Blätter lanzettlich-eiförmig, am Grunde gestutzt oder keilförmig, ganzrandig oder gekerbt, oberseits kurz sternhaarig, unterseits weiß sternhaarig-filzig, die unteren 3 – 9 cm lang und 2 – 3 cm breit. Blattstiel bis 4 cm lang. Blütenstand aus 14 – 36blütigen Scheinquirlen in den Achseln von 2 sitzenden oder gestielten, meistens lanzettlichen Hochblättern. Vorblätter 1 – 2 cm lang und 3 – 7 mm breit, verkehrteiförmig oder lanzettlich, zugespitzt, mit Sternhaaren und außerdem mit 2 – 3 mm langen, einfachen Haaren besetzt. Krone gelb, 2,3 – 3,5 cm lang, mit behaarter helmförmiger Oberlippe und 3lappiger Unterlippe. Kelch 10 – 19 mm, Kelchzähne 1 – 4 mm lang, pfriemlich.

S: Gariques, Felsen, Zierstrauch.
V: Östliches Mittelmeergebiet, weiter verwildert.
U: *Phlomis lychnitis* L.: sternhaarig-filziger, bis 65 cm hoher Strauch. Blätter lineallanzettlich, in einen undeutlichen Blattstiel verschmälert. Blütenquirle 4 – 10blütig, Hochblätter sitzend (Iberische Halbinsel, Frankreich). *Phlomis cretica* C. Presl: Strauch bis 45 cm. Stengel sternhaarig-filzig und mit Drüsen- oder Keulenhaaren. Blätter lanzettlich mit deutlichem Blattstiel. Blütenquirle 14 – 30blütig, Hochblätter gestielt (Griechenland, Kreta, Rhodos).

	April – Juli		bis 1,3 m	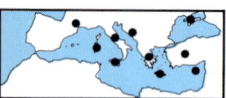

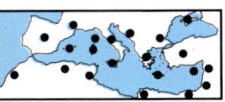

Weißes Bilsenkraut
Hyoscyamus albus L.
Nachtschattengewächse
Solanaceae

B: Klebrige, drüsig-wollig behaarte, aufrechte Pflanze. Blätter 2,5–5 cm lang gestielt, eiförmig, stumpf buchtig gezähnt, 4–10 cm lang und 3–8 cm breit. Blüten 15–18(–30) mm, in dichten, durchblätterten einseitswendigen, ährenartigen Blütenständen, nur die untersten gestielt. Krone röhrigglockig, fast radiär, mit 5lappigem Saum, außen drüsenzottig und weiß, innen gelblich, der Rachen grün oder purpurn. Staubbeutel eingeschlossen oder wenig herausragend. Kelch dicht drüsig-wollig, zur Fruchtzeit 2–2,5 cm. Giftpflanze.

S: Schuttplätze, an Mauern, im Siedlungsbereich.
V: Mittelmeergebiet, Kanaren, östlich bis S-Rußland und Irak.
U: Im östlichen Mittelmeergebiet *Hyoscyamus aureus* L.: Pflanze aufrecht, niederliegend oder hängend. Blätter gestielt, eiförmig oder rundlich, unregelmäßig gelappt und spitz gezähnt. Blüten alle kurz gestielt in lockeren, wenigblütigen, durchblätterten Trauben. Krone bis 4,5 cm, mit stark unregelmäßigem Saum, goldgelb mit purpurnem Rachen. Staubbeutel weit herausragend. Purpurne Blüten mit dunklem Adernetz und sitzende, nicht stengelumfassende Blätter hat *Hyoscyamus reticulatus* L. In fast ganz Europa *Hyoscyamus niger* L. mit sitzenden, stengelumfassenden Blättern und schmutziggelben, meist violett geaderten Blüten.

	März–September		20–80 cm	

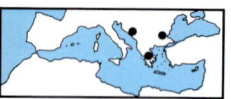

Kahler Fingerhut
Digitalis laevigata Waldst. & Kit.
Rachenblütler
Scrophulariaceae

B: Hohe aufrechte, am Grunde verholzte, kahle Pflanze. Blätter lanzettlich, ganzrandig oder gezähnelt. Blüten in relativ lockerer, einseitswendiger Traube an kahler Achse, Krone gelb, 1,5 – 3,5 cm lang, rotbraun geadert, mit weiter glockenförmiger Röhre und verlängerter stumpfer Unterlippe, deren Mittellappen 5 – 15 mm. Kelchzipfel eiförmig spitz oder zugespitzt, ganz ohne oder mit einem sehr schmalen häutigen Rand. Giftpflanze.
S: Wälder der Bergstufe.
V: Balkanhalbinsel.
U: *Digitalis ferruginea* L.: Blüten gelblich- oder rötlichbraun, dunkel geadert, 1,5 – 3,5 cm lang, in dichter Traube. Kelchzipfel stumpf, mit breitem, häutigem Rand. Blütenstandsachse kahl (östliches Mittelmeergebiet, Italien). Bei der medizinisch genutzten *Digitalis lanata* Ehrh. Blüten gelblichweiß, dunkel geadert, 2 – 3 cm lang. Kelchzipfel lanzettlich, spitz, drüsenhaarig. Blütenstandsachse dicht drüsenhaarig, Tragblätter lanzettlich (Balkanhalbinsel). Ähnlich *Digitalis leucophaea* Sibth. & Sm., Blüten 1 – 2 cm lang, Tragblätter lineal (NO-Griechenland). In Spanien und NW-Afrika die einzige strauchige Art *Digitalis obscura* L. mit rotbraunen oder gelborangefarbenen Blüten. Blätter ledrig glänzend, lineallanzettlich, ganzrandig oder tief gesägt, nur im oberen Teil des Stengels.

	Juni – September	♃	0,6 – 1 m	

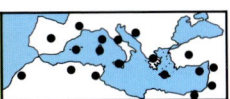

Klebrige Parentucellie
Parentucellia viscosa (L.) Caruel
Rachenblütler
Scrophulariaceae

B: Meist unverzweigter, aufrechter, drüsig-klebriger Halbschmarotzer. Blätter gegenständig, sitzend, länglich-lanzettlich, gekerbt-gesägt, 10 – 45 mm lang und 3 – 15 mm breit. Blütenstand dicht pyramidal, mit ovalen bis linealen Tragblättern, die an der Spitze einen Schopf bilden. Blüten 16 – 24 mm lang, gelb, seltener auch weiß, bald abfallend. Oberlippe kurz helmförmig, Unterlippe länger und viel breiter, 3lappig. Kelch röhrig, 10 – 16 mm, die 4 lineallanzettlichen Zipfel etwa so lang wie die Röhre. Kapsel behaart, länglich, etwa so lang wie die Kelchröhre.

S: Feuchte Grasfluren, Brachland.
V: Mittelmeergebiet, W-Europa, Kanaren, östlich bis in den Iran.
U: Unscheinbar ist *Parentucellia latifolia* (L.) Caruel, ein bis 20 cm hoher, aufrechter und meist unverzweigter, rötlich überlaufener Halbschmarotzer. Blätter sitzend, eiförmig, die oberen fast so lang wie breit, ziemlich tief gezähnt-gelappt. Blüten etwa 1 cm lang, rötlichpurpurn mit weißer Röhre, auch ganz weiß, in dichten, anfangs sehr kurzen, pyramidalen Blütenständen. Kelch 6 – 10 mm, die 4 Kelchzähne halb so lang wie die Röhre. Kapsel kahl (Mittelmeergebiet, Kanaren). Sehr ähnlich die ostmediterrane *Parentucellia flaviflora* (Boiss.) Nevski mit schwefelgelben, 11 – 13 mm langen Blüten. Beide Arten an trockenen, offenen Standorten.

	April – September		10 – 70 cm	

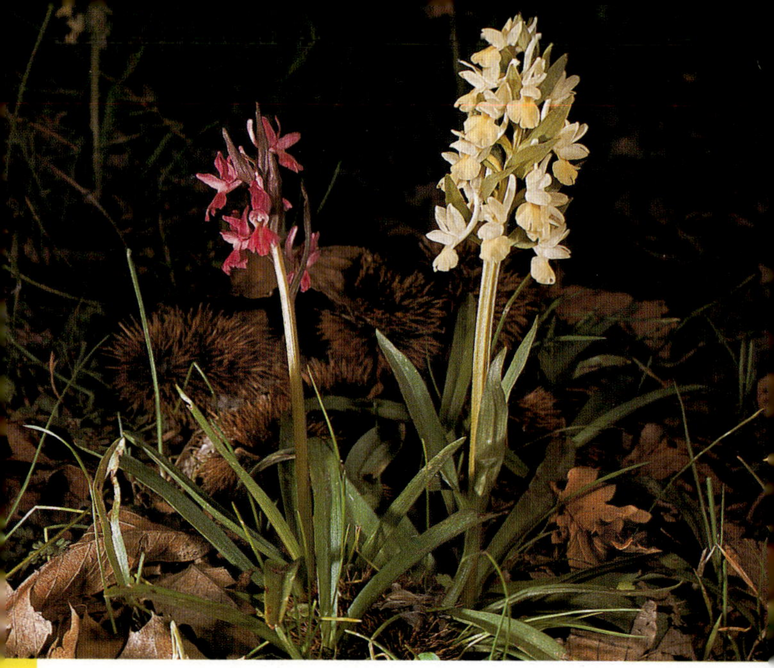

B: Blätter schmallänglich, ungefleckt, 3–7 in einer lockeren Rosette und 1–3 kleinere weiter oben am Stengel. Blütenstand 4–10 cm, eiförmig-zylindrisch, mit grünen oder purpurnen Tragblättern, die die Blüten überragen. Blüten gelb oder hell- bis dunkelviolett, die seitlichen äußeren Hüllblätter 6–10 mm lang, abstehend und nach außen gedreht, das mittlere etwas kürzer, aufrecht oder nach vorne geneigt, die seitlichen inneren kleiner und zusammenneigend, zum Grunde hin verbreitert.

Lippe breiteiförmig bis rundlich, 7,5–12 mm lang und 10–18 mm breit, mehr oder weniger 3lappig mit meist vorgezogenem Mittellappen, ohne Zeichnung, bei der roten Form zum Teil am Grunde gelb. Sporn schlank, 12–25 mm, deutlich länger als der Fruchtknoten, meist steil aufwärts gerichtet.
S: Immer- und sommergrüne Wälder, Gebüsche.
V: Zentrales und östliches Mittelmeergebiet, Schwarzmeergebiet.
U: Ähnlich *Dactylorhiza markusii* (Tineo) Baum. & Künkele *(D. sulphurea* ssp. *siciliensis* (Klinge) Franco): Sporn dicklich, 7–15 mm, kürzer bis so lang wie der Fruchtknoten, leicht aufwärts gerichtet (Iberische Halbinsel, Sizilien, NW-Afrika).

	März – Juni	♃	15–35 cm	
				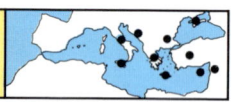

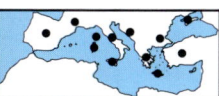

Französisches Knabenkraut
Orchis provincialis Lam. & DC.
Orchideen
Orchidaceae

B: Grundblätter 3–7, lanzettlich, gefleckt, 10–12 cm lang und 1,3–2 cm breit, darüber 2–3 scheidige Stengelblätter. Blütenstand zylindrisch, 5–7 cm lang, mit 5–20 hellgelben Blüten und häutigen Tragblättern, die so lang sind wie die Fruchtknoten und diesen anliegen. Äußere Blütenhüllblätter 9–14 mm lang, die seitlichen zurückgeschlagen, das mittlere aufrecht, die beiden seitlichen inneren kleiner und zusammengeneigt. Lippe 8–12 mm lang und breit, 3lappig, aufgewölbt, mit zurückgeschlagenen Seitenlappen, in der Mitte etwas dunkler und mit purpurroten Flecken. Sporn 13–18 mm, aufwärts gebogen, am Ende verdickt, etwa so lang wie der Fruchtknoten.

S: Sommergrüne Wälder der Bergstufe, Grasfluren, Macchien.

V: S-Europa, Kleinasien.

U: *Orchis pauciflora* Ten. *(O. provincialis* ssp. *pauciflora* (Ten.) Cam.): Pflanze nur 10–20 cm hoch, Blätter gewöhnlich ungefleckt. Blütenstand aus 3–7 Blüten, Lippe dottergelb, in der Mitte mit feinen rotbraunen Punkten. Sporn 14–25 mm, aufwärts gebogen, dünner, etwa 1,5mal so lang wie der Fruchtknoten (S-Europa von Korsika bis in die Ägäis). In NW-Afrika sehr ähnlich *Orchis laeta* Steinheil: Blätter ungefleckt, Blüten 5–10, Lippe heller gelb. Sporn 20–30 mm lang, dünn, doppelt so lang wie der Fruchtknoten.

	März – Juni	♃	15 – 35 cm	

Strand-Malcolmie
Malcolmia littorea (L.) R. Br.
Kreuzblütler
Brassicaceae (Cruciferae)

B: Eine der wenigen ausdauernden, am Grunde verholzten *Malcolmia*-Arten im Mittelmeergebiet. Pflanze ästig, dicht weißfilzig sternhaarig. Blätter schmallänglich, ganzrandig oder undeutlich gezähnt, am Ende stumpf, mehr oder weniger sitzend, auch die Grundblätter. Blüten in Trauben, die 4 Kronblätter 14 – 22 mm lang, violett, vorne ausgerandet oder gestutzt, mit langem Nagel. Kelchblätter 9 mm, aufrecht, die beiden inneren am Grunde deutlich sackförmig ausgebuchtet. Schote 3 – 6,5 cm lang und 1 – 1,5 mm breit, zur Spitze hin verschmälert, ge-

krümmt. Griffel 2 – 6 mm lang, dünn, mit 2lappiger Narbe, bald abfallend.
S: Sandstrände.
V: Westliches Mittelmeergebiet.
U: Am Sandstrand finden sich auch *Malcolmia ramosissima* (Desf.) Thell.: Pflanze 1jährig, 5 – 20 cm hoch, Blüten 4 – 8 mm lang, violett oder rosa, Kelchblätter 2,5 – 5 mm, am Grunde nicht sackartig ausgebuchtet, Schote 1,5 – 3,5 cm lang und 1 mm breit, mit 1 – 2 mm langem, bleibendem Griffel mit 2lappiger Narbe und ähnlich *Malcolmia nana* (DC.) Boiss. *(Maresia nana* (DC.) Batt.), aber Griffel nur 0,5 – 1 mm lang, mit kopfiger Narbe (beide Arten im ganzen Mittelmeergebiet). Einige weitere Arten meist kleinräumig im östlichen Mittelmeergebiet, z. T. ebenfalls Strandpflanzen, aber auch Gebirgspflanzen.

✿	Mai – Juni	♃	10 – 40 cm	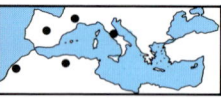

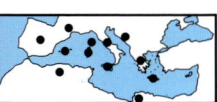

Strand-Levkoje
Matthiola sinuata (L.) R. Br.
Kreuzblütler
Brassicaceae (Cruciferae)

B: Dicht weißfilzig-wollige, am Grunde verholzte, mehr oder weniger verzweigte Strandpflanze. Grundblätter buchtig gezähnt bis fiederspaltig, mit länglichen, abgerundeten Lappen, bis 10 cm lang, obere Stengelblätter ganzrandig, lineal-spatelförmig. Blüten in Trauben, die unteren zur Fruchtzeit 4 – 15 mm lang gestielt, die 4 Kronblätter 17 – 25 mm lang, blaßviolett. Kelchblätter aufrecht, 6 – 12 mm, die inneren am Grunde sackförmig ausgebuchtet. Schoten 5 – 15 cm lang, bis 5 mm breit, zusammengedrückt, aufrecht abstehend, am Ende ohne deutliche Hörner, mit auffäl-

ligen, großen, gestielten, gelben oder schwarzen Drüsen.
S: Sandstrände, auch an Felsküsten.
V: S- und W-Europa, N-Afrika.
U: Ähnlich die besonders an Felsküsten und alten Mauern blühende, ausdauernde *Matthiola incana* (L.) R. Br. mit weißfilzigen bis fast kahlen, meist ganzrandigen, schmallanzettlichen, an der Spitze stumpfen Blättern. Die drüsenlosen, sternhaarigen Schoten ebenfalls ohne deutliche Hörner (Mittelmeergebiet, W-Europa, auch als Zierpflanze). Dagegen 1jährig mit buchtig gezähnten bis fiederschnittigen Blättern *Matthiola tricuspidata* (L.) R. Br., leicht kenntlich an den 2,5 – 10 cm langen und 2 – 3 mm breiten Schoten mit drei, 2 – 6 mm langen, 3eckigen, spitzen Hörnern am Ende (vor allem an Sandstränden, Mittelmeergebiet).

	Mai – September		8 – 60 cm	

Blaukissen
Aubrieta columnae Guss.
Kreuzblütler
Brassicaceae (Cruciferae)

B: Polster bildende, zierliche Pflanze. Blätter breit verkehrteiförmig oder spatelförmig, ganzrandig oder mit 2(–4) Zähnen, graufilzig durch Stern- und einfache Haare, von den Blütentrauben nur wenig überragt. Blüten mit vier 11–18 mm langen, rotvioletten, lang genagelten Kronblättern. Kelchblätter 5,5–8 mm lang, zusammenschließend, die seitlichen gesackt. Früchte nur mit Sternhaaren, gewöhnlich netznervig, 5–16 mm, 2 bis 4mal so lang wie breit. 3 Unterarten, abgebildet ist die ssp. *italica* (Boiss.) Mattf. vom Monte Gargano.

S: Felsspalten, Mauern.
V: Zentral- und S-Italien, Kroatien bis Montenegro, Südkarpaten.
U: Ähnlich *Aubrieta deltoidea* (L.) DC.: Pflanze mehr buschig und langstengelig, Blätter von den Blütentrauben weit überragt. Kronblätter 12–28 mm lang. Nur bei dieser Art Früchte mit Sternhaaren und langen unverzweigten Haaren (Sizilien bis W-Anatolien, in S- und W-Europa eingebürgert). Gartenformen mit Mischung der Merkmale beider Arten, meist mit kräftigeren Blütenfarben sind beliebte Steingartenpflanzen. Auf der Balkanhalbinsel endemisch ist *Aubrieta gracilis* Boiss.: Früchte nur mit Sternhaaren, 2–3,5 cm, 6–15mal so lang wie breit. Weitere kleinräumig verbreitete Arten in Griechenland und in der Türkei.

	April–Juni	♃	5–20 cm	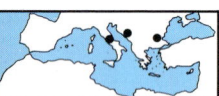

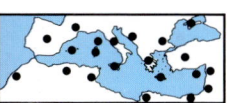

Europäischer Meersenf
Cakile maritima Scop.
Kreuzblütler
Brassicaceae (Cruciferae)

B: Formenreiche Art mit 3 Unterarten im Gebiet, Stengel niederliegend oder aufsteigend, stielrund, stark ästig verzweigt. Blätter meist gestielt, kahl und graugrün, dicklich, fleischig, sehr unterschiedlich, ungeteilt bis 1 – 2fach fiederschnittig. Die duftenden 4zähligen Blüten mit 4 – 14 mm langen, violetten, seltener weißen, in einen Nagel verschmälerten Kronblättern in traghblattlosen, zur Blütezeit doldentraubigen, zur Fruchtzeit verlängerten Blütenständen. Kelchblätter stumpf, die seitlichen am Grunde gesackt. Früchte fast waagrecht abstehend, 1 – 2,5 cm lang, an kurzen, dicken Stielen, zweigliedrig, in jedem Abschnitt ein Same, unterer Abschnitt am Ende mit mehr oder weniger deutlichen, oft mehr als 1 mm langen, zurückgebogenen seitlichen Vorsprüngen, die der Frucht ein spießförmiges Aussehen verleihen. Die Früchte sind Schwimmfrüchte, die lange Zeit geschlossen bleiben und sich so über weite Strecken verbreiten können. Die Pflanze schmeckt salzig und aufgrund ihres Senfölgehaltes scharf. Sie wurde früher gegen Skorbut sowie als harntreibendes und abführendes Mittel verwendet.
S: Spülsäume der Meere, häufig zusammen mit dem Kali-Salzkraut *Salsola kali.*
V: Küsten des Mittelmeeres und des Schwarzen Meeres, W- und N-Europa, Kanaren, SW-Asien.

	Mai – Oktober		15 – 60 cm	

Quirlblättrige Heide
Erica manipuliflora Salisb.
(*E. verticillata* Forssk., non Berg.)
Heidekrautgewächse
Ericaceae

B: Niederliegender bis aufsteigender, spärlich behaarter Strauch. Blätter nadelartig, in Quirlen zu 3–4, aufrecht oder aufrecht-abstehend, 4–8 mm lang, die Unterseite vom umgerollten Blattrand verdeckt. Blüten seitenständig zu 1–5, Kronen rosa, breit glockenförmig, 3–3,5 mm lang, mit 4 aufrechten Zipfeln. Staubbeutel ohne Anhängsel, aus der Blüte herausragend, mit getrennten spreizenden Hälften.
S: Gariques, Macchien.
V: Östliches Mittelmeergebiet.
U: Ebenfalls Herbstblüher ist *Erica mul-tiflora* L.: aufrechter, bis 80(–250) cm hoher Strauch. Blätter 6–11 mm lang, in Quirlen zu 4–5, die Unterseite vom umgerollten Rand verdeckt. Dichte, meist endständige Blütenstände. Blütenkronen 4–5 mm, zylindrisch bis schmal glockenförmig. Staubbeutel ohne Anhängsel, aus der Blüte herausragend, mit parallelen, sich berührenden Hälften (Mittelmeergebiet, östlich bis Jugoslawien). An feuchten Standorten blüht im Juni–Juli *Erica terminalis* Salisb.: bis 2,5 m hoher Strauch. Unterseite der Blätter von den umgerollten Rändern im unteren Drittel freigelassen. Blüten endständig, Staubbeutel in den krugförmigen, 5–7 mm langen Kronen eingeschlossen, am Grunde mit Anhängseln (westliches Mittelmeergebiet, östlich bis S-Italien).

	August–September		bis 0,5 (–4) m	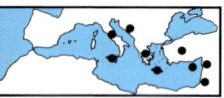

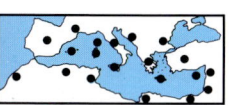

Französisches Leimkraut
Silene gallica L.
Nelkengewächse
Caryophyllaceae

B: Stengel aufrecht oder aufsteigend, einfach oder verzweigt, behaart, oberwärts etwas drüsig-klebrig. Blätter am Grunde zu wenigen rosettig, länglichspatelförmig, kurz gestielt, behaart, die übrigen stengelständig, gegenständig sitzend. Blüten einseitswendig, zu 3–10 in einem traubenähnlichen Blütenstand, die unteren Blütenstiele bis 1,5-mal so lang wie der Kelch, die oberen kürzer. Kelch 7–10 mm, lang rauhhaarig, mit 10 dunkelgrünen Nerven, bis auf 1/4 der Länge spitz gezähnt, zylindrisch-eiförmig, später eiförmig und an der Spitze zusammengezogen. Kronblätter 10–15 mm lang, rosa oder weiß, manchmal in der Mitte mit blutrotem Fleck, seicht ausgerandet oder ganzrandig. 3 Griffel. Kapsel 6–9 mm, mit 6 zurückgekrümmten Zähnen. Fruchtträger höchstens 1 mm lang. Samen dunkelbraun, scharf gerieft, warzig.
S: Kulturland, Brachland, meist auf kalkarmen Böden.
V: Mittelmeergebiet, Kanaren, weiter nördlich vereinzelt, auch sonst weltweit verschleppt.
U: Ähnlich *Silene bellidifolia* Jacq.: Stengel 30–60 cm, abstehend borstig behaart. Blüten fast sitzend, mit 14–17 mm langen, angedrückt weich behaarten, zur Fruchtzeit keulenförmigen Kelchen. Kronblätter 2spaltig, rosa. Kapsel 9–11 mm, mit 4–5 mm langem Fruchtträger (Mittelmeergebiet).

	April–Juli		15–45 cm	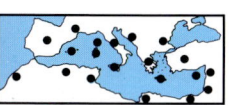

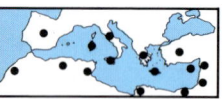

Farbiges Leimkraut
Silene colorata Poir.
Nelkengewächse
Caryophyllaceae

B: Aufrechte, aufsteigende oder niederliegende, verzweigte, fein behaarte Pflanze. Blätter gegenständig, untere eiförmig-spatelförmig, gestielt, obere verkehrteiförmig bis lineal, sitzend. Hochblätter eines Paares gewöhnlich ungleich groß. Blüten 3–6 mit kräftig rosa oder weißen, tief geteilten, 1–2 cm langen Kronblättern. 3 Griffel. Kelch zylindrisch, 11–17 mm, länger als die Blütenstiele, 10nervig, mit stumpfen, dicht gewimperten Zähnen, zur Fruchtzeit breit keulenförmig, an der Spitze nicht zusammengezogen. Kapsel 5–9 mm, 6zähnig, durch einen 5–7 mm langen Fruchtträger gestielt. Charakteristische nierenförmige Samen, die auf dem Rücken eine tiefe Rinne zwischen 2 gewellten Flügeln tragen.

S: Sandstrände, Kulturland.

V: Mittelmeergebiet, Kanaren, SW-Asien.

U: Ähnlich, am gleichen Standort und häufig mit obiger Art verwechselt *Silene sericea* All.: Blätter lineallanzettlich, Blüten einzeln, seltener 2 oder 3 an den Zweigenden. Kelch 12–20 mm, mit spitzen Zähnen. Rückenfurche der Samen ohne gewellte Flügel (westliches Mittelmeergebiet).

Silene ist eine vielgestaltige Gattung mit zahlreichen, z.T. kleinräumig verbreiteten Arten. Im gesamten Mittelmeergebiet kommen etwa 350 Arten vor.

	April–Juni		10–50 cm	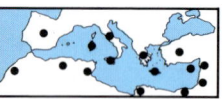

Asiatischer Hahnenfuß
Ranunculus asiaticus L.
Hahnenfußgewächse
Ranunculaceae

B: Sehr attraktive, auffällige, in verschiedenen Farben blühende Hahnenfußart mit fleischiger, knolliger Wurzel und aufrechtem, angedrückt behaartem, einfachem oder schwach verzweigtem Stengel. Grundblätter lang gestielt, gekerbt-gesägt, zweigestaltig, die äußeren keilförmig-eiförmig, ungeteilt oder 3lappig, die inneren 3teilig mit gestielten keilförmigen Abschnitten, oder alle Blätter in schmale Abschnitte geteilt (var. *tenuilobus* Boiss.), Abschnitte der Stengelblätter lineal. Blüten einzeln, 3–6 cm im Durchmesser, mit 5 abstehenden oder zurückgeschlagenen, schmalen Kelchblättern (Unterschied zu *Anemone coronaria,* die keine Kelchblätter hat) und 5 meist karminroten, seltener auch weißen, gelben oder purpurnen, verkehrteiförmig-keilförmigen Kronblättern, Nektarblätter fehlend. Staubblätter zahlreich, Staubbeutel schwarz. Blütenboden kahl. Fruchtstand zylindrisch, zur Reifezeit 2–4 cm lang. Zusammengedrückte, eiförmig-rundliche, papierartige Früchtchen, 2–3 mm, mit langem, hakenförmigem Schnabel, die vom Wind verbreitet werden.
S: Felsfluren, Kulturland, Macchien, lichte Wälder, bis in Steppen und Wüsten vordringend, als Zierpflanze auch in gefüllten Formen kultiviert.
V: Östliches Mittelmeergebiet, SW-Asien.

	Februar–Mai	♃	10–30 cm	

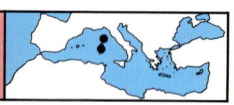

Korsischer Reiherschnabel
Erodium corsicum Léman
Storchschnabelgewächse
Geraniaceae

B: Am Grunde verholzte und verzweigte, weich grau behaarte Pflanze. Blühende Triebe aufsteigend. Blätter gestielt, ihre Spreite 1 – 1,5 cm lang, rundlich bis länglich-eiförmig, am Rand gekerbt, die oberen manchmal eingeschnitten gelappt. Blüten einzeln oder zu 2 – 3 an abstehend behaarten, drüsenlosen Stengeln, am Grunde 2 eiförmige, blaßbraune, behaarte Hochblätter. Die 5 Kronblätter 5 – 10 mm lang, rosa oder weiß, mit violetter Aderung, Kelchblätter 3 – 7 mm, zur Blütezeit abstehend. Teilfrüchtchen 3,5 mm lang, weiß behaart, ihr Schnabel 10 – 15 mm.

S: Küstenfelsen.
V: Korsika, Sardinien.
U: Ähnlich *Erodium reichardii* (Murray) DC.: Pflanze stengellos. Blätter spärlich behaart, grün. Blüten immer einzeln auf angedrückt behaarten Stielen, Kronblätter weiß mit rosa Adern. Hochblätter kahl. Schnabel 10 mm (Balearen).

Neben diesen ausdauernden Arten gibt es zahlreiche 1- und 2jährige, die nicht immer leicht zu unterscheiden sind. Im ganzen Mittelmeergebiet verbreitet ist *Erodium malacoides* (L.) L' Hér.: Stengel mit zurückgebogenen, oft drüsigen Haaren. Blätter wie oben, 2 – 10 x 1 – 5 cm. Blüten doldenförmig zu 3 – 10 an drüsig behaarten Stielen, am Grunde mehrere eiförmig-rundliche, weißliche Hochblätter. Kronblätter rosa, 5 – 9 mm lang.

	April – Oktober		10 – 20 cm	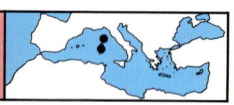

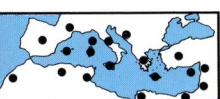

Kretische Strauchpappel
Lavatera cretica L.
Malvengewächse
Malvaceae

B: Aufrechte oder aufsteigende, sternhaarige Pflanze. Untere Blätter bis 20 cm, lang gestielt, im Umriß rundlich-herzförmig, mit 5–7 kurzen und runden, gesägt-gekerbten Lappen. Blüten zu 2–8, ihre Stiele unterschiedlich lang, aber kürzer als die Tragblätter, ganz ohne einfache Haare. Kronblätter 1–2 cm lang, violett, tief ausgerandet. Kelchblätter 6–8 mm, breit dreieckig eiförmig, zugespitzt, mit einem Außenkelch aus 3 am Grunde verbundenen, breiteiförmigen, spitzen, 6 mm langen Blättchen. 7–12 glatte oder leicht gerippte, abgerundete Teilfrüchtchen.

S: Wegränder, Schuttplätze, Brachland.

V: Mittelmeergebiet, W-Europa, nördlich bis SW-England, Kanaren.

U: Sehr ähnlich, mit obiger Art oft verwechselt, die auch in Mitteleuropa einheimische *Malva sylvestris* L., formenreiche 2jährige oder ausdauernde Art mit einfachen und Sternhaaren. Stengel aufrecht bis niederliegend, am Grunde verholzt. Blüten zu 2–6 in den Blattachseln, Kronblätter 1,2–3 cm lang. Außenkelchblätter wie bei der gesamten Gattung *Malva* am Grunde ganz frei, länglich-lanzettlich bis elliptisch, viel schmaler als bei *Lavatera cretica*. Teilfrüchtchen scharf berandet, am Rücken netzig-grubig, kahl oder zerstreut behaart (Europa, N-Afrika, SW-Asien).

	März–Juni		0,2–1,5 m	

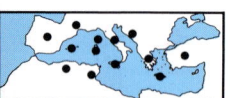

Baumförmige Strauchpappel
Lavatera arborea L.
Malvengewächse
Malvaceae

B: Fast baumartige, im unteren Teil verholzte Pflanze, jüngere Teile sternhaarig-filzig. Blätter lang gestielt, mit rundlicher, kurz 5 – 7lappiger und am Grunde herzförmiger, bis zu 20 cm großer Spreite. Blüten zu 2 – 7 in Trauben, ihre Stiele kürzer als das Tragblatt. Kronblätter 15 – 20 mm lang, lila, dunkler geadert und mit dunklerem Grund. Kelchblätter etwa 4 mm lang, spitz dreieckig, von einem etwa doppelt so langen, 3blättrigen, am Grunde verwachsenen und sich stark vergrößernden Außenkelch umgeben. 6 – 8 kahle oder filzig behaarte, gerippte kantige Teilfrüchte.

S: Strandfelsen, Schuttplätze, auch als Zierpflanze kultiviert und gelegentlich verwildert.
V: Küsten W- und S-Europas Kleinasien, NW-Afrika, Kanaren.
U: Einzelne, selten 2 Blüten in den Blattachseln haben die Sträucher *Lavatera maritima* Gouan: Blüten einzeln oder zu 2, blaßrosa bis bläulich, ihre Stiele 2 cm lang, länger als die Tragblätter (westliches Mittelmeergebiet), *Lavatera olbia* L.: Blüten rosa bis purpurn, nur 2 – 7 mm lang gestielt, einzeln in den Blattachseln, einen langen ährenartigen Blütenstand bildend (westliches Mittelmeergebiet) und ähnlich *Lavatera bryoniifolia* Mill.: obere Blätter spießförmig 3lappig, Blüten sitzend oder bis 1,5 cm lang gestielt, locker ährenartig angeordnet (östliches Mittelmeergebiet).

| | April – Juni | | 1 – 3 m | |

Chinesischer Roseneibisch
Hibiscus rosa-sinensis L.
Malvengewächse
Malvaceae

B: Durch seine großen, scharlachroten Blüten auffälliger Zierstrauch oder kleiner Baum mit dunkelgrünen, breiteiförmigen, zugespitzten, kahlen und oberseits glänzenden Blättern. Blattrand in der vorderen Hälfte unregelmäßig grob gesägt. Blüten lang gestielt einzeln in den Blattachseln, mit 10–15 cm breiter, 5blättriger Krone. 5 große, rote Narben und zahlreiche Staubblätter auf roter, langgestreckter, weit herausragender Griffelsäule. Außenkelchblätter meist 7, schmal.

S, V: Als Zierstrauch auch mit gefüllten Blüten in den warmen Ländern der Erde verbreitet, stellenweise verwildert. Heimat wohl China.

U: In Gärten und verwildert trifft man den auch in Mitteleuropa winterharten *Hibiscus syriacus* L. in zahlreichen Kulturformen: Blätter kurz gestielt, eiförmig-rhombisch, 3lappig und vorne grob gesägt, unterseits sternhaarig. Blüten bis 6 cm breit, Kronblätter meist violett, am Grunde mit dunklem Fleck (Heimat S- und O-Asien). Einziger im Mittelmeergebiet heimischer Vertreter der Gattung ist der einjährige *Hibiscus trionum* L., im Kulturland zu finden, niederliegend, mit fingerförmig geteilten Blättern. Kronblätter blaßgelb, 2–3 cm lang, am Grunde mit dunkelviolettem Fleck. Auffällig der blasig aufgetriebene Fruchtkelch mit dunkelgrünen, steif behaarten Nerven.

	April – September		1 – 5 m	ZIERPFLANZE

165

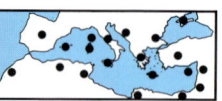

Graubehaarte Zistrose
Cistus creticus L.
(*C. incanus* L., *C. villosus* auct.)
Zistrosengewächse
Cistaceae

B: Strauch mit eiförmig-lanzettlichen, beidseitig grünen oder graugrünen Blättern, Oberseite mit eingesenkten, Unterseite mit hervortretenden Federnerven, 2 – 5 x 0,8 – 3 cm. Blattstiel 3 – 15 mm lang, am Grunde erweitert. Blüten 3 – 15 mm lang gestielt, locker zu 1 – 7 mit 4 – 6 cm breiter, rosaroter, 5blättriger Krone, Griffel so lang wie die Staubblätter. Kelchblätter 5, eiförmig-lanzettlich, lang zugespitzt. Bei der ssp. *creticus* Blätter nur 1,5 – 2,5 x 0,8 – 1,5 cm groß, am Rand deutlich gewellt, oft mit Drüsenhaaren an Blütenstielen und jungen Zweigen (östliches Mittelmeergebiet, westlich bis Sardinien). Am Rand glatte, größere Blätter haben die ssp. *eriocephalus* (Viv.) Greut. & Burd. *(C. incanus* ssp. *incanus)* mit langer, weißer Behaarung an Stengeln, Blütenstielen und Kelchblättern, Sternhaare verdeckend (östliches Mittelmeergebiet, westlich bis Korsika, Portugal) und die abgebildete ssp. *corsicus* (Loisel.) Greut. & Burd. mit Sternhaaren an Stengeln, Blütenstielen und Kelchen und nur wenigen einfachen Haaren (Korsika, Sardinien, Marokko).
S: Macchien, Garigues, auf dem Bild rechts zusammen mit *Cistus salviifolius.*
V: Mittelmeergebiet.
U: Ähnlich *Cistus heterophyllus* Desf. mit nur 1 – 2 mm lang gestielten Blättern (NW-Afrika).

	April – Juni		0,3 – 1 m	

Weißliche Zistrose
Cistus albidus L.
Zistrosengewächse
Cistaceae

B: Reich verzweigter, filzig behaarter Strauch mit gegenständigen, flachen, nicht welligen, halbstengelumfassenden, eiförmigen bis elliptischen, 2 – 5 cm langen und 0,5 – 2 cm breiten Blättern, auf beiden Seiten durch Sternhaare weißfilzig, auf der Unterseite mit 3 parallelen, deutlich hervortretenden Nerven. Blüten zu 1 – 7 auf 5 – 20 mm langen, kräftigen Stielen. Kronblätter 5, rosa, 2 – 3 cm lang, wie bei allen Zistrosenarten in der Knospe unregelmäßig gefaltet und auch aufgeblüht noch zerknittert aussehend, nach wenigen Stunden abfallend. Griffel so lang wie die Staubblätter. Kelchblätter 5, breiteiförmig, filzig.

S: Gariques, niedere Macchien, offene Wälder, vorwiegend auf Kalk.

V: Westliches Mittelmeergebiet.

U: Ähnlich, mit intensiver gefärbten, rosaroten, 1 – 5 mm lang gestielten, etwas kleineren, 3 – 4 cm breiten Blüten und am Rande gewellten, sitzenden Blättern *Cistus crispus* L., Pflanze nur 30 – 60 cm hoch, aromatisch (westliches Mittelmeergebiet, in Italien nur auf Sizilien). Von Lampedusa an östlich bis S-Anatolien und Zypern *Cistus parviflorus* Lam., 30 – 100 cm hoch, mit blaßrosa, 5 – 10 mm lang gestielten, 2 – 3 cm breiten Blüten in dichten Blütenständen. Narbe sitzend, kürzer als die Staubblätter. Blätter breit gestielt, eiförmig-elliptisch, 1 – 3 cm lang, undeutlich 3nervig, beiderseits graufilzig.

	April – Juni		0,4 – 1 m	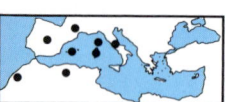

Geschweiftblättriges Alpenveilchen
Cyclamen repandum Sibth. & Sm.
Primelgewächse
Primulaceae

B: Im Frühjahr blühendes Alpenveilchen. Blätter vor den Blüten erscheinend, breit herzförmig, zugespitzt, mit tief gezähntem bis buchtig geschweiftem Rand. Blüten meist rosarot, seltener weiß oder rosa und dunkler am Schlund (var. *rhodense* Meikle), die zurückgeschlagenen Lappen 1,5–3 cm lang, ohne Öhrchen. Fruchtstiel von der Spitze her schraubig aufgerollt.
S: Im Unterwuchs schattiger, meist immergrüner Wälder und Macchien.
V: Mittelmeergebiet.
U: Frühlingsblüher ohne Öhrchen an den Kronlappen sind auch: *Cyclamen creticum* Hildebr., Blütenkrone rein weiß, mit 1,6–2,5 cm langen Kronlappen (Kreta), *Cyclamen balearicum* Willk., Blütenkrone weiß mit rosa Nerven, Kronlappen 1–1,8 cm (S-Frankreich, Balearen) und *Cyclamen persicum* Mill., Blütenkrone weiß oder rosa, dunkler am Schlund, Kronlappen 2,5–4,5 cm (östliches Mittelmeergebiet). Im Herbst blühen, bevor die Blätter erscheinen, *Cyclamen hederifolium* Alt. (S-Frankreich bis W-Anatolien) und *Cyclamen graecum* Link (Griechenland, Kleinasien), beide mit Öhrchen und dunkelpurpurnen, 2geteilten Flecken am Grunde der blaßrosa oder weißen Kronlappen. Die erste Art hat von der Spitze her schraubig aufgerollte Fruchtstiele, die zweite von der Mitte oder vom Grunde her.

	März–Mai	♃	10–20 cm	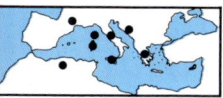

Europäische Bleiwurz
Plumbago europaea L.
Bleiwurzgewächse
Plumbaginaceae

B: Aufrechte, steif abstehend verzweigte Pflanze mit gefurchtem Stengel. Blätter wechselständig, gewellt, am Rand drüsig gezähnt bis glatt, unterseits mehlig, die unteren gestielt und eiförmig, die mittleren lanzettlich, sitzend, geöhrt-stengelumfassend, nach oben zu kleiner werdend. Zahlreiche violette oder rosa, sitzende Blüten in ährenartigen Blütenständen. Kronröhre schmal, 1,5mal so lang wie der Kelch, der 5lappige Saum radförmig ausgebreitet. Kelch häutig, 5zähnig, 5–7 mm lang, auf den 5 Rippen große, auffallende Stieldrüsen.

Aus den Blättern wird in der Türkei ein braungrauer Farbstoff gewonnen. Die bereits den antiken Schriftstellern bekannte Art wurde im Altertum zur Heilung eines „plumbum" genannten Augenleidens angewendet, wovon sich möglicherweise der lateinische Gattungsname und damit auch der deutsche Name Bleiwurz ableitet.
S: Wegränder, Schuttplätze, Brachland.
V: Mittelmeergebiet, SW-Asien.
U: Zur selben Gattung gehört die als Zierpflanze häufige Kap-Bleiwurz *Plumbago auriculata* Lam. (*P. capensis* Thunb.): bis 1,5 m hoher, überhängender oder kletternder Strauch, die 2,5 cm breiten, zartblauen Blüten mit sehr langer Kronröhre, Kelch ebenfalls mit großen Stieldrüsen (Heimat S-Afrika).

	Juli–Oktober	♃	0,3–1 m	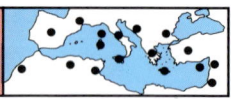

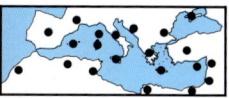

Ähriges Tausendgüldenkraut
Centaurium spicatum (L.) Fritsch
(*Erythraea spicata* (L.) Pers.)
Enziangewächse
Gentianaceae

B: Pflanze kahl, vom Grunde oder der Mitte an aufrecht verzweigt, mit einer hinfälligen Grundrosette aus breiteiförmigen Blättern. Stengelblätter zahlreich, gegenständig sitzend, elliptisch-länglich und die oberen lanzettlich, 3 – 5nervig. Im Gegensatz zu den anderen Arten der Gattung sitzende, 12 – 14 mm lange Blüten in aufstrebenden, etwas einseitswendigen, ährenartigen, durchblätterten Blütenständen. Krone rosa mit 5 ausgebreiteten, 4,5 mm langen Zipfeln. Kelch mit anliegenden Zähnen, so lang wie die Kronröhre.

S: Salzwiesen, feuchte Dünentäler, Kulturland.
V: Mittelmeergebiet, Kanaren, östlich bis Zentralasien.
U: Einen trugdoldigen Blütenstand hat *Centaurium tenuiflorum* (Hoffm. & Link) Fritsch: Stengel meist ohne deutliche Blattrosette, im oberen Teil aufrecht verzweigt. Kelch fast so lang wie die Kronröhre (Mittelmeergebiet, W-Europa, Kanaren, SW-Asien). Ähnlich daneben die auch in Mitteleuropa vorkommenden Arten *Centaurium erythraea* Rafn. mit deutlicher Blattrosette, im oberen Teil verzweigt, Kelch nur 2/3 – 3/4 so lang wie die Kronröhre und *Centaurium pulchellum* (Sw.) Druce ohne Blattrosette, im unteren Teil verzweigt, Kelch fast so lang wie die Kronröhre.

| | Juni – September | | 10 – 55 cm | |

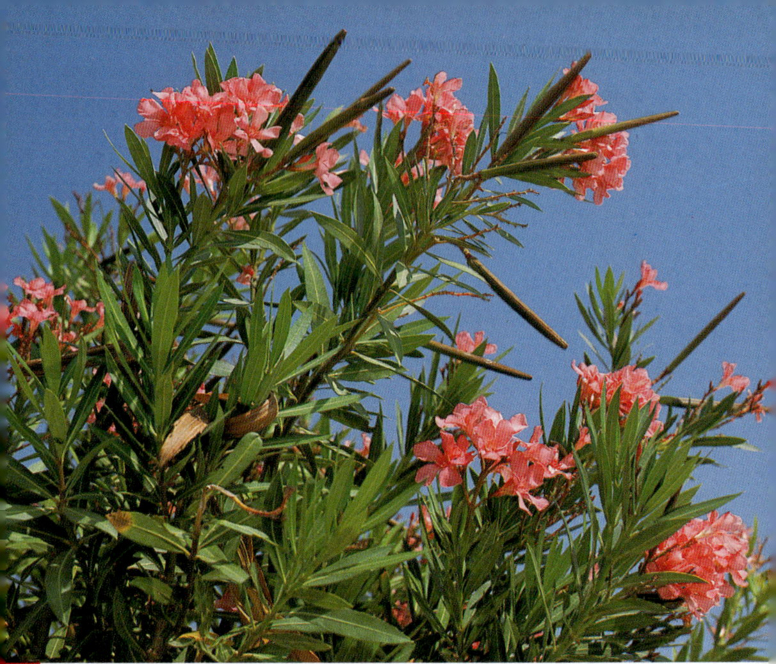

B: Kräftiger, immergrüner, nahezu kahler Strauch. Blätter ledrig, meist zu 3–4 quirlständig, seltener gegenständig, lanzettlich, in den Stiel verschmälert, am Rand etwas umgerollt, bis 15 cm lang und 2 cm breit. Blüten in endständigen trugdoldigen Blütenständen, Blütenkrone rosarot oder weiß, 3–4 cm im Durchmesser, mit trichterförmiger Röhre und 5 schief abgeschnittenen, radförmig ausgebreiteten Zipfeln, im Schlund mit zerschlitzten Anhängseln. Kelch 5zählig, innen dicht drüsenhaarig. Auffällig die 8–18 cm langen, aufrechtstehenden, rötlichbraunen Früchte. Samen mit langem, braunen Haarschopf. Alle Teile der milchsaftführenden Pflanze sind stark giftig. So wird von Todesfällen nach der Verwendung von Oleanderzweigen als Bratspieße berichtet oder vom Untergang einer ganzen Kompanie, deren Koch sich einen Kochlöffel aus Oleanderholz schnitzte. Auszüge der Blätter, die wie Fingerhut herzwirksame Glykoside enthalten, werden heute in standardisierten Arzneimitteln bei Herzschwäche eingesetzt.

S: Flußufer, in zeitweilig trockenen Bachbetten. Häufig kultiviert, zum Teil mit gefüllten Blüten, auch baumförmig, sehr widerstandsfähig, z. B. auf den Mittelstreifen von Autobahnen vielfach gepflanzt. Nördlich der Alpen beliebte Kübelpflanze.

V: Mittelmeergebiet.

	Juli–September	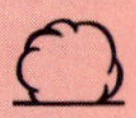	1–4 m	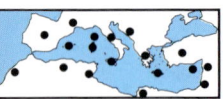

Strand-Winde
Calystegia soldanella (L.) R. & Sch.
Windengewächse
Convolvulaceae

B: Niederliegende, mit langen Stengeln im Sand kriechende, nicht windende, kahle Strandpflanze. Blätter dunkelgrün und etwas fleischig, 1–2mal so breit wie lang, nierenförmig, 3–6 cm lang gestielt, an die der Alpenroddelblume *Soldanella alpina* L. erinnernd. Blüten trichterförmig, 3–5 cm lang, rosa, einzeln, seltener zu 2 achselständig, auf langen, die Blätter überragenden Stielen. Ein Paar breiter, eiförmiger Vorblätter umschließt den Kelch und verdeckt ihn (Unterschied zu *Convolvulus*-Arten).
S: Stranddünen.

V: Mittelmeerküsten, auch Küsten des Schwarzen und Kaspischen Meeres, des Atlantiks und der Nordsee, selten nördlich bis Dänemark, heute fast weltweit verbreitet.
U: Zur selben Gattung gehört *Calystegia silvatica* (Kit.) Griseb. mit sehr langen, windenden Stengeln und pfeilförmigen Blättern. Blüten weiß, gelegentlich rosa gebändert, 5–9 cm lang, mit zwei 1,5–4 cm breiten, am Grunde ausgesackten, stumpfen, sich überlappenden Vorblättern, die die Kelchblätter einhüllen (Mittelmeergebiet).
Die Art ist nahe verwandt mit der in fast ganz Europa verbreiteten *Calystegia sepium* (L.) R. Br., die aber kleinere Blüten (nicht über 5 cm) und am Grunde flache oder gekielte und spitze Vorblätter hat, die den Kelch nicht voll verdecken.

	April–Oktober	♃	bis 1 m	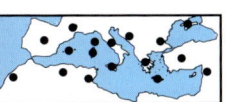

Eibischblättrige Winde
Convolvulus althaeoides L.
Windengewächse
Convolvulaceae

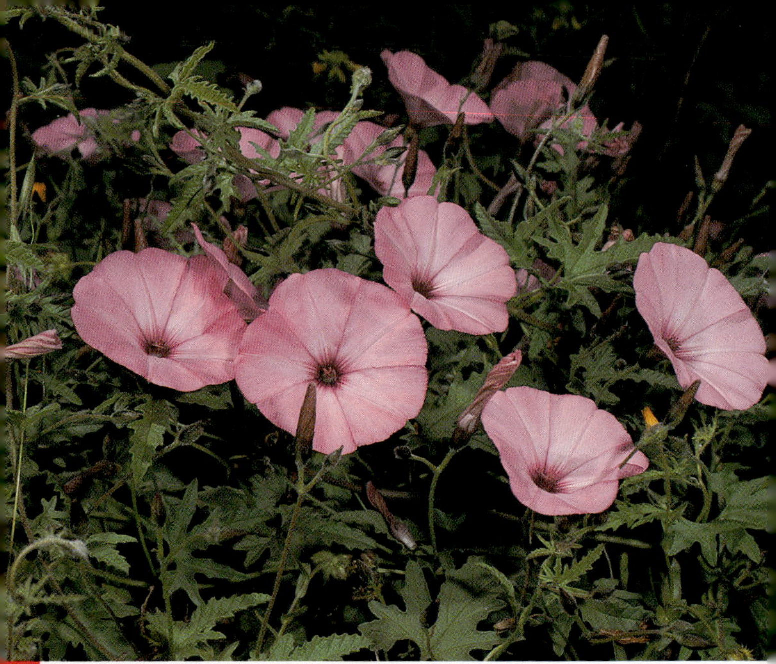

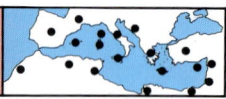

B: Abstehend behaarte Pflanze mit niederliegenden oder windenden Stengeln. Blätter gestielt, im Umriß 3eckig, gekerbt-gelappt, die oberen am Grunde herz- bis pfeilförmig, unregelmäßig mehr oder weniger breit tief gelappt, aber selten bis zur Mittelrippe. Die auffälligen 2,5–4 cm langen, rosa Trichterblüten zu 1–3 achselständig, ihr Stiel länger als die zugehörigen Blätter. Außenkelchblätter 8–10 mm.
S: Wegränder, Kulturland, Brachfelder.
V: Mittelmeergebiet, Kanaren.
U: Ähnlich *Convolvulus elegantissimus* Mill. (*C. althaeoides* ssp. *tenuissimus* (Sibth. & Sm.) Stace) mit Verbreitungsschwerpunkt im östlichen Mittelmeergebiet: Behaarung anliegend, oberste Blätter bis zur Mittelrippe gelappt, die Abschnitte schmal, Außenkelchblätter 4–7 mm. Zahlreiche weitere Winden-Arten, davon mehrere am Grunde verholzt und mit länglichen, verschmälerten Blättern, u.a. *Convolvulus cantabrica* L.: Blüten zu 1–3(–7) auf langem Stiel, der länger ist als das zugehörige Blatt. Krone 1,5–2,5 cm lang, außen an den Falten seidig behaart (Mittelmeergebiet, SO-Europa, SW-Asien). *Convolvulus lineatus* L.: Pflanze insgesamt dicht seidenhaarig. Blüten 1,2–2,5 cm lang, rosa, zu 1 bis mehreren auf einem Stiel, der kürzer ist als das zugehörige Blatt (Mittelmeergebiet, O-Europa, SW-Asien).

	April – Juni	♃	bis 1 m	

Rote Mittagsblume
Carpobrotus acinaciformis (L.) Bol.
(*Mesembryanthemum acinaciforme* L.)
Eiskrautgewächse
Aizoaceae

B: Auffällige, niederliegende, dichte Matten bildende Pflanze. Die fleischigen, etwas blaugrünen Blätter paarweise am Grunde verbunden, gebogen, im Querschnitt spitz dreieckig, in oder über der Mitte am breitesten, plötzlich in eine kurze Spitze verschmälert, an der oberen Kante glatt, 5 – 8 cm lang. Blüten 10 – 12 cm breit mit zahlreichen, leuchtend karminroten Kronblättern und karminroten Staubfäden.
S, V: In Küstennähe als Zierpflanze und zur Befestigung von Böschungen und Dünen gepflanzt und eingebürgert. Heimat S-Afrika.
U: *Carpobrotus edulis* (L.) N.E. Br., Hottentottenfeige: Blätter leuchtend grün, im Querschnitt gleichmäßig dreieckig, allmählich zur Spitze hin verschmälert und an der oberen Kante fein gesägt, 8 – 12 cm lang. Blüten 6 – 10 cm im Durchmesser, mit hellgelben, gelblichrosa oder hellpurpurnen Blütenblättern und gelben Staubfäden. Früchte fleischig, eßbar (Heimat S-Afrika). Ähnlich ist die besonders an spanischen Küsten aus Amerika eingebürgerte Art *Carpobrotus chilensis* (Molina) N.E. Br.: Pflanze insgesamt kleiner, Blüten 2,5 – 5 cm groß, purpurn. Häufig gepflanzt werden die verwandten *Lampranthus* Arten, bis 0,5 m hohe Sträucher mit kleineren, aber prächtig gelb bis rot gefärbten Blüten.

	März – Juli	♃	bis 2 m	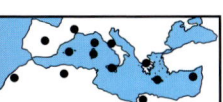

Kronen-Anemone
Anemone coronaria L.
Hahnenfußgewächse
Ranunculaceae

B: In Mitteleuropa aus Blumenge-schäften bekannte, hübsche Anemo-nen-Art mit walzlichem Erdsproß. Grundblätter dreifach geteilt, ihre Abschnitte gestielt, tief gelappt. Stengel behaart, meist 1blütig, mit 3 sitzenden, an der Basis verbreiterten, fein zerteilten, wirteligen Hochblättern. Blüten 3,5–6,5 cm im Durchmesser, mit gewöhnlich 5–8 elliptischen, auf der Unterseite seidig behaarten Blütenhüllblättern, die leuchtend rot, rosa, blau, violett oder auch weiß gefärbt sein können. Staubblätter zahlreich, Staubbeutel blau oder purpurn. Zahlreiche, dicht

wollig behaarte, geschnäbelte Nüßchen. Im Gegensatz zu *Ranunculus asiaticus* hat die Art keine Kelchblätter.
S: Kulturland, Brachfelder, Garigues, oft weite Flächen überziehend.
V: Mittelmeergebiet. Häufig als Zierpflanze in den verschiedensten Farbvarietäten, z. T. auch in gefüllten Formen kultiviert und verwildert, im Spätwinter oft als Schnittblume angeboten.
U: Gelbblütig ist dagegen *Anemone palmata* L.: Pflanze 10–30 cm hoch. Grundblätter im Umriß rundlich, nur mit 3–5 stumpfen Lappen, ledrig, Hochblätter am Grunde verwachsen, in 3–5 lineallanzettliche Abschnitte geteilt. Blüten 2,5–3,5 cm im Durchmesser, zu 1–2 mit 10–15 Hüllblättern (SW-Europa, östlich bis Sardinien, Sizilien, N-Afrika).

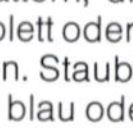 ✳	Februar–April	♃	10–45 cm	 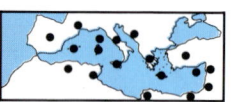

Stern-Anemone
Anemone hortensis L.
(*A. stellata* Lam.)
Hahnenfußgewächse
Ranunculaceae

B: Grundblätter meist handförmig 3–5teilig mit keilförmigen, vorne zerschlitzten Abschnitten. Stengel 1blütig, kurz unterhalb der 3–6 cm breiten Blüte mit einem Wirtel aus sitzenden, meist ungeteilten, lineallanzettlichen Hochblättern. Blütenhüllblätter 12–19 (gewöhnlich 15), schmallanzettlich, spitz, blaß oder dunkel purpurn, violett oder fast weiß. Staubbeutel blau.
S: Kulturland, Garigues.
V: Zentrales Mittelmeergebiet
U: Ähnliche Grund- und Hochblätter hat *Anemone pavonina* Lam.: Blütenhüllblätter nur 7–12, scharlachrot, rosa oder purpurn, am Grunde oft gelb (lokal von SW-Frankreich bis zur Türkei). In Laubmischwäldern der Bergstufe, besonders Buchenwäldern, häufig *Anemone apennina* L.: Abschnitte der 3teiligen Grundblätter gestielt, unterseits behaart. Stengel mit einem Wirtel aus kurz gestielten, den Grundblättern ähnlichen Hochblättern. Blüten aus 8–14 hellblauen oder weißen, unterseits flaumhaarigen Hüllblättern. Staubbeutel blaßgelb oder weiß. Fruchtstand aufrecht (S-Europa, westlich bis Korsika). In SO-Europa und Kleinasien nahe verwandt *Anemone blanda* Schott & Kotschy: Blattabschnitte fast sitzend, abgerundet, unterseits kahl. Blütenhüllblätter zahlreicher, kahl. Fruchtstand nickend.

	Februar–April	♃	20–40 cm	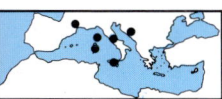

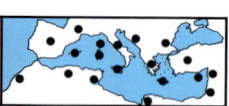

Granatapfelbaum
Punica granatum L.
Granatapfelgewächse
Punicaceae

B: Kahler, manchmal dorniger Strauch oder kleiner Baum mit 4kantigen Zweigen. Blätter gegenständig, derb und glänzend, dennoch sommergrün, oval oder lanzettlich, 2 – 8 cm lang, ganzrandig. Blüten zu 1 – 3 an den Zweigenden, der fleischige Kelch und Achsenbecher leuchtend rot, mit 5 – 8 zerknitterten, 2 – 3 cm langen, ebenso gefärbten Kronblättern und zahlreichen Staubblättern. Frucht apfelähnlich, bis 9 cm im Durchmesser, die Schale ledrig, rötlichbräunlich. Wegen der zahlreichen Samen früher häufig als Symbol der Fruchtbarkeit dargestellt (Granatapfel-

muster). Der eßbare, geleeartige Samenmantel, in den die harten Samen eingebettet sind, hat angenehm säuerlich-süßen Geschmack und ergibt ein erfrischendes Getränk, der zu Sirup verarbeitete Saft (Grenadine) verleiht Mixgetränken Aroma und Farbe. Die Rinde war früher als Bandwurmmittel und in der Gerberei gebräuchlich, aus den Blüten gewann man einen roten und aus den Fruchtschalen einen gelben Farbstoff. Schließlich hat der Granatapfel der Stadt Granada, der Granate und dem Halbedelstein Granat zum Namen verholfen.
S: Als Frucht- und Zierbaum, teilweise mit gefüllten Blüten, eingebürgert auch in Hecken, Gebüschen und Macchien.
V: Im Mittelmeergebiet seit alters kultiviert, eventuell im Osten ursprünglich, Heimat SW-Asien.

	Mai – September		2 – 7 m	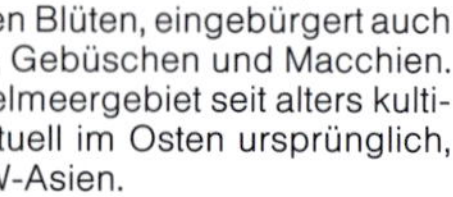 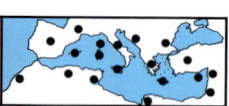

Rosen-Lauch
Allium roseum L.
Liliengewächse
Liliaceae

B: Zwiebel mit zahlreichen kleinen Nebenzwiebeln, etwa 1,5 cm im Durchmesser, die äußere Hülle von kleinen Löchern übersät. Blätter 2 – 4, lineal und flach, am Rande oft fein gezähnelt, bis 35 cm lang und 14 mm breit, den runden Blütenschaft unten zu 1/5 scheidig umschließend und in unterschiedlicher Höhe abgehend. Die halbkugelige, bis 7 cm breite Scheindolde aus 5 – 30 aufrechten, breit glockigen, 7 – 12 mm langen, rosa oder auch weißen Blüten, mit oder ohne Brutzwiebeln. Die häutige Hochblatthülle 3- oder 4lappig, kürzer als die 7 – 45 mm langen Blütenstiele.

Staubblätter eingeschlossen, mit gelben Staubbeuteln.
S: Kulturland, Brachland, oft in großen Beständen, Garigues.
V: Mittelmeergebiet, Kanaren. Auf Korsika und Sardinien die var. *insulare* Genn. (auch als Art *A. confertum* Jord. et Fourr.): Pflanze insgesamt kleiner, 10 – 15 cm hoch, Scheindolde 2 – 3 cm breit, mit 5 – 7 mm langen Blüten.
U: Rosaviolett oder weiß mit grünlichem Mittelnerv bluht *Allium nigrum* L.: Pflanze kräftig, 0,4 – 1 m hoch. Blätter bis 8 cm breit, flach und am Rand etwas rauh. Scheindolde 5 – 10 cm, fast kugelig, umgeben von einer häutigen, später 2 – 4lappigen, bis 3 cm langen Hülle. Blütenhüllblätter sternförmig ausgebreitet, 6 – 9 mm lang. Staubfäden am Grunde verbreitert (Mittelmeergebiet, Kanaren).

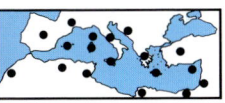

| | März –
Juni | ♃ | 10 – 65
cm | |

Akarna-Kratzdistel
Picnomon acarna (L.) Cass.
(*Cirsium acarna* (L.) Moench)
Korbblütler
Asteraceae (Compositae)

B: Distelartige, grau spinnwebig-fil-
zige, reich verzweigte Pflanze. Die im
Umriß länglich-lanzettlichen, ledrigen,
8–12 cm langen Blätter am Rande mit
kräftigen, gelben, 4–15 mm langen und
dazwischen feineren kürzeren Dornen,
am Stengel herablaufend, so daß dieser dornig geflügelt erscheint. Blütenköpfe in endständigen, dichten Büscheln oder einzeln, mit purpurnen
oder weißlichen, unregelmäßig 5zipfe-
ligen Röhrenblüten, von den Blättern
umhüllt und überragt. Hülle dicht spinnwebig behaart, zylindrisch, 22–30 x 5–
15 mm, äußere Hüllblätter an der Spitze
mit einem goldgelben, gefiederten, zurückgebogenen Dorn, an den inneren
nur eine häutige Spitze. Blütenboden
mit langen Borsten. Die eiförmig-länglichen, zusammengedrückten Früchte
hellbraun und glänzend, 5–6 mm, mit
14–19 mm langen, weißen oder bräunlichen, fedrigen Pappushaaren, die am
Grunde zu einem Ring verbunden sind.
Die nahe verwandte Gattung *Cirsium*
unterscheidet sich durch einen Harzstriemen auf den Hüllblättern und einfache Dornen an ihrer Spitze.
S: Wegränder, Schuttplätze und Kulturland.
V: Mittelmeergebiet, Kanaren, SW-
Asien.

	Juli – September		20 – 70 cm	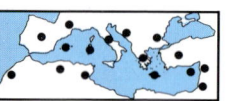

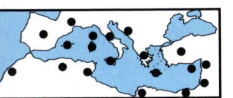

Syrische Kratzdistel
Notobasis syriaca (L.) Cass.
(*Cirsium syriacum* (L.) Gaertn.)
Korbblütler
Asteraceae (Compositae)

B: Distelartige, oben gewöhnlich verzweigte und blauviolett überlaufene Pflanze. Stengel ungeflügelt. Blätter oberseits fast kahl, weiß geadert, unterseits spärlich grau spinnwebig, die unteren krautig und gestielt, im Umriß länglich bis elliptisch, gelappt und dornig gezähnt, Stengelblätter ledrig, mit breiten Öhrchen sitzend, fiederschnittig, die obersten fast bis auf kräftige, steife Dornen zurückgebildet, die die Blütenköpfe umgeben und überragen. Köpfe einzeln oder zu mehreren kurz gestielt, mit purpurnen, schief 5zipfeligen Röhrenblüten und spinnwebig behaarten, kurz bedornten und mit einem Harzstriemen versehenen Hüllblättern. Hülle glockenförmig, 17–23 x 15–25 mm. Blütenboden mit langen Borsten. Früchtchen 5–6 mm, dunkelbraun, schief verkehrteiförmig, seitlich zusammengedrückt, glatt und kahl, mit zahlreichen fedrigen, 13–15 mm langen äußeren Pappushaaren und inneren einfachen, 1–2 mm langen Haaren, die alle am Grunde zu einem Ring verbunden sind. Die jungen Triebe werden wie die von *Silybum marianum* zu Salat verwendet. Die Blätter beider Arten kommen auch als Vorbild für die sogenannten *Acanthus*-Ornamente der korinthischen Säule in Betracht.
S: Wegränder, Brachland.
V: Mittelmeergebiet, Kanaren, SW-Asien.

	April–Juni		0,3–1,5 m	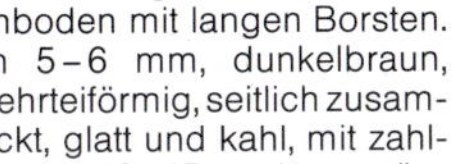

Filzige Milchfleckdistel
Galactites tomentosa (L.) Moench
Korbblütler
Asteraceae (Compositae)

B: Distelartige, aufrechte, meist nur oben verzweigte Pflanze mit bald vertrocknender Blattrosette. Stengelblätter oberseits verkahlend, weiß genervt oder gefleckt, unterseits weißfilzig, am ebenfalls weißfilzigen Stengel etwas herablaufend, 4–18 cm lang und 1–8 cm breit, fiederteilig, seltener ungeteilt, mit 1,5–6 mm langen Dornen. In den 1–1,5 cm breiten, etwas hängenden Blütenköpfchen nur röhrenförmige Blüten, rosa, hellviolett oder seltener weißlich, innere klein, äußere viel länger und lebhafter gefärbt, strahlend, unfruchtbar und nur als Schauapparat zur Anlockung von Insekten dienend. Blütenboden dicht behaart. Hüllkelchblätter eiförmig, spinnwebig behaart, aufrecht, in eine 5–10 mm lange, rinnige, grünliche Spitze verschmälert. Früchtchen 3–5 mm, kahl, gelblich, mit 3–4mal so langem, weißem fedrigem Pappus.

S: Wegränder, Brachland, Viehweiden.

V: S-Europa, NW-Afrika, Kanaren.

U: *Galactites duriaei* Spach ex Durieu: Stengel fast auf die ganze Länge geflügelt. Dornen der Stengelblätter 6–15 mm, die der inneren Hüllblätter 10–25 mm lang, gelb und kräftig. Hüllkelch insgesamt spinnwebig-weißfilzig. Köpfchen fast sitzend, zu mehreren an den Enden der Zweige, Blüten weniger strahlend (SO-Spanien, NW-Afrika).

	April–August		0,1–1 m	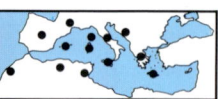

Artischocke
Cynara scolymus L.
Korbblütler
Asteraceae (Compositae)

B: Blätter der kräftigen Pflanze fiederspaltig bis einfach, bis 80 x 40 cm groß,
oberseits verkahlend, unterseits graufilzig, weich, die Abschnitte unbewehrt
oder bespitzt, die unteren gestielt, die
oberen sitzend. Blütenköpfe sehr groß,
8 – 15 cm im Durchmesser, mit violetten
Röhrenblüten. Hüllblätter im unteren
Teil fleischig, mit eiförmigem, stumpf-
fem, ausgerandetem oder dornig be-
spitztem Anhängsel. Geerntet werden
die kurz vor dem Aufblühen stehenden
Blütenköpfe. Als Gemüse gekocht ißt
man die fleischigen Blütenböden und
die fleischigen Basen der inneren Hüllblätter. Der Bitterstoff Cynarin, aus den
Blättern gewonnen, hat Bedeutung bei
der Behandlung von Gallenerkrankun-
gen. Auch der „Cynar" enthält Arti-
schockenextrakte.

S, V: Im Mittelmeerklima in mehreren
Kulturformen als Gemüse angebaut,
als Wildpflanze unbekannt, möglicherweise von *C. cardunculus* L. abstam-
mend.

U: *Cynara cardunculus* L., Kardone:
Blätter fest, 1 – 2fach fiederschnittig, ihre
Abschnitte mit 15 – 35 mm langen, gelben Dornen. Blütenköpfe nur 4 – 5 cm
breit, Hüllblätter mit einem aufrecht-
abstehenden, 1 – 5 cm langen Dorn. Die
fleischigen, gebleichten Blattstiele werden als Gemüse gegessen (ursprünglich im westlichen Mittelmeergebiet,
auch weiter als Nutz- oder Zierpflanze
kultiviert und verwildert).

	April – August	☺	0,5 – 2 m	KULTURPFLANZE

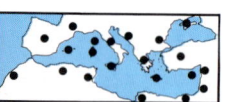

Mariendistel
Silybum marianum (L.) Gaertn.
Korbblütler
Asteraceae (Compositae)

B: Auch im Winter an der großen Blattrosette kenntliche, aufrechte, ästige Pflanze. Blätter kahl oder verkahlend, glänzend grün, entlang der Nerven weiß gefleckt, länglich-elliptisch, buchtig gelappt mit dornigem Rand, die unteren in einen Stiel verschmälert oder sitzend, die oberen mit herzförmigem Grund stengelumfassend und mit bis zu 8 mm langen Dornen. Blüten rotviolett, alle röhrenförmig, in lang gestielten, 4 – 8 cm großen, aufrechten oder etwas nickenden Köpfen. Äußere Hüllblätter breiteiförmig, mit großem rundlichen bis lanzettlichen, stachelig gezähntem Anhängsel, das in einem kräftigen, gelben, 2 – 5 cm langen, zurückgebogenen Dorn endet. Früchte 6 – 8 mm, glänzend schwarz mit grauen Flecken, der bis 2 cm große Pappus mit langen äußeren und kurzen inneren Borsten, die am Grunde verbunden sind. Die Früchte, von alters her zur Anregung der Gallensekretion verwendet, haben heute in der Medizin neue Bedeutung erlangt. Der Hauptwirkstoff Silymarin hemmt die Aufnahme von Giften durch die Leber und wird bei Knollenblätterpilz-Vergiftungen eingesetzt, aber auch bei chronischen Leberschäden, Leberentzündungen u. a.
S: Schuttplätze, Wegränder, Viehweiden, auch kultiviert.
V: Mittelmeergebiet, Kanaren, SW-Asien, weiter nördlich gelegentlich verschleppt.

	April – August		0,2 – 1,5 m	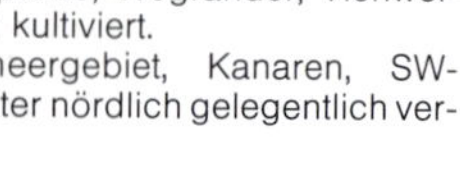

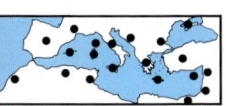

Stern-Flockenblume
Centaurea calcitrapa L.
Korbblütler
Asteraceae (Compositae)

B: Stengel aufsteigend oder aufrecht, kantig und rauh, ungeflügelt, vom Grunde an sparrig verzweigt. Junge Blätter grauwollig, ältere grün, drüsig punktiert und rauhhaarig, die grundständigen gestielt, fiederspaltig mit lanzettlichen, spitzen, entfernt gesägten Abschnitten, zur Blütezeit vertrocknet, Stengelblätter sitzend, fiederteilig bis ganzrandig, stachelig spitz, die obersten lanzettlich oder spießförmig. Köpfchen end- und achselständig sitzend, von Blättern umgeben. Blüten rot oder weißlich, drüsig punktiert, die randständigen kaum vergrößert. Hülle walzlich-eiförmig, 4 – 8 mm breit, Hüllblätter grünlich mit häutigem Rand, undeutlich genervt, die innersten mit einem rundlichen, trockenhäutigen Anhängsel, die äußeren mit einem abstehenden, 10 – 18 mm langen Dorn, der an der Basis stark verdickt ist und beiderseits 1 – 3 Seitendornen von 1 – 3 mm Länge trägt. Früchte etwa 3 mm lang, kahl, weißlich, ohne Pappus.

S: Brachland, Wegränder, Schuttplätze, Weiden.

V: Mittelmeergebiet, SW-Asien, Kanaren, nach Mittel- und W-Europa gelegentlich eingeschleppt.

U: Ähnlich *Centaurea iborica* Trev.: Junge Blätter grün, fein rauh. Hülle eiförmig, 8 – 14 mm breit, mittlerer Dorn der Hüllblätter 15 – 30 mm lang (östliches Mittelmeergebiet, SW-Asien).

	Juli – September		0,1 – 1 m	

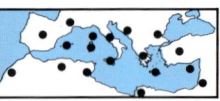

Roter Bocksbart, Haferwurzel
Tragopogon porrifolius L.
Korbblütler
Asteraceae (Compositae)

B: Pflanze kahl bis etwas flockig behaart, mit zylindrischer Wurzel. Blätter lineal, lang zugespitzt, am Grunde verbreitert und halb stengelumfassend. Stengel unter dem Blütenköpfchen keulenförmig verdickt, meist 8 Hüllblätter. Zungenblüten violett, bei der ssp. *porrifolius* etwa so lang wie die Hüllblätter, bei der abgebildeten ssp. *australis* (Jord.) Nym. nur halb so lang. Früchte 3–4 cm, geschnäbelt, alle mit einem Pappus aus fedrigen Haaren, der kürzer als die Frucht ist.
S: Grasfluren, Brachland, Wegränder, früher als Gemüsepflanze wie Schwarzwurzel oder als Zierpflanze kultiviert und verwildert.
V: Mittelmeergebiet, Kanaren.
U: Ähnlich *Tragopogon crocifolius* L.: Pflanze 1- oder 2jährig, am Grunde behaart. Blätter an der Basis kaum verbreitert. Köpfchenstiele nicht verdickt. Hüllblätter 5–12, wenig länger als die Blüten. Äußere Zungenblüten meist violett mit gelbem Grund, innere gelb. Pappus mit fedrigen Haaren, so lang wie die Frucht (S-Europa, NW-Afrika). *Tragopogon hybridus* L. (*Geropogon glaber* L.): Pflanze 1jährig, kahl. Köpfchenstiele verdickt, Hüllblätter 2–3mal so lang wie die violetten Blüten. Äußere Früchte mit einem Pappus aus 5 einfachen steifen Haaren und innere Früchte mit fedrigen Haaren (Mittelmeergebiet, Kanaren, SW-Asien).

	April – Juli		0,2 – 1,2 m	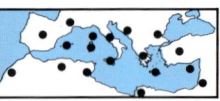

Kretische Osterluzei
Aristolochia cretica Lam.
Osterluzeigewächse
Aristolochiaceae

B: Aufrechte oder niederliegende, behaarte Pflanze. Blätter ungefähr so lang wie breit, nierenförmig bis dreieckig-eiförmig, bis 5,5 cm lang und 6 cm breit, etwa 3 cm lang gestielt. Blüten eindrucksvoll groß, 5 – 12 cm, dunkelpurpurn. Blütenröhre unten bauchig erweitert und U-förmig gebogen, am Saum 2 stumpfe Öhrchen, innen mit langen weißen Haaren. Kapsel 3 – 6 cm lang, eiförmig-länglich.
S: Feuchte Standorte.
V: Kreta und Karpathos.
U: Zahlreiche weitere *Aristolochia*-Arten mit U-förmig gebogenen Blüten sind von Griechenland bis Vorderasien kleinräumig verbreitet, zum Beispiel auf Rhodos und in SW-Anatolien *Aristolochia guichardii* Davis & Khan: Blüten 2 – 3,5 cm lang, purpurn oder dunkelbraun, innen dicht behaart. Stengel nicht breiter als 2 mm. Blätter herzförmig-eiförmig, 3,5 – 5 cm lang und 3,5 cm breit. Auf der Iberischen Halbinsel und in NW-Afrika *Aristolochia baetica* L.: Blüten bräunlich oder schwärzlichpurpurn, 2 – 5 cm lang, an kahlen Stielen. Pflanzen verholzt, oft mehrere Meter kletternd, mit ausdauernden, graugrünen Blättern. Ebenso *Aristolochia sempervirens* L.: Blüten 2 – 4,5 cm lang, bräunlichpurpurn oder gelb mit purpurnen Streifen, an behaarten Stielen. Blätter ausdauernd, dunkelgrün (südliches Mittelmeergebiet).

	Februar – Mai	♃	30 – 60 cm	

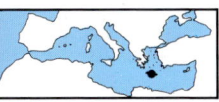

Pistolochia-Osterluzei
Aristolochia pistolochia L.
Osterluzeigewächse
Aristolochiaceae

B: Aufrechte, einfache oder verzweigte, behaarte Pflanze mit zahlreichen länglichen Knollen. Charakteristisch die 1–3 cm langen, dunkelgrünen, wechselständigen Blätter, nur 1–5 mm lang gestielt, eiförmig-dreieckig, am Grunde tief herzförmig, am Rand und auf der Unterseite mit feinen knorpeligen Zähnen oder Warzen. Blüten aufrecht, einzeln in den Blattachseln, 2–5 cm lang, die unten bauchig erweiterte Blütenröhre fast gerade, bräunlich, die Lippe dunkelpurpurn. Kapsel kugelig oder birnförmig, hängend, 2–3 cm lang.

S: Trockene Standorte, auch Kulturland.

V: Westliches Mittelmeergebiet.

U: Zahlreiche weitere Arten mit gerader Blütenröhre: Gestielte Blätter haben die beiden untereinander sehr ähnlichen Arten *Aristolochia pallida* agg. mit kugeliger Knolle, Blüten grüngelb oder bräunlich mit dunkleren Streifen, ihre Stiele etwa 1/2 so lang wie die Blattstiele (S-Europa, westlich bis Frankreich, Kleinasien) und *Aristolochia fontanesii* agg. (*A. longa* L.) mit zylindrischer Knolle, Blüten ohne dunklere Streifen, ihre Stiele etwa so lang wie die Blattstiele (S-Europa, NW-Afrika, Kanaren). Fast sitzende, mehr oder weniger stengelumfassende Blätter hat *Aristolochia rotunda* L. mit kugeliger oder ovaler Knolle. Blüten gelbgrün (S-Europa, NW-Afrika, Kanaren).

	April – Juni	♃	20–60 cm	

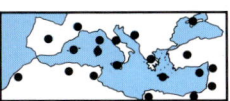

Rankender Erdrauch
Fumaria capreolata L.
Mohngewächse
Papaveraceae

B: Kahle, blaugrüne, schlaffe Pflanze mit niederliegendem bis aufrechtem, zum Teil kletterndem oder verzweigtem Stengel. Blätter gestielt (Stiele oft rankend), doppelt gefiedert, die Endabschnitte länglich oder eiförmig, oft bis 1 cm breit, meist unregelmäßig tief gekerbt. Bis 20blütige lockere Trauben, die kürzer sind als ihr Stiel. 4 Kronblätter, 10–14 mm lang, weißlich oder rosa, vorne dunkelpurpurrot, das obere gespornt. Die beiden hinfälligen Kelchblätter stumpf oder wenig spitz, mehr oder weniger gezähnt, 4–6 mm lang, mit 2–3 mm breiter als die Krone. Ku-

gelige, auch getrocknet glatte, 2 mm große Früchte an zurückgebogenen Stielen, diese gewöhnlich länger als die Tragblätter.
S: Kulturland, Schuttplätze, Mauern.
V: Mittelmeergebiet, W-Europa, selten und unbeständig in Mitteleuropa.
U: Ähnlich *Fumaria flabellata* Gaspar.: Stengel 20–40 cm lang, Trauben 10–30blütig, so lang wie ihr Stiel oder länger. Fruchtstiele zurückgebogen, die trockenen Früchte dicht warzig (S-Europa, NW-Afrika). Bei *Fumaria densiflora* DC. Stengel 10–30 cm lang. Blattfiedern mit linealen, bis 1 mm breiten Zipfeln. Trauben 20–25blütig, anfangs dicht, später verlängert, auf sehr kurzen Stielen. Blüten ziemlich klein, 6–7 mm lang, rosa. Fruchtstiele abstehend, die trockenen Früchte runzelig (Mittelmeergebiet, W-Europa).

	Mai – September	⊙	0,2 – 1 m	

189

Judasbaum
Cercis siliquastrum L.
Johannisbrotgewächse
Caesalpiniaceae

B: Sommergrüner Baum oder Strauch mit rötlichen Zweigen. Blätter in der Regel nach den Blüten erscheinend, 2–6 cm lang gestielt, rundlich, an der Spitze stumpf oder ausgerandet, am Grunde nierenförmig, 7–12 cm im Durchmesser, ganz kahl. Zahlreiche rosarote, in der Kultur auch gelegentlich weiße, 1,5–2 cm große Blüten, 1–2 cm lang gestielt in dichten Büscheln direkt den älteren Zweigen entspringend (Stammblütigkeit, Kauliflorie), schmetterlingsblütenähnlich, jedoch mit aufsteigender Knospendeckung: Die beiden unteren Kronblätter überdecken die beiden seitlichen und diese das obere, während es bei den Fabaceen umgekehrt ist. 10 freie Staubblätter, Kelch etwa 5 mm lang, breit glockenförmig. Hülsen 6–15 cm lang und bis 2 cm breit, zusammengedrückt, an der Bauchnaht schmal geflügelt, rotbraun, mit zahlreichen, linsenförmigen Samen. Bei der typischen Unterart Kelche, Blütenstiele und Früchte kahl, bei der ssp. *hebecarpa* (Bornm.) Jalt. behaart (nur SW-Asien). Nach der Überlieferung hat sich Judas an einem Baum dieser Art erhängt, daher soll dieser noch heute krumm wachsen.

S: Auenwälder, Macchien, auch felsige Hänge, Zierbaum.

V: Ursprünglich im östlichen Mittelmeergebiet und SW-Asien, heute in der ganzen Mediterraneis kultiviert und gelegentlich verwildert.

	März–April		2–10 m	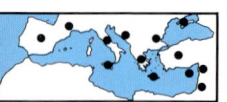

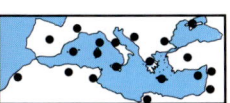

Rote Platterbse, Kleine Kicher
Lathyrus cicera L.
Schmetterlingsblütler
Fabaceae (Papilionaceae)

B: Stengel der zierlichen Pflanze schmal geflügelt. Blätter meist nur mit 1 Paar lineallanzettlicher, bis 9 cm langer und 1–6 mm breiter Fiedern, die oberen mit einfacher oder verzweigter Ranke. Nebenblätter halbspießförmig, 1–2 cm, etwa so lang wie der schmal geflügelte Blattstiel oder etwas länger. Blüten einzeln an 1–3 cm langen Stielen, mit 10–14 mm langer, purpurroter Krone. Kelchzähne etwa gleich, 2–3mal so lang wie die Röhre, Hülse 20–40 x 5–10 mm, kahl, mit 2 Kielen auf der Rückennaht. Samen 2–6, kantig.

S: Kulturland, Brachland, Grasfluren, als Futterpflanze kultiviert.
V: Mittelmeergebiet, Kanaren, SW-Asien.
U: Von den im Mittelmeergebiet verbreiteten Arten sind u. a. ähnlich: *Lathyrus inconspicuus* L., Stengel 10–30 cm, ungeflügelt, Blätter ohne oder mit einfacher Ranke, Fiederblätter 25–40 x 1–4 mm. Blüten 4–9 mm, blaßpurpurn, 2–5 mm lang gestielt. Kelchzähne so lang wie die Röhre. Junge Hülsen dicht behaart, später verkahlend, 30–60 x 2–5 mm, mit 5–14 glatten Samen. *Lathyrus setifolius* L., Stengel 10–60 cm, schmal geflügelt, Fiederblätter 20–90 x 0,5–3 mm. Blüten 8–11 mm, orangerot, 1–4 cm lang gestielt. Hülse nur auf der Rückennaht bleibend behaart, 15–30 x 7–11 mm, mit 2–3 fein warzigen Samen.

| | März – Juni | ☉ | 0,2 – 1 m | |

191

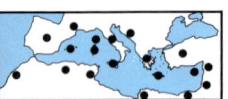

Stern-Klee
Trifolium stellatum L.
Schmetterlingsblütler
Fabaceae (Papilionaceae)

B: Stengel weich abstehend behaart, einfach oder vom Grunde an verzweigt. Blätter lang gestielt, 3zählig, die Teilblättchen 8–12 mm, verkehrtherzförmig, zur Spitze hin gezähnt. Nebenblätter groß, eiförmig, häutig und grünnervig, gezähnt. Blüten in rundlichen bis eiförmigen, 15–25 mm langen, 3–10 cm lang gestielten, einzelnen Köpfchen. Charakteristisch die lang zugespitzten, 3nervigen Kelchzähne, die, 2mal so lang wie die Röhre, zunächst aufrecht, zur Fruchtzeit aber weit sternförmig abstehen und innen auffällig rotbraun gefärbt sind. Daneben unscheinbar die 8–12 mm langen, rosa oder weißen Blütenkronen, die kaum länger sind als der außen seidenhaarige, 10nervige Kelch.

S: Kulturland, Wegränder, Garigues.
V: Mittelmeergebiet, Kanaren, SW-Asien.
U: Im östlichen Mittelmeergebiet ähnlich *Trifolium dasyurum* Presl.: Pflanze kräftiger, oberste Blätter fast gegenständig, ganzrandig, Blütenköpfchen locker, 20–35 mm, oft zu 2. Kelchzähne bis zu 4mal so lang wie die Röhre. Zahlreiche weitere 1jährige Arten, z. T. mit interessanten Kelchbildungen, z.B. bei *Trifolium tomentosum* L. Oberlippe des weißfilzigen Kelches zur Fruchtzeit fast kugelig aufgeblasen. Blüten in dichten, kugeligen Köpfchen (Mittelmeergebiet, Kanaren, SW-Asien).

	März – Juli		5–25 cm	

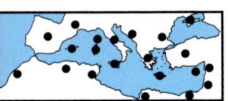

Schmalblättriger Klee
Trifolium angustifolium L.
Schmetterlingsblütler
Fabaceae (Papilionaceae)

B: Stengel anliegend behaart, aufrecht, am Grunde verzweigt, die seitlichen Triebe aufsteigend und kürzer. Blätter gestielt, 3zählig, mit 2 – 8 cm langen und nur 2 – 4 mm breiten, bei den oberen Blättern spitzen, bei den unteren stumpfen, ganzrandigen Teilblättchen. Blütenköpfchen schmal eiförmig bis zylindrisch, 2 – 8 cm lang, einzeln auf 2 – 4 cm langen Stielen. Blüten sich alle zur selben Zeit öffnend, rosa, 10 – 12 mm lang, kürzer als der Kelch oder ebenso lang. Kelchzähne etwa gleich, borstlich-pfriemlich, bewimpert, zur Fruchtzeit sternförmig ausgebreitet.

S: Kulturland, Brachland, Wegränder, Garigues, kalkmeidend.
V: Mittelmeergebiet, Kanaren, SW-Asien.
U: Ähnlich *Trifolium purpureum* Loisel.: Stengel oben oft verzweigt und mit mehr oder weniger abstehenden Haaren. Blüten sich von unten nach oben öffnend. Krone 16 – 25 mm lang, leuchtend rot, den Kelch überragend. Kelchzähne meist sehr ungleich lang (vorwiegend im östlichen Mittelmeergebiet). Außerdem zahlreiche zum Teil weit verbreitete, zum Teil kleinräumig endemische Arten. Leicht kenntlich ist *Trifolium uniflorum* L. mit nur 1 – 3blütigen Köpfchen. Blütenkrone 15 – 20 mm, weiß, purpurn oder zweifarbig. Teilblättchen rundlich (östliches Mittelmeergebiet, westlich bis Sizilien, S-Italien).

	April – Juli		10 – 60 cm	

Kronen-Süßklee
Hedysarum coronarium L.
Schmetterlingsblütler
Fabaceae (Papilionaceae)

B: Kräftige krautige, aufsteigende bis aufrechte Pflanze. Blätter mit 5 – 11 breiteiförmigen, 1,5 – 3,5 cm langen, oberseits nahezu kahlen, unterseits angedrückt behaarten Fiedern. Die 12 – 15 mm langen, auffällig leuchtend karminroten Blüten zu 10 – 35 in langgestielten und aufrecht abstehenden, dichten, länglichen Trauben. Kelch 7 – 8 mm, spärlich bis dicht behaart, die 5 etwa gleich großen Zähne ungefähr so lang wie die Kelchröhre. Hülse flach, zwischen den 2 – 4 Samen eingeschnürt, mit kleinen Dornen besetzt, sonst kahl.
S: Kulturland, Brachland, Wegränder, auch als Futter- und Zierpflanze angebaut und verwildert.
V: Mittelmeergebiet, gebietsweise nur eingebürgert.
U: Von der besonders in Asien artenreichen Gattung sind nur wenige Vertreter im Mittelmeergebiet verbreitet, u. a. die beiden 1jährigen Arten *Hedysarum glomeratum* F. Dietr.: Blätter mit 17 – 21 elliptischen bis verkehrteiförmigen, 4 – 6 mm langen Fiedern, Blüten rosarot, 14 – 20 mm lang, Hülse meist mit 2 Gliedern, bewimpert und mit Dornen (S-Europa, NW-Afrika) und ähnlich *Hedysarum spinosissimum* L.: Blätter mit (5 –)9 – 17 schmalen, 5 – 12 mm langen Fiedern, Blüten weiß bis blaßrosa, 8 – 11 mm lang, Hülse mit 2 – 4 Gliedern, wollig behaart und mit hakig gekrümmten Stacheln (Mittelmeergebiet).

	April – Juni	☉ ♃	0,3 – 1 m	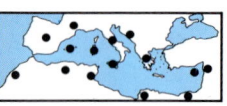

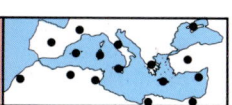

Rote Spargelbohne
Tetragonolobus purpureus Moench
Schmetterlingsblütler
Fabaceae (Papilionaceae)

B: Aufsteigende bis aufrechte, weich abstehend behaarte Pflanze. Blätter wie bei Hornklee-Arten 5zählig, die Endblättchen breit verkehrteiförmig bis rhombisch, bis 4 x 2,5 cm groß, die 2 unteren kleiner, zugespitzt eiförmig, nebenblattartig. Blüten einzeln oder zu zweien, 15 – 22 mm lang, lebhaft scharlachrot, am Grunde mit einem 3zähligen, sitzenden Blättchen, ihr Stiel kürzer bis wenig länger als das zugehörige Laubblatt. Kelchzähne 1 – 2mal so lang wie die Kelchröhre. Hülse 3 – 9 cm x 6 – 8 mm, kahl, mit 4 wenigstens 2 mm breiten, welligen Flügeln.

S: Kulturland, Wegränder, Grasfluren, früher wegen der eßbaren Hülsen (jung wie Bohnen, Spargel oder als Salat zubereitet) oder als Grünfutter gelegentlich angebaut.

V: Mittelmeergebiet, Kanaren.

U: Ähnlich *Tetragonolobus requienii* (Mauri ex Sanguin.) Sanguin.: Blüten rot, gelb oder zweifarbig, 13 – 15 mm lang, Kelchzähne 2 – 3mal so lang wie die Kelchröhre, Hülse mit nur 2 Flügeln (südliches Mittelmeergebiet). Bei der gelbblütigen, an Feuchtstellen vorkommenden Art *Tetragonolobus maritimus* (L.) Roth Stiel des Blütenstandes wenigstens 2mal so lang wie die Blätter. Kelchzähne kürzer als die Kelchröhre, Blüten einzeln, 2,5 – 3 cm lang. Pflanze ausdauernd, meist bläulichgrün (Mittelmeergebiet, im Süden selten, nördlich bis S-Schweden).

	März – Juni		10 – 40 cm	

Kopfiger Thymian .
Coridothymus capitatus (L.) Rchb.f.
(Thymus capitatus (L.) Hoffm. & Lk.)
Lippenblütler
Lamiaceae (Labiatae)

B: Stark aromatisch duftender, häufig kugelbuschartiger Zwergstrauch mit weißfilzigen Zweigen. Blätter wie auch der Blütenstand mit zahlreichen rötlichen, sitzenden Öldrüsen, schmal lineallanzettlich, fast dreikantig, am Rande nicht umgerollt, nur am Grunde gewimpert, sonst kahl, 6–10 mm lang und 1–1,2 mm breit, während der trockenen Jahreszeit häufig abfallend (Winterblätter). In ihren Achseln Büschel von kleinen Blättern, die die Trockenperiode überdauern (Sommerblätter). Blüten in eiförmigen dichten Köpf-

chen, die rosaroten Blütenkronen bis 10 mm lang, mit 2spaltiger Oberlippe. Kelche im Gegensatz zu denen der Thymian-Arten auf dem Rücken flach und mit 20–22 Nerven, 2lippig, die Oberlippe kürzer als die untere, alle Zähne gewimpert. Hochblätter grünlich, eiförmig bis lanzettlich, gewimpert, dachziegelförmig angeordnet und die Kelche bedeckend, 6 mm lang und 2 mm breit. Der Kopfige Thymian wurde teilweise auch zur Gattung *Thymus* gestellt. Innerhalb der heute abgetrennten Gattung *Coridothymus* ist er die einzige Art.
S: In Garigues oft bestandsbildend, lichte Kiefernwälder, vor allem auf Kalk.
V: Mittelmeergebiet, Verbreitungsschwerpunkt in den Trockengebieten des südlichen Teiles.

	Mai–September		20–50 cm	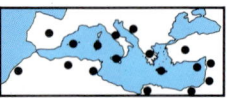

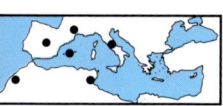

Echter Thymian
Thymus vulgaris L.
Lippenblütler
Lamiaceae (Labiatae)

B: Stark aromatisch duftender Zwergstrauch mit grau behaarten, aufrechten 4kantigen Zweigen. Die graugrünen, dicht filzigen Blätter kurz gestielt, lineal bis elliptisch, an der Spitze stumpf, mit vorstehendem Mittelnerv und eingerollten Blatträndern, nicht gewimpert, 3 – 8 mm lang und 0,5 – 2,5 mm breit, die achselständigen Blattbüschel kaum überragend. Blütenstand kopfig oder unterbrochen ährenförmig, Scheinquirle aus 3 – 6 Blüten in den Achseln von blattähnlichen Hochblättern. Blütenkrone weißlich bis blaßpurpurn, 4 – 6 mm lang. Kelch glockenför-

mig, 10 – 13nervig, 3 – 4 mm lang, steifhaarig, 2lippig, die oberen Zähne so lang wie breit, nicht gewimpert. Die als Küchengewürz bekannte Pflanze wird auch als schleimlösendes und krampflinderndes Mittel bei Husten genutzt, das ätherische Öl wegen seiner keimtötenden und geruchshemmenden Eigenschaften (Thymolgehalt) u. a. in Mund- und Rasierwässern.
S: Garigues auf Kalk, in den spanischen „Tomillares" namengebende, oft große Bestände bildende Charakterpflanze.
V: Westliches Mittelmeergebiet, kultiviert auch weiter verbreitet.
U: Ähnlich *Thymus zygis* L.: Blätter am Grunde gewimpert. Scheinquirle aus mehr als 6 weißlichen Blüten, Verwendung wie Echter Thymian (westliches Mittelmeergebiet).

	April – Juli		10 – 30 cm	

197

Moschus-Günsel
Ajuga iva (L.) Schreb.
Lippenblütler
Lamiaceae (Labiatae)

B: Niederliegende oder aufsteigende, verzweigte, am Grunde verholzte, wollig bis zottig behaarte Pflanze. Die zahlreichen Blätter lineallänglich, 14 – 35 mm lang und 3 – 6(– 8) mm breit, ganzrandig oder mit 2 – 6 stumpfen Zähnen in der vorderen Hälfte. Blüten schwach aromatisch, zu 2 – 4 in den Blattachseln, von den Tragblättern überragt, einen dichten Blütenstand bildend. Krone purpurn, rosa oder gelb, 1,2 – 2 cm lang, innen mit einem Haarring. Oberlippe sehr kurz, ungeteilt, Unterlippe 3lappig mit größerem, ausgerandetem Mittellappen. Staubfäden behaart, aus

der Krone herausragend. Kelch 3,5 – 4,5 mm, die Zähne ungefähr so lang wie die Röhre.
S: Felstriften, Garigues, Trockenrasen, Brachland.
V. Mittelmeergebiet, Kanaren.
U: Ähnlich *Ajuga chamaepitys* (L.) Schreb.: Pflanze 1jährig bis ausdauernd. Blätter dicht gedrängt, meist dreigeteilt mit linealen, 0,5 – 2 mm breiten, manchmal 3fiedrigen Abschnitten. Blüten zu 1 – 2 in den Blattachseln, mit gelber, oft rotbraun gezeichneter, 7 – 15 mm langer Krone. Sehr formenreiche Art mit mehreren Unterarten besonders im Osten, u.a. die ssp. *chia* (Schreb.) Arc. mit 1,5 – 3 mm breiten Blattabschnitten und 18 – 25 mm langer Krone (Mittelmeergebiet, östlich bis Zentralasien, in Mitteleuropa in wärmeren Gebieten eingebürgert).

	April – Oktober	♃	5 – 20 cm	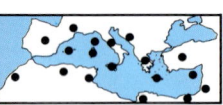

Dreilappiges Zymbelkraut
Cymbalaria aequitriloba (Viv.)
A. Chev.
(*Linaria aequitriloba* (Viv.) Spreng.)
Rachenblütler
Scrophulariaceae

B: Zierliche niederliegende Pflanze mit behaarten Stengeln. Blätter behaart, meist wechselständig, manchmal einige auch gegenständig, rundlich bis nierenförmig, ganzrandig oder mit 3(–5) rundlichen Lappen, der mittlere nicht viel größer als die beiden anschließenden seitlichen. Blüten einzeln, langgestielt in den Blattachseln. Krone violett oder blaßblau bis weißlich (nur auf Menorca), 8–13 mm, mit 2–3 mm langem Sporn und einer 2lappigen Ober- und 3lappigen Unterlippe. Kelch

etwa 2,5 mm, tief 5lappig. Kapsel kahl, den Kelch nur wenig überragend.
S: Schattige Fels- und Mauerspalten.
V: Balearen, Korsika, Sardinien, Giglio.
U: Daneben auf Korsika auch *Cymbalaria hepaticifolia* (Poir.) Wettst., Blüten groß, 15–18 mm, mit 4–5 mm langem Sporn, auf Sardinien *Cymbalaria muelleri* (Moris) A. Chev., gekennzeichnet durch fleischige, zerbrechliche Blätter. Im östlichen Mittelmeergebiet u. a. *Cymbalaria microcalyx* (Boiss.) Wettst., Blätter behaart, mit 3–5 rundlichen Lappen. Blüten blaßviolett mit gelbem Schlund. Kapsel behaart. Weit verbreitet auch bis Mitteleuropa ist *Cymbalaria muralis* G. M. Sch., Blätter kahl oder behaart, mit 5–9 eiförmig-spitzen Lappen. Blüten violett mit gelbem Schlund. Kapsel kahl.

	April–Juli	♃	10–30 cm	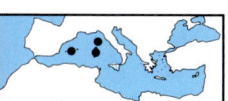

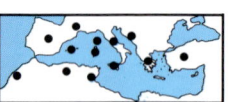

Windendes Geißblatt,
Winter-Geißblatt
Lonicera implexa Ait.
Geißblattgewächse
Caprifoliaceae

B: Immergrüner Halbstrauch mit windenden, kahlen, blaugrünen Zweigen. Die gegenständigen, sitzenden, am Grunde geöhrten, eiförmig-elliptischen bespitzten Blätter 2–8 cm lang und (0,5–)2–4 cm breit, ledrig, auf der Oberseite dunkelgrün glänzend, auf der Unterseite blaugrün, am Rand durchscheinend, gewöhnlich kahl. Obere Blätter der blühenden Zweige am Grunde miteinander verwachsen, in ihren Achseln stark duftende Blüten wirtelig zu 2–6 sitzend. Die 2lippige Blütenkrone 2,5–4,5 cm lang, gelblich-weiß, rot überlaufen, Blütenröhre innen behaart, außen drüsenhaarig, 3–4mal so lang wie der Saum. Griffel in der oberen Hälfte behaart. Rote Beeren.

S: Wälder, Macchien, Hecken, auch als Zierstrauch.

V: Mittelmeergebiet.

U: *Lonicera etrusca* Santi, eine laubwerfende Art mit unterseits meist behaarten Blättern. Obere Blätter paarweise miteinander verwachsen. Blüten zu 8–12 in 3–5 cm lang gestielten Blütenständen. Röhre der Blütenkrone 1,5mal so lang wie der Saum, innen und außen kahl. Griffel kahl (Mittelmeergebiet). Ebenfalls laubwerfend *Lonicera caprifolium* L., Blätter kahl, Blütenstände ohne Stiel den verwachsenen Blättern aufsitzend (SO-Europa, sonst verwildert und eingebürgert).

	April–Juni		1–2 m	

Rote Spornblume
Centranthus ruber (L.) DC.
Baldriangewächse
Valerianaceae

B: Kahle, aufrechte oder aufsteigende Pflanze. Blätter wie die Stengel blaugrün bereift, gegenständig, 3–8 cm lang und 1–5 cm breit, spitz eiförmiglanzettlich, die grundständigen gestielt, die oberen mit verschmälertem bis breitherzförmigem Grund sitzend, oft schwach unregelmäßig gezähnt. Blüten kurz gestielt, rosarot in Trugdolden, Krone mit 7–10 mm langer enger Röhre und ungleich 5lappigem Saum, der dünne Sporn 4–7 mm lang. Ein einziges, herausragendes Staubblatt. Früchte mit fedrigem Haarschopf.
S: Felsspalten, Felsschutt, Mauern.

V: Mittelmeergebiet, Kanaren, auch weiter als Zierpflanze kultiviert und verwildert.
U: *Centranthus angustifolius* (Mill.) DC.: Pflanze ausdauernd, 30–80 cm hoch, Blätter sehr schmal, ganzrandig, 3–10 cm lang und 2–4 mm breit, in ihren Achseln Büschel kleiner Blättchen. Blüten rosa, Kronröhre 6–9 mm, mit 2–4 mm langem Sporn (Frankreich, Italien, Schweiz, NW-Afrika). Dagegen 1jährig *Centranthus calcitrapae* (L.) Dufresne: Pflanze nur 5–40 cm hoch, untere Blätter gewöhnlich einfach, rundlich, gekerbt, obere tief geteilt mit linealen Lappen. Blüten rosa oder weiß, Kronröhre klein, 1–3 mm, am Grunde mit sackartiger Ausstülpung (S-Europa, Kleinasien, NW-Afrika, Kanaren).

	April–September	♃	30–80 cm	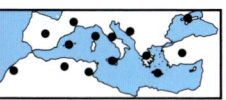

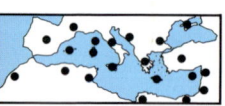

Saat-Siegwurz
Gladiolus italicus Mill.
(*G. segetum* Ker-Gawl.)
Schwertliliengewächse
Iridaceae

B: Im Vergleich zu unseren Garten-Gladiolen zierliche Pflanze. Blätter 3 – 5, bis 16 mm breit und bis 65 cm lang, schmallanzettlich, allmählich zugespitzt. Blüten zu 6 – 16 in lockerer, schwach 2zeiliger und einseitswendiger, einfacher Ähre, gestützt von jeweils 1 langen und 1 kurzen Hochblatt, wobei die unteren Hochblätter oft den Stengelblättern ähneln. Die 6 Blütenhüllblätter rosarot, fast 2lippig, unten zu einer kurzen Röhre verwachsen, die seitlichen lineal-keilförmig, das obere breiter und länger, von den seitlichen deutlich abgesetzt. Staubbeutel länger als die Staubfäden. Samen kugelig-birnförmig, nicht geflügelt.

S: Kulturland, vor allem Getreidefelder, auf dem Bild rechts zusammen mit *Muscari comosum.*

V: Mittelmeergebiet bis Zentralasien, Kanaren.

U: Staubbeutel so lang wie die Staubfäden oder kürzer und geflügelte Samen bei *Gladiolus illyricus* Koch: Pflanze nur 20 – 60 cm hoch, Blätter 4 – 10 mm breit und 10 – 40 cm lang, Blüten in 3 – 10blütigen Ähren, die manchmal 1 Seitenzweig tragen (S- und W-Europa, Kleinasien) und *Gladiolus communis* L.: Pflanze größer, 50 – 100 cm hoch, Blätter 5 – 22 mm breit und 30 – 70 cm lang, Ähre 10 – 20blütig, häufig mit 1 – 3 Seitenzweigen (S-Europa, N-Afrika).

	April – Mai	♃	50 – 100 cm	

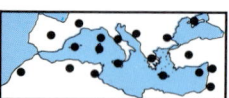

Violetter Dingel
Limodorum abortivum (L.) Swartz
Orchideen
Orchidaceae

B: Orchidee ohne grüne Blätter, der stahlblaue bis schmutzig-violette, kräftige Stengel nur mit scheidigen, ebenso gefärbten Schuppenblättern. Blütenstand locker 4–25blütig, 10–30 cm lang. Tragblätter länger als die Fruchtknoten. Blüten hellviolett, dunkler geadert, sich weit öffnend, äußere Hüllblätter aufrecht-abstehend, 16–25 mm lang, die beiden seitlichen inneren schmaler und etwas kürzer. Lippe beim Verblühen schmutzig gelb, 14–22 mm lang, ungeteilt, am Rand nach oben gebogen und wellig gekerbt, am verbreiterten Grund eingeschnürt. Der eiförmige vordere Teil 7–12 mm breit. Sporn 15–25 mm, etwa so lang wie der Fruchtknoten, schlank, abwärts gerichtet.

S: Lichte sommer- und immergrüne Wälder, Gebüsche, Rasen, bis in die Bergstufe, vorwiegend auf Kalk.

V: Mittelmeergebiet, nördlich bis in die wärmsten Bereiche Mitteleuropas, östlich bis in den Iran.

U: Ähnlich *Limodorum trabutianum* Batt., oft mit *L. abortivum* am selben Standort: Blüten sich kaum öffnend, die Hüllblätter schmaler als bei der obigen Art und nach vorne gerichtet. Lippe nur undeutlich gegliedert, bis 18 mm lang, der spatelförmige vordere Teil 3–5 mm breit. Sporn sackförmig, 1–4 mm (NW-Afrika, selten auf der Iberischen Halbinsel und bis zur französischen Atlantikküste).

	April – Juli	♃	30 – 80 cm	

Keuschorchis,
Gefleckte Waldwurz
Neotinea maculata (Desf.) Stearn
(*N. intacta* (Link) Rchb. f.)
Orchideen
Orchidaceae

B: Blätter 3–6, blaugrün, reihenförmig schwarzbraun gefleckt oder ungefleckt, die unteren zu 1–3 grundständig, länglich-elliptisch, bespitzt, abstehend, 3–12 cm lang und 1–4,5 cm breit, die oberen kleiner und aufrecht, scheidig den Stengel umfassend. Blüten in schlanker, dichter und reichblütiger, 2–8 cm langer Ähre. Tragblätter weißlich, kürzer als die Fruchtknoten. Blüten nach Vanille duftend, ihre Hüllblätter schmutzig rosa bis gelblich oder grünlichweiß, die äußeren 3–4 mm lang, mit den beiden etwas kürzeren, seitlichen inneren zu einem Helm zusammenneigend. Lippe meist rötlich gefleckt, kaum länger, schräg abwärts gerichtet, flach und dreilappig, der an der Spitze 3zähnige Mittellappen oft länger als die linealen, häufig spreizenden Seitenlappen. Sporn sehr kurz, bis 2 mm, stumpf, nach unten weisend.

Einzige Art der Gattung *Neotinea,* nahe verwandt mit *Orchis* und *Aceras.* Die Keuschorchis ist wohl die unscheinbarste der mediterranen Orchideen.

S: Immergrüne Laub- und Nadelwälder, Gebüsche, Rasen, bis in die Bergstufe, oft auf kalkhaltigen Böden.

V: Mittelmeergebiet, W-Irland und Isle of Man, Kanaren.

	März – Mai	♃	8–25 (–40) cm	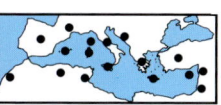

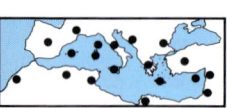

Schmetterlings-Knabenkraut
Orchis papilionacea L.
Orchideen
Orchidaceae

B: Blätter 6–10, am Grunde rosettig gehäuft, schmallanzettlich, 4–13 cm lang und 0,5–2,5 cm breit, aufrecht, ungefleckt, die oberen 2–3 Blätter scheidenartig, den Blütenstand erreichend. Dieser eiförmig, locker 3–15blütig, mit oft purpurnen Tragblättern, die etwa so lang wie die Fruchtknoten sind. Blütenhüllblätter braunpurpurn mit dunklen Nerven, die äußeren 10–15 mm lang und zugespitzt, die inneren kürzer, locker helmartig zusammenneigend. Lippe 12–16 mm, ungeteilt, vorne fächerförmig verbreitert und flach, oft mit gewelltem oder unregelmäßig gezähn-

tem Rand, weißlich oder rosa bis karminrot, häufig mit dunkelroten Strichen oder Punkten. Sporn waagerecht oder nach unten gerichtet, etwas kürzer als der Fruchtknoten. Pflanzen im westlichen Mittelmeergebiet mit 20–25 mm großer Lippe werden als var. *grandiflora* Boiss. bezeichnet.

S: Grasfluren, Macchien, lichte Wälder, vorwiegend auf Kalk.

V: Mittelmeergebiet, Kaukasus.

U: *Orchis boryi* Rchb. f.: Der lockere Blütenstand von oben nach unten aufblühend. Äußere Hüllblätter 7–10 mm lang, innere kürzer. Lippe schwach 3lappig, 8–10 mm, hellrosa, violett berandet, am Grunde mit 4–6 kleinen violetten Punkten. Sporn dünn und lang, waagerecht oder etwas aufwärts gekrümmt, kaum kürzer als der Fruchtknoten (S-Griechenland, Kreta).

	Februar–Mai	♃	20–40 cm	

Kleines Knabenkraut
Orchis morio L.
Orchideen
Orchidaceae

B: Blätter 6–9, lanzettlich, bespitzt, ungefleckt, die unteren rosettig, bis 14 cm lang und 2 cm breit. 2–4 Blätter den Stengel scheidig umfassend. Blütenstand 3–25blütig, von unten nach oben aufblühend. 5 Blütenhüllblätter zu einem Helm zusammenneigend, rosa, weiß oder purpurrot mit grünlichen Nerven. Lippe in der Mitte heller, meist mit dunklen Flecken, 3lappig, der Mittelabschnitt oft ausgerandet, ohne Zähnchen in der Mitte. Sporn leicht nach oben gebogen. Mehrere Unterarten. Bei der abgebildeten ssp. *picta* (Lois.) K. Richter äußere Blütenhüllblät-
ter 6–8 mm, Sporn gewöhnlich so lang wie der Fruchtknoten, zur Spitze hin verschmälert (S-Europa bis zum Kaukasus, NW-Afrika), die ssp. *morio* mit 8–10 langen Hüllblättern, Sporn kürzer als der Fruchtknoten (fast im ganzen Verbreitungsgebiet der Art), die ssp. *syriaca* Camus & Bergon mit gelblichweißer oder rosa, ungefleckter Lippe (Zypern, S-Anatolien bis zum Libanon).
S: Grasfluren, Garigues, lichte Wälder, auf kalkhaltigen Boden.
V: Fast ganz Europa, östlich bis Persien, NW-Afrika.
U: Ähnlich *Orchis champagneuxii* Barn. mit nur 2–10 Blüten im Blütenstand. Lippe in der Mitte hell bis fast weiß, meist ungefleckt. Sporn zur Spitze hin breiter (S-Frankreich, Iberische Halbinsel, Marokko).

	März–Mai	♃	10–50 cm	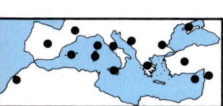

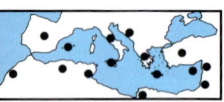

Italienisches Knabenkraut
Orchis italica Poir.
Orchideen
Orchidaceae

B: Blätter 5 – 8, die meisten am Grunde rosettig gehäuft, länglich-lanzettlich mit gewelltem Rand, gefleckt oder ungefleckt, 5 – 11 cm lang und 1,5 – 2,5 cm breit, 2 – 3 scheidige Blätter am kräftigen Stiel. Blütenstand eiförmig, 3,5 – 6,5 cm lang, dicht und reichblütig, von unten nach oben aufblühend. Tragblätter 1nervig, häutig, höchstens 1/3 so lang wie die Fruchtknoten. Blütenhüllblätter rosa mit dunkleren Nerven, zugespitzt, zu einem Helm zusammenneigend, die äußeren 9 – 12 mm lang, die inneren kleiner. Lippe 12 – 16 mm, weiß oder rosa mit roten Punkten, tief 3spaltig, der Mittellappen nochmals geteilt und zwischen den beiden Abschnitten ein verlängertes spitzes Zähnchen. Alle Abschnitte lineal und spitz und leicht nach oben gebogen. Sporn 6 mm, dünn, abwärts gerichtet, etwa halb so lang wie der Fruchtknoten.
S: Grasfluren, Macchien, lichte Wälder, vor allem auf Kalk.
V: Mittelmeergebiet.
U: *Orchis simia* Lam.: Blätter ungefleckt, mit glattem Rand. Blütenstand 3 – 7 cm lang, von oben nach unten aufblühend. Blüten von der Gestalt eines Äffchens, ähnlich wie bei obiger Art, aber alle 4 Abschnitte der Lippe am Ende stumpf und gebogen, meist dunkelrot gefärbt (Mittelmeergebiet, SW-Asien, vereinzelt bis S-England und Mitteleuropa).

	März – Mai	♃	20 – 40 cm	

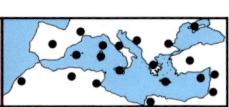

Wanzen-Knabenkraut
Orchis coriophora L.
Orchideen
Orchidaceae

B: Blätter 4 – 10, am Grunde rosettig gehäuft, schmallanzettlich, 5 – 15 cm lang und 0,8 – 2 cm breit, gefaltet, ungefleckt. Obere Blätter scheidig den Stengel umfassend. Blütenstand 5 – 15 cm, länglich, ziemlich dicht und reichblütig, mit 1nervigen Tragblättern. Blüten bei der abgebildeten ssp. *fragrans* (Pollini) Sudre meist wohlriechend, aber auch geruchlos, braunrot und grün gefärbt. Blütenhüllblätter zugespitzt, einen geschnäbelten Helm bildend, die äußeren 7 – 10 mm lang. Die gefleckte Lippe 8 – 10 mm lang, 3lappig, Mittellappen etwas schmaler und deutlich länger als die Seitenlappen. Sporn hell, nach unten gerichtet, so lang wie die Lippe oder länger. Bei der ssp. *coriophora* Blüten mit Wanzengeruch, insgesamt dunkler gefärbt, Lippe 6 – 8 mm, Mittellappen kaum länger als die seitlichen. Sporn nur halb so lang wie die Lippe. Übergangsformen sind häufig.

S: Grasfluren, Macchien, lichte Wälder, auch an feuchten Standorten.

V: Mittelmeergebiet, nördlich bis Mittel- und O Europa, östlich bis in den Iran.

U: Ähnlich *Orchis sancta* L.: Untere Tragblätter 3 – 5nervig. Blütenhüllblätter lang zugespitzt, die äußeren 9 – 12 mm. Lippe ohne Flecken, 3lappig mit langem Mittellappen, Seitenlappen grob gesägt. Sporn hakenförmig nach unten gekrümmt (Ägäis bis Palästina).

	April – Juni		15 – 40 cm	

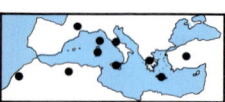

Milchweißes Knabenkraut
Orchis lactea Poir.
Orchideen
Orchidaceae

B: Blätter 6 – 8, hellgrün, ungefleckt oder kaum gefleckt, die grundständigen breit eiförmig-lanzettlich, 4 – 9 cm lang und 1,5 – 2,5 cm breit. 2 – 3 Blätter den kräftigen Stengel scheidig umfassend. Tragblätter etwa so lang wie die Fruchtknoten. Blütenstand 2,5 – 5 cm lang, eiförmig, dicht. Blütenhüllblätter blaßrosa, zu einem Helm zusammenneigend, die äußeren lang zugespitzt und nach außen umgebogen, dunkel geadert, im Zentrum grünlich oder ganz grün. Lippe 6 – 8 mm, weißlich bis rosa, rot gefleckt, tief 3gelappt mit 2spaltigem Mittelteil, die Lappen nach unten gebogen. Sporn dick, 6 mm lang, abwärts gerichtet.

S: Grasfluren, Macchien, lichte Wälder, bis in die Bergstufe, kalkliebend.

V; Fast im ganzen Mittelmeergebiet, jedoch nur lokal.

U: Von obiger Art abgetrennt wird *Orchis conica* Willd.: Blütenstand eiförmig bis lang zylindrisch, Lippe nur 5 – 7 mm lang (westliches Mittelmeergebiet). Ähnlich auch *Orchis tridentata* Scop.: Pflanze größer, 15 – 45 cm. Blätter blaugrün, ungefleckt. Blütenstand halbkugelig und dicht. Blüten weiß, rosa oder hell violett, äußere Hüllblätter ohne Grün. Seiten- und Mittellappen der Lippe nach oben gebogen oder flach (von S-Frankreich bis zum Kaukasus, Kleinasien und Palästina, selten in Mitteleuropa).

	Februar – April	♃	7 – 20 cm	

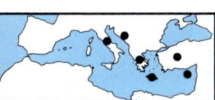

Vierpunkt-Knabenkraut
Orchis quadripunctata Ten.
Orchideen
Orchidaceae

B: Grundblätter 2–4, länglich-lanzett-lich, 5–12 cm lang und 0,7–1,5 cm breit, gefleckt oder ungefleckt, rosettig gehäuft. 1–2 scheidige Stengelblätter. Blütenstand locker 8–35blütig, bis 10 cm lang, von unten nach oben aufblü-hend, Tragblätter bis fast so lang wie die Fruchtknoten. Blüten 9–13 mm, weiß, rosa bis purpurviolett, die äußeren Hüll-blätter 3–5 mm, abgerundet und alle abstehend, die 2 seitlichen inneren klei-ner und gewölbt, zusammenneigend. Lippe 5–7 mm, etwa gleichmäßig tief 3lappig, flach, am Grunde hell, meist mit 4 dunkelroten Punkten, von denen 2 von außen oft nicht sichtbar sind. Sporn dünn und lang, 8–14 mm, abwärts gerichtet.
S: Felsfluren, Grasfluren, Garigues, kalkliebend.
V: Östliches und zentrales Mittelmeer-gebiet.
U: Nahe verwandt *Orchis brancifortii* Biv. mit kleineren Blüten, die 4 Punkte oft verschmolzen. Seitenlappen kleiner als der Mittellappen (Sardinien, Sizi-lien). *Orchis anatolica* Boiss.: Blätter meist gefleckt. Blütenstand nur 2–15blütig. Die 3lappige Lippe 8–14 mm lang, nach unten gefaltet, am Grunde weißlich mit dunkelroten Punkten. Sporn nach oben gerichtet, sehr lang, 1,5–2,5 cm (vor allem in Wäldern, von den Ägäischen Inseln und Kreta öst-lich bis Persien).

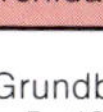	März – Mai	♃	10 – 30 cm	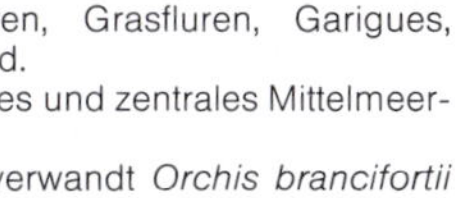

Puppenorchis, Ohnhorn
Aceras anthropophorum (L.) Ait. f.
Orchideen
Orchidaceae

Riesenknabenkraut, Mastorchis
Barlia robertiana (Lois.) Greut.
Orchideen
Orchidaceae

B: Untere Blätter rosettig, 5–15 cm lang, breitlanzettlich, am Ende stumpf mit aufgesetzter Spitze. Bis zu 60 grünlichgelbe, oft rotbraun getönte Blüten in schmaler und dichter, bis 20 cm langer Ähre. Die oberen 5 Blütenhüllblätter helmförmig zusammenneigend. Lippe ohne Sporn, hängend, 12–15 mm lang, mit 2 schmalen Seitenlappen und einem längeren, tief in 2 schmale Abschnitte geteilten Mittellappen.
S: Grasfluren, Macchien, lichte Wälder.
V: Mittelmeergebiet, W-Europa, selten bis Mitteleuropa.

B: Blätter bis 30×10 cm, eiförmig bis länglich, am Grunde eines kräftigen Stengels. Die grünlichen bis rötlichen oder bräunlichen, rot gefleckten Blüten in 6–23 cm langer, dichter Ähre. Äußere Hüllblätter 1–1,5 cm, mit den beiden seitlichen, schmaleren und kürzeren inneren locker helmförmig zusammenneigend. Lippe bis 2 cm lang, am Rand gewellt, 3lappig mit 2zipfeligem Mittellappen, alle Abschnitte relativ breit. Sporn kurz, 4–6 mm, kegelförmig.
S: Grasfluren, Macchien, Wälder.
V: Mittelmeergebiet, Kanaren.

März – Juni ♃ 10–40 cm

Januar – Mai ♃ 25–80 cm

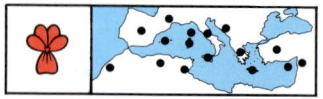

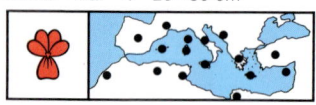

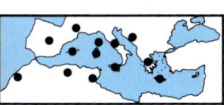

Echter Zungenstendel
Serapias lingua L.
Orchideen
Orchidaceae

B: Stengel manchmal gefleckt, mit 4 – 8 lineallanzettlichen, 5 – 13 cm langen Blättern. Blütenähren locker 2 – 8 (–14)blütig, Tragblätter grauviolett, selten grünlich, etwa so lang wie die Blüten. 5 Blütenhüllblätter zu einem waagerecht vorstehenden, 15 – 21 mm langen, hell- oder dunkelgrauvioletten Helm zusammengefügt. Vorderer Teil der Lippe purpurrot, rosa, gelblich oder weißlich, zugespitzt lanzettlich, aus leicht verschmälertem Grund schräg nach vorn oder abwärts gerichtet, höchstens schwach behaart, 10 – 18 mm lang und 5 – 10 mm breit. Am Grunde eine von außen sichtbare, ungeteilte bis vorne ausgerandete dunkle Schwiele.
S: Oft in größeren Gruppen in trockenen und feuchten Grasfluren, Macchien, Wäldern, Baumkulturen.
V: S-Europa, NW-Afrika.
U: *Serapias parviflora* Parl.: Blüten klein, in lockerem Blütenstand. Vorderlippe lanzettlich, 5 – 10 mm lang und 3 – 5 mm breit, meist stark zurückgeschlagen. Am Grunde 2 parallele Schwielen (S-Europa, SW-Anatolien, NW-Afrika, Kanaren). *Serapias neglecta* De Not.: Blüten in kurzem, dichtem Blütenstand, groß, am Grunde mit 2 parallelen Schwielen, bei der typischen Unterart Vorderlippe ockergelb bis orangebraun, breiteiförmig, meist stumpf, 20 – 30 mm lang und 15 – 21 mm breit (zentrales Mittelmeergebiet).

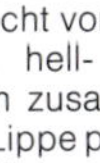	März – Juni	♃	10 – 35 cm	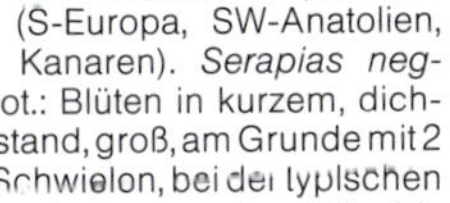

Orientalischer Zungenstendel
Serapias vomeracea (Burm. fil.)
Briq. ssp. *orientalis* Greut.
Orchideen
Orchidaceae

B: Stengel ungefleckt mit 4 – 6 breitlan-
zettlichen Blättern. Blüten zu 3 – 6, der
Helm aus 5 Blütenhüllblättern 20 – 32
mm lang. Lippe ockergelb bis purpurrot, am Grunde mit 2 parallelen Schwielen, vorne breitlanzettlich, 14 – 30 mm
lang und 11 – 13 mm breit, behaart.
SV: Trockene und feuchte Grasfluren,
Garigues, bevorzugt auf Kalk.
V: Östliches Mittelmeergebiet bis Apulien. Ähnlich ist die ssp. *laxiflora* (Soó)
Gölz & Reinh. verbreitet, die ssp. *vomeracea* in ganz S-Europa, NW-Afrika.

März – Juni   ♃   10 – 30 cm

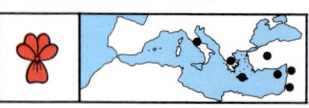

Herzförmiger Zungenstendel
Serapias cordigera L.
Orchideen
Orchidaceae

B: Stengel unten gefleckt, mit 5 – 9 lanzettlichen Blättern. Blüten zu 3 – 10. Der
aus 5 Blütenhüllblättern gebildete Helm
20 – 35 mm lang, hell grauviolett. Lippe
dunkelrot bis schwarzpurpurn, am
Grunde mit 2 spreizenden Schwielen,
ihr vorderer Teil 18 – 28 mm lang und
etwa gleich breit, herzförmig, mit dem
hinteren überlappend, bis zur Mitte
dicht behaart, nach unten oder rückwärts gerichtet.
S: Trockene und feuchte Grasfluren,
Macchien, lichte Wälder, meist auf Kalk.
V: S-Europa, NW-Afrika, Kleinasien.

April – Mai   ♃   15 – 50 cm

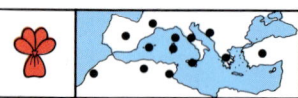

Gelbe Ragwurz
Ophrys lutea Cav.
Orchideen
Orchidaceae

B: Grundblätter 3 – 6, lanzettlich. Stengel 2 – 10blütig. Äußere Hüllblätter (gelb)grün, das obere vorgekrümmt, die seitlichen abstehend. Lippe rundlich bis länglich, 3lappig, am Ansatz mit einer Längsfurche, in der Mitte braun mit graublauem Mal, der gelbe Rand breit (bei der ssp. *lutea* und der kleinblütigeren ssp. *galilaea* H. Fleischm. & Bornm.) oder sehr schmal (bei der ssp. *melena* Renz, Griechenland, Gargano).
S: Grasfluren, Brachland, Garigues, lichte Wälder, meist auf Kalk.
V: Mittelmeergebiet.

Februar – Juni ♃ 10 – 25(– 40) cm

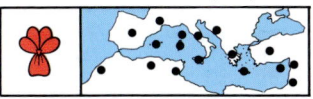

Spiegel-Ragwurz
Ophrys vernixia Brot.
(*O. speculum* Link)
Orchideen
Orchidaceae

B: Grundblätter 4 – 5, länglich. Stengel 2 – 8blütig. Äußere Hüllblätter grün, oft braunviolett gestreift. Lippe 12 – 16 mm, kaum gewölbt, 3lappig, mit rundlichem Mittellappen, der Rand dicht braun behaart, in der Mitte ein kahles, glänzend blaues, gelb umrandetes Mal. Bei der ssp. *regis-ferdinandii* (Acht. & Keller) Renz (Ostägäis) und ssp. *lusitanica* (Danesch) Baum. & Künk. (Iber. Halbinsel) Lappen stark gewölbt.
S: Grasfluren, Garigues, lichte Wälder,
V: Mittelmeergebiet.

Februar – Mai ♃ 10 – 25 cm

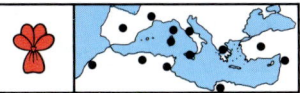

Spinnen-Ragwurz
Ophrys sphegodes Mill.
ssp. *sphegodes*
Orchideen
Orchidaceae

Braune Ragwurz
Ophrys fusca Link
Orchideen
Orchidaceae

B: Grundblätter 3 – 6, länglich bis lan-zettlich. Stengel 3 – 12blütig. Äußere Blütenhüllblätter gelblichgrün oder rosa, das mittlere vorgeneigt oder ab-stehend. Lippe 8 – 16 mm, rundlich bis eiförmig, ungeteilt bis schwach 3lap-pig, meist gehöckert, außen besonders am Grunde behaart, innen kahl, hell-bis dunkelbraun, mit H-förmiger, bläuli-cher, oft hell umrandeter Zeichnung.
S: Grasfluren, Garigues, lichte Wälder.
V: S-Europa, W- und Mitteleuropa, Kleinasien.

B: Grundblätter 3 – 6, länglich-lanzett-lich. Stengel 2 – 9blütig. Äußere Hüll-blätter breit, gelblichgrün, das obere vorgeneigt. Lippe länglich, am Grund mit einer Längsfurche, 13 – 23 mm, 3lappig, dunkelbraun bis schwarzpur-purn, samthaarig, mit schmalem kah-lem, gelbem oder braunem Saum. Mal blaugrau oder blauviolett. Ähnlich *Ophrys iricolor* Desf. mit leuchtend stahlblauem Mal (östliches Mittelmeer-gebiet).
S: Grasfluren, Garigues, lichte Wälder.
V: Mittelmeergebiet.

Februar – Juni   ♃   10 – 50 cm

Dezember – Juni   ♃   10 – 40 cm

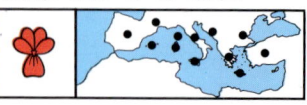

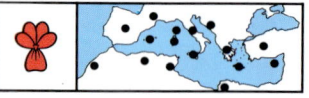

Bertolonis Ragwurz
Ophrys bertolonii Moretti
Orchideen
Orchidaceae

B: Grundblätter 4–7, lanzettlich bis breitlanzettlich. Stengel 2–8blütig. Äußere Hüllblätter hell bis dunkel rosaviolett, auch grünlich, abstehend bis zurückgeschlagen. Lippe 12–18 mm, länglich-eiförmig, meist ungeteilt, sattelförmig nach oben gebogen, vorn ausgerandet und mit aufrechtem, gelblichem Anhängsel, schwarzpurpurn, dicht behaart, im vorderen Teil ein schildförmiges, leuchtend blaues Mal.
S: Grasfluren, Garigues, Gebüsche und lichte Wälder, auf Kalk.
V: Zentrales Mittelmeergebiet.

März–Juni ♃ 10–35 cm

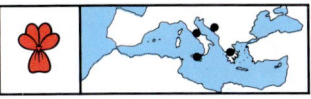

Reinholds Ragwurz
Ophrys reinholdii H. Fleischm.
Orchideen
Orchidaceae

B: Grundblätter länglich-lanzettlich, 3–6. Stengel 2–8blütig. Äußere Hüllblätter rosaviolett, selten weißlich oder grün, abstehend bis zurückgeschlagen. Lippe schwarzpurpurn, 10–15 mm lang, 3lappig, die Seitenlappen nach unten gerichtet, dicht behaart, am Ansatz nicht oder schwach gehöckert, Mittellappen oval, vorn mit Anhängsel. Das Mal aus 2 weißen oder violetten, weiß berandeten Flecken.
S: Grasfluren, Macchien, lichte Wälder, auf Kalk oder Sandstein.
V: Von S-Albanien bis zur SW-Türkei.

März–Mai ♃ 15–40 cm

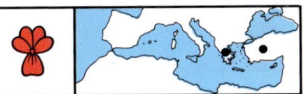

Schnepfen-Ragwurz
Ophrys scolopax Cav.
ssp. *scolopax*
Orchideen
Orchidaceae

Hummel-Ragwurz
Ophrys holosericea (Burm. f.) Greut.
(*O. fuciflora* (F. W. Schmidt) Moen.)
Orchideen
Orchidaceae

B: Grundblätter 3 – 7, eiförmig-lanzettlich. Stengel 2 – 12blütig. Äußere Blütenhüllblätter rosarot, meist zurückgebogen. Lippe braun, oval, 6 – 13 mm, tief 3lappig, Höcker der dicht behaarten Seitenlappen bis 4 mm lang. Mittellappen gewölbt, vorn mit aufwärts gerichtetem Anhängsel. Mal bräunlich-violett mit hellem Rand. Die ssp. *cornuta* (Steven) Camus mit 6 – 12 mm langen Höckern (östliches Mittelmeergebiet).
S: Grasfluren, Garigues, lichte Wälder.
V: Mittelmeergebiet.

B: Grundblätter 4 – 7, lanzettlich. Stengel 2 – 10blütig. Äußere Hüllblätter breit, rosa oder grünlichweiß, abstehend bis zurückgeschlagen. Lippe 9 – 16 mm, trapezförmig, am Grunde mit Höckern, vorn mit gelblichgrünem, aufgerichtetem Anhängsel, in der Mitte dunkelbraun, an den Rändern lang behaart. Das veränderliche Mal stark gegliedert, über die Lippe verteilt.
S: Grasfluren, Garigues, lichte Wälder.
V: Mittelmeergebiet, W-Europa, selten bis Mitteleuropa.

März – Juni ♃ 10 – 40 cm

April – Mai ♃ 10 – 50 cm

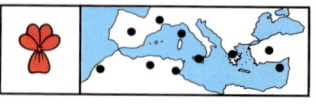

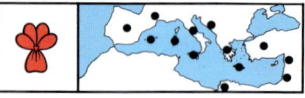

Wespen-Ragwurz
Ophrys tenthredinifera Willd.
Orchideen
Orchidaceae

Drohnen-Ragwurz
Ophrys bombyliflora Link
Orchideen
Orchidaceae

B: Grundblätter 3 – 5, breitlanzettlich. Stengel 3 – 8blütig. Äußere Hüllblätter breit, rosa bis rot, abstehend, konkav. Lippe 11 – 16 mm lang, trapezförmig, am Grunde mit 2 schwachen Höckern, vorne mit einem aufwärtsgerichteten, kahlen Anhängsel und einem dichten Haarbüschel darüber, in der Mitte rotbraun, mit breiter, gelber Randzone. Das Mal klein, schildförmig, grauviolett mit weißlichem Rand.
S: Grasfluren, Gariques, Macchien, lichte Wälder.
V: Mittelmeergebiet.

B: Grundblätter 4 – 8, eiförmig-lanzettlich. Stengel 1 – 5blütig. Äußere Hüllblätter hellgrün, abstehend bis etwas rückwärts gerichtet. Lippe klein, 8 – 10 mm lang, 3lappig, dunkelbraun. Seitenlappen mit zottig behaarten Höckern, nach unten gebogen, Mittellappen stark gewölbt, das Anhängsel rückwärts gekrümmt. Das unauffällige schildförmige oder 2geteilte Mal bläulich-violett, heller berandet.
S: Grasfluren, Brachland, Gariques, lichte Wälder, auf Kalk.
V: Mittelmeergebiet, Kanaren.

Februar – Mai ♃ 10 – 30(– 45) cm

Februar – Mai ♃ 5 – 20(– 30) cm

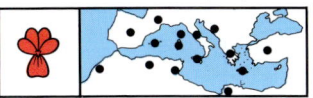

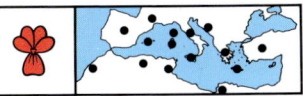

Jungfer im Grünen,
Damaszener Schwarzkümmel
Nigella damascena L.
Hahnenfußgewächse
Ranunculaceae

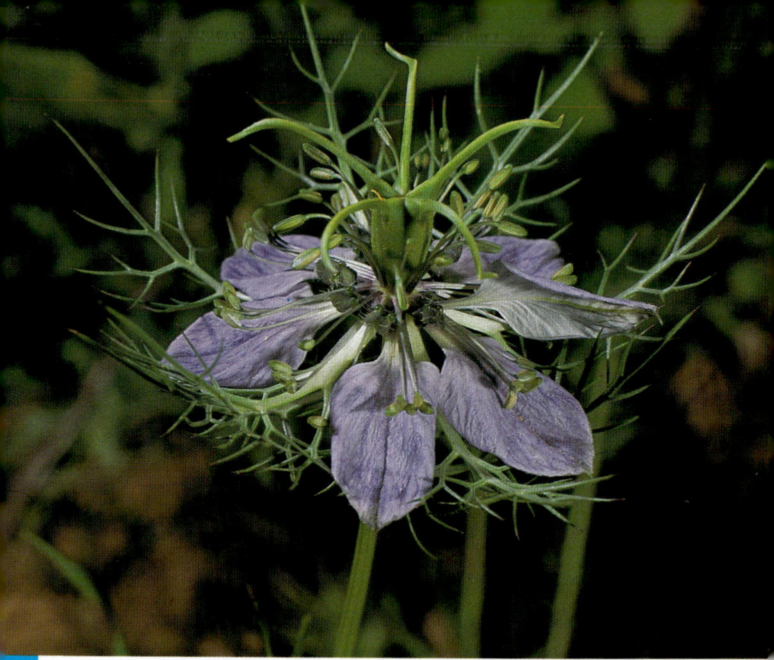

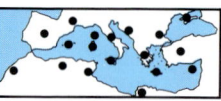

B: Blätter der zierlichen Pflanze 2–3-fach gefiedert, mit lineallanzettlichen, etwa 1 mm breiten Zipfeln. Blüten einzeln, von einem Kranz aus gefiederten Hochblättern ähnlich den Stengelblättern umgeben. Blütenhüllblätter hellblau bis weiß, länglich-eiförmig, 1,5–2 cm lang, mit kurzem Nagel, außerdem 2lippige kleine Honigblätter. Fruchtblätter in ihrer ganzen Länge miteinander verwachsen und eine kugelige, aufgeblasene, kahle Frucht bildend. Samen schwarz.
S: Kulturland, Brachland, Zierpflanze.
V: Mittelmeergebiet, Kanaren, SW-Asien.
U: Ähnlich, aber ohne Hochblatthülle, das Getreideunkraut *Nigella arvensis* L. mit bis zur Hälfte verwachsenen Fruchtblättern. Blütenhüllblätter blaßblau bis weißlich, am Grunde schwach herzförmig in einen 5–7 mm langen Nagel verschmälert. Honigblätter grünlich mit violetten Querbändern. Staubbeutel mit Stachelspitze (Mittelmeergebiet, Mittel- und SO-Europa). Bei *Nigella sativa* L. Fruchtblätter bis zur Spitze miteinander verwachsen, warzig. Blütenhüllblätter weiß, an der Spitze grünlich oder bläulich, mit kurzem Nagel. Staubbeutel ohne Stachelspitze. Wegen der Verwendung als Gewürz in SO-Europa und Kleinasien angebaut und eingebürgert (Heimat W-Asien).

	Mai – Juli	⊙	10 – 50 cm	

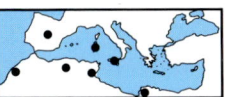

Leinblättriger Gauchheil
Anagallis monelli L.
Primelgewächse
Primulaceae

B: Stengel aufsteigend oder aufrecht, rundlich, am Grunde verholzt. Blätter gegenständig, sitzend, oft mit kleinen sterilen Trieben in den Achseln, lineallanzettlich oder elliptisch, 10 – 15 x 2 – 6 mm. Blüten 2 – 5 cm lang gestielt in den Achseln der oberen Blätter und diese überragend. Die flach ausgebreitete, 5zipfelige, 5 – 12 mm lange Krone leuchtend blau, am Grunde manchmal rot oder ganz rot. Staubfäden unten mit zahlreichen purpurnen oder gelben Haaren. Kelch 4 – 6 mm, die Abschnitte schmal mit häutigem Rand.
S: Brachland, Kulturland.

V: Südwestliches Mittelmeergebiet.
U: *Anagallis foemina* Mill. hat nur 4 – 6 mm lange blaue Kronzipfel, diese vorne gezähnelt, sich nicht deckend, so daß die Kelchblätter bei geöffneter Blüte von oben fast in ganzer Länge sichtbar sind. Blütenstiele gewöhnlich kürzer als die zugehörigen Blätter. Kelch so lang wie die Knospe und diese voll deckend (Mittelmeergebiet, Kanaren). Leicht zu verwechseln mit der blaublütigen Form der aus Mitteleuropa bekannten und dort meist zinnoberrot blühenden *Anagallis arvensis* L., bei dieser aber Kronzipfel vorn mit sehr zahlreichen Drüsenhaaren, sich in der unteren Hälfte deckend, so daß bei geöffneter Blüte von oben nur die Spitzen der Kelchblätter sichtbar sind. Kelch kürzer als die Knospe.

	März – Juni	♃	10 – 50 cm	

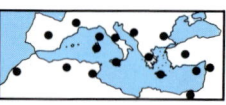

Schmalblättriger Strandflieder
Limonium angustifolium (Tausch)
Deg. (*L. vulgare* Mill.
ssp. *serotinum* (Rchb.) Gams)
Bleiwurzgewächse
Plumbaginaceae

B: Alle Blätter der kahlen Pflanze in einer grundständigen Rosette, lanzettlich-spatelförmig, lang in den am Grund scheidig verbreiterten Stiel verschmälert, mit kräftigem Hauptnerv und schwachen Fiedernerven, meist bespitzt, 10–15 cm lang und 1,5–4 cm breit. Blütenstand groß, mit locker stehenden, oft bogig zurückgekrümmten Ästen, sterile Äste wenige oder fehlend. Ähren 1–2 cm lang, mit 6–8 zweiblütigen Ährchen je cm. Kelch mit häutigem, weißlichem bis blaßlila Saum, die

5 Kronblätter blauviolett, nur am Grunde verbunden, 6–8 mm.
S: Salzsümpfe der flachen Meeresküsten.
V: Mittelmeergebiet.
U: Im ganzen Gebiet an Flach- und Felsküsten weit über 100, oft schwer zu unterscheidende Arten. Viele von ihnen auf kleine und kleinste Küstenabschnitte beschränkt. Eine der wenigen Strandflieder-Arten mit buchtig fiederschnittigen Blättern ist *Limonium sinuatum* (L.) Mill.: Stengel mit vier 1–3 mm breiten, etwas gewellten Flügelleisten, die an den Knoten in je drei 1–8 cm lange, lineallanzettliche Anhängsel auslaufen. Kelch mit blauviolettem, papierartigem Saum. Kronblätter klein, gelblichweiß (Mittelmeergebiet, Kanaren, auch als Zierpflanze).

| | Juli–Oktober | ♃ | 30–70 cm | |

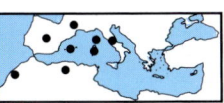

Mittleres Immergrün

Vinca difformis Pourr.
Hundsgiftgewächse
Apocynaceae

B: Niederliegende Pflanze mit aufrechten, bis 30 cm hohen blütentragenden Trieben. Die immergrünen Blätter gegenständig, eiförmig-lanzettlich, kurz gestielt, an den Rändern kahl, 2,5–7 x 1,5–4,5 cm. Blüten einzeln in den oberen Blattachseln, die Stiele kürzer als das zugehörige Blatt. Krone blaßblau mit trichterförmiger Röhre und flach ausgebreitetem, 3–4,5 cm breitem Saum, die 5 Zipfel spitz oder schief abgeschnitten. Kelchzipfel sehr schmal dreieckig, 5–14 mm, kahl. Die ssp. *sardoa* Stearn hat winzige Haare an Blatträndern und Kelchzipfeln und

6–7 cm breite Blüten (nur auf Sardinien).
S: Schattige und feuchte Hecken, Gräben und Gebüsche.
V: Westliches Mittelmeergebiet.
U: Deutlicher bewimperte Blattränder und Kelchzipfel haben *Vinca major* L. ssp. *major* mit blauvioletten, 3–5 cm breiten Blüten, Blätter 2,5–9 x 2–6 cm (westliches und zentrales Mittelmeergebiet, Kanaren, darüber hinaus öfter eingebürgert) und ssp. *balcania* (Pénzes) Koz. & Petr. mit nur 2,5–3,5 cm breiten blauen Blüten und Blättern, die nicht größer sind als 3,5 x 2 cm (Balkanhalbinsel). Im östlichen Mittelmeergebiet *Vinca herbacea* Waldst. & Kit. mit alljährlich absterbenden oberirdischen Trieben. Blätter elliptisch bis fast lineallanzettlich. Blütenkrone 2–3,5 cm breit, blau.

|  | Februar – Mai | ♃ | bis 2 m | 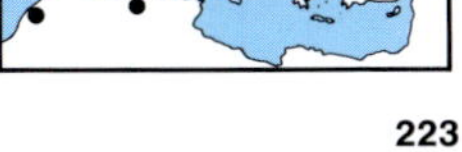 |

223

Dreifarbige Winde
Convolvulus tricolor L.
Windengewächse
Convolvulaceae

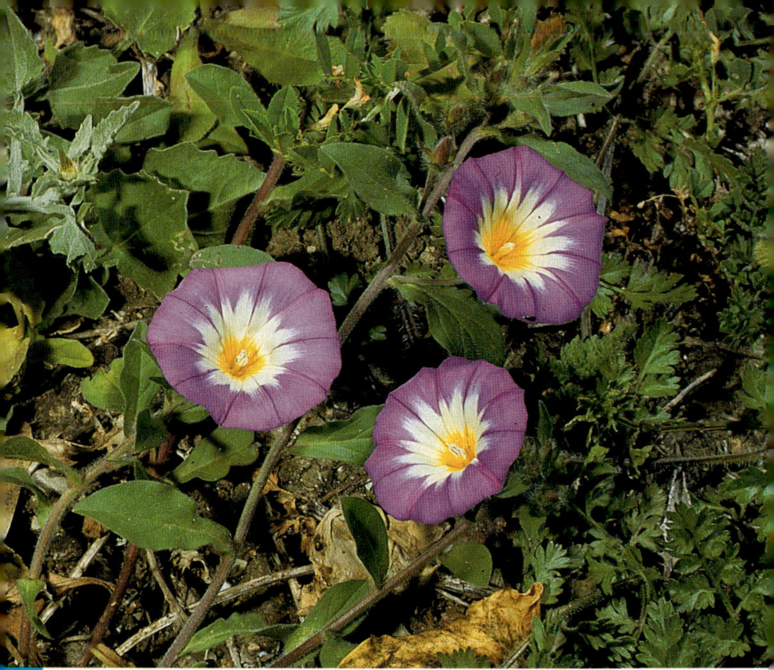

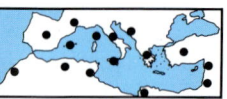

B: Pflanze behaart, aufsteigend bis aufrecht, mit sitzenden, verkehrteiförmigen, länglichen Blättern. Blüten einzeln, ihre Stiele so lang wie die zugehörigen Blätter oder länger. Krone trichterförmig, 1,5 – 4 cm lang, dreifarbig, am Grunde gelb, in der Mitte weiß und am Rand blau. Kelchblätter krautig, lang behaart, deutlich 2teilig, bei der ssp. *tricolor* Spitzenteil der Kelchblätter höchstens so lang wie der Basalteil, bei der ssp. *cupanianus* (Tod.) Cavara & Grande Spitzenteil deutlich länger als der Basalteil (N-Afrika, Sizilien), bei der ssp. *meonanthus* (Hoffm. & Lk.) Maire Kelchblätter nicht 2teilig, Krone 14 – 22 mm lang (westliches Mittelmeergebiet).

O: Kulturland, Wegränder.

V: Mittelmeergebiet, Kanaren, weiter als Zierpflanze kultiviert.

U: Sitzende Blätter hat auch *Convolvulus pentapetaloides* L. mit stumpfen, bespitzten Kelchblättern und 7 – 10 mm langer Krone (S-Europa, SW-Asien). Gestielt sind die Blätter bei dem zierlichen *Convolvulus siculus* L. mit 7 – 12 mm langer, deutlich 5zipfeliger Krone (Mittelmeergebiet, Kanaren). Besonders große Trichterblüten hat die subtropische Gattung *Ipomoea,* die in mehreren, verschieden gefärbten Arten als Zierpflanze kultiviert wird. Als ursprünglich im Mittelmeergebiet gilt *Ipomoea sagittata* Poir.

✿	März – Juni	⊙	20 – 60 cm	

Strauchiger Steinsame
Lithodora fruticosa (L.) Griseb.
(*Lithospermum fruticosum* L.)
Rauhblattgewächse
Boraginaceae

B: Locker verzweigter, kleiner Strauch, junge Zweige weißborstig, ältere dunkelgrau. Blätter lineallänglich, sitzend, bis 23 mm lang und 1–2,5(–3,5) mm breit, die jungen beiderseits angedrückt weißlich borstig, die älteren dunkelgrün, besonders am umgerollten Rand und unterseits mit abstehenden, auf kleinen Höckern sitzenden Borstenhaaren. Blüten traubig angeordnet, Blütenkrone trichterförmig, 12–15 mm lang, mit 5lappigem Saum, außen nur an den Lappen sehr spärlich borstig. Der Kelch halb so lang wie die Krone.

S: Garigues, lichte Wälder, vor allem auf Kalk.
V: Westliches Mittelmeergebiet.
U: Mehrere Arten mit kleinem Verbreitungsgebiet, u.a. *Lithodora rosmarinifolia* (Ten.) Johnst.: Blätter 10–60 mm lang, lineal, starr, mit umgerolltem Rand, oberseits spärlich angedrückt rauhhaarig oder kahl, unterseits angedrückt grauborstig. Blütenkrone außen besonders in der Mitte behaart, Kronröhre 12 mm (S-Italien, Sizilien, Algerien). *Lithodora hispidula* (Sm.) Griseb.: Blätter bis 15 mm lang, länglicheiförmig, am Rand flach oder leicht umgerollt, oberseits mit abstehenden, auf Höckern sitzenden Borsten, unterseits angedrückt borstig. Blüten mit 1,2 cm langer, außen kahler Röhre (Ägäis, Anatolien, Zypern, Cyrenaica).

| | April–Juni | | 20–50 cm | 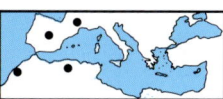 |

Färber-Alkanna
Alkanna tinctoria Tausch
Rauhblattgewächse
Boraginaceae

B: Niederliegende oder aufsteigende, abstehend grau borstenhaarige, am Grunde holzige Pflanze. Untere Blätter gestielt, lineallanzettlich, 6 – 15 cm lang und bis 2,5 cm breit, die oberen mit herzförmigem Grund sitzend. Tragblätter kaum länger als der fast bis zum Grunde 5teilige, bis 6 mm lange Kelch. Blüten in anfangs dichten, später stark verlängerten Wickeln. Krone strahlend blau, außen kahl, mit 5zipfeligem, 6 – 8 mm breitem, trichterförmigem Saum, die Kronröhre so lang wie der Kelch. Nüßchen mit Warzen. Die Wurzelrinde enthält den sich beim Trocknen bilden-

den Farbstoff Alkannin, der früher zum Färben verwendet wurde, heute aber kaum noch Bedeutung hat. Echte Alkanna stammt vom Henna-Strauch (*Lawsonia inermis* L.).

S: Sandstrand, Felsfluren, Brachland.
V: Mittelmeergebiet, nördlich bis in die Slowakei.
U: Weitere, vorwiegend gelb blühende *Alkanna*-Arten kommen kleinräumig auf der Balkanhalbinsel und in der Türkei vor. Auf Kreta, ebenfalls ausdauernd, *Alkanna sieberi* A. DC. mit blaßgelben, später blauen Blüten, Kronröhre doppelt so lang wie der Kelch, Saum 4 mm breit. Im westlichen Mittelmeergebiet nur *Alkanna lutea* A. DC., Pflanze 1jährig, borstig und drüsig behaart, ohne Grundblätter. Blütenkrone gelb, Röhre fast doppelt so lang wie der Kelch, Saum 5 – 7 mm breit.

	April – Juni	♃	10 – 30 cm	
	April – Juni	♃	10 – 30 cm	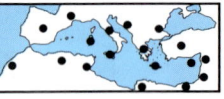

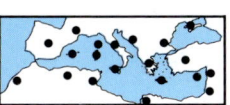

Italienische Ochsenzunge
Anchusa italica Retz.
(*A. azurea* Mill.)
Rauhblattgewächse
Boraginaceae

B: Pflanze oben reich verzweigt, dicht besetzt mit abstehenden weißen Haaren, die oft auf Knötchen sitzen. Blätter lanzettlich, die unteren 10–30 x 1,5–5 cm, in einen Stiel verschmälert, die oberen sitzend. Tragblätter kürzer als der Kelch. Auffallend leuchtend blaue bis violette Blüten in zu großen lockeren Rispen vereinigten Wickeln, zur Fruchtzeit bis 10 mm lang gestielt. Kronröhre 6–10 mm lang, Kronsaum 5zipfelig, flach ausgebreitet, 10–15 mm und mehr im Durchmesser, in der Mitte mit einem weißen Ring aus lang behaarten Schlundschuppen. Kelch etwa so lang wie die Kronröhre, bis fast zum Grunde in lineale, spitze Abschnitte geteilt, zur Fruchtzeit auf 18 mm anwachsend. Nüßchen länglich, 7–10 mm, wulstig und dicht warzig.

S: Kulturland, Brachland, Wegränder.

V: Mittelmeergebiet, Kanaren, östlich bis Persien.

U: Ähnlich *Anchusa undulata* agg.: Pflanzen mit anliegenden und daneben borstig abstehenden Haaren, die meist nicht auf Knötchen sitzen. Untere Blätter oft buchtig gezähnt und gewellt. Blüten blau, violett oder purpurn, Kronröhre mit 3–8 mm breitem Saum, 1,5- bis 2mal so lang wie der nur bis zur Hälfte in stumpfe Zipfel zerteilte Kelch (Mittelmeergebiet). Etwa 30 weitere Arten im Mittelmeergebiet, viele von ihnen auf kleine Bereiche beschränkt.

	April–August	♃	0,2–1,5 m	

227

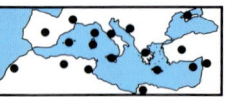

Boretsch, Gurkenkraut
Borago officinalis L.
Rauhblattgewächse
Boraginaceae

B: Kräftige, borstig behaarte, aufrechte Pflanze mit einer Grundrosette aus 5–20 cm langen, eiförmigen bis lanzettlichen, in einen geflügelten Blattstiel verschmälerten Blättern. Obere Stengelblätter sitzend, stengelumfassend. Blüten abstehend bis nickend an 5–30 mm langen Stielen in teilweise beblätterten, ziemlich lockeren, verzweigten Blütenständen. Krone leuchtend blau, selten weiß, mit sehr kurzer Röhre und weißen Schlundschuppen, die 5 lanzettlich spitzen Zipfel flach ausgebreitet, 8–15 mm lang. Staubbeutel schwarzviolett. Kelch tief in lineale, rauhhaarige Abschnitte zerteilt, zur Blütezeit ausgebreitet und 8–15 mm lang, sich nach dem Abfallen der Krone schließend und bis 2 cm Länge anwachsend. Das frische Kraut mit gurkenähnlichem Geruch und Geschmack wird als Gewürzkraut zu Salaten, besonders aber zum Einlegen von Gurken verwendet.

S: Kulturland, Brachland, Wegränder, Schuttplätze.

V: Mittelmeergebiet, Kanaren, wohl nur im Westen ursprünglich, auch weiter als Gewürzpflanze kultiviert und verwildert.

U: *Borago pygmaea* (DC.) Chat. & Greut. mit niederliegenden, schlaffen Stengeln erinnert mehr an eine Glockenblume. Kelch weniger als 1/2 so lang wie die Krone. Feuchte Standorte auf Korsika, Sardinien und Capraia.

	April–September		20–70 cm	

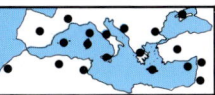

Kretische Hundszunge
Cynoglossum creticum Mill.
Rauhblattgewächse
Boraginaceae

B: Gleichmäßig dicht weich behaarte Pflanze, im oberen Teil meist verzweigt. Blätter oft ohne deutliche Seitennerven, lanzettlich, 5–15 cm lang, die unteren mehr oder weniger rosettig, in einen langen Stiel verschmälert, die oberen kurz gestielt bis halb stengelumfassend. Blüten an kurzen, zur Fruchtzeit zurückgebogenen Stielen in tragblattlosen Wickeln. Krone 7–9 mm, zuerst rosa, später blaßblau, mit auffälliger dunkler Nervatur. Saum kahl, etwa so lang wie die Röhre, mit 5 rundlichen Lappen. Kelch bis fast zum Grunde geteilt, die 5 Abschnitte 6–8 mm, länglich, stumpf. Teilfrüchte 5–7 mm im Durchmesser, gewölbt, ohne verdickten Rand, dicht mit widerhakigen Stacheln besetzt.
S: Brachland, Wegränder, Garigues.
V: Mittelmeergebiet, Kanaren, SW-Asien.
U: Ähnlich *Cynoglossum columnae* Ten.: Blüten 5–6 mm, dunkelblau, ohne Tragblätter. Teilfrüchte 7–10 mm, mit verdicktem Rand, die widerhakigen Stacheln auf dem Rand länger als auf der Fläche (zentrales und östliches Mittelmeergebiet). Filzig grau behaart ist *Cynoglossum cheirifolium* L.: Blüten 8 mm, purpurn, mit Tragblättern. Teilfrüchte 5–8 mm, mit verdicktem Rand, dicht mit widerhakigen Stacheln besetzt oder fast glatt (westliches Mittelmeergebiet).

	April– Juli		20–80 cm	

Sodomsapfel
Solanum sodomeum L.
Nachtschattengewächse
Solanaceae

B: Äußerst stacheliger, sparrig verzweigter Strauch mit Sternhaaren. Blätter gestielt, im Umriß eiförmig, 5–13 cm lang, bis fast zur Mittelrippe fiederteilig, mit abgerundeten, gewellten Blattlappen. Auf den Blattnerven wie an den Zweigen gerade, kräftige, gelbliche, bis 1,5 cm lange Stacheln. Blütenstand mit 4–6 gestielten Blüten, Krone blauviolett, 5zipfelig, flach ausgebreitet, 2–3 cm im Durchmesser. Früchte anfangs weißlich und grün marmorierte, später glänzende, gelbe bis braune, rundliche Beeren, 2–3 cm im Durchmesser. Giftpflanze.

S: Wegränder, Schuttplätze, Sandstrände.

V: Eingebürgert in S-Europa, NW-Afrika, Heimat S-Afrika.

U: Weitere, nur gebietsweise eingebürgerte *Solanum*-Arten kommen vor, aus S-Amerika stammen z. B. *Solanum bonariense* L., ein bis 2 m hoher Strauch, nur jung schwach stachelig, Blätter eiförmig-lanzettlich, oberseits spärlich sternhaarig, 3–13 cm breit, Blüten zu 2–4, weiß oder hellblau, 2,5–3,5 cm im Durchmesser (westliches Mittelmeergebiet, Kanaren) und *Solanum elaeagnifolium* Cav., 30–60 cm hoher Strauch oder krautig, behaart, mit einzelnen rötlichen Stacheln, Blätter oberseits dicht sternhaarig, lineal bis länglich, bis 2,5 cm breit, Blüten zu 1–5 mit 2,5–3,5 cm breiter, purpurner Krone (östliches Mittelmeergebiet).

	Mai – September		0,5 – 3 m	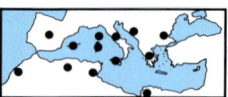

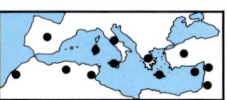

Herbst-Alraune
Mandragora autumnalis Bertol.
Nachtschattengewächse
Solanaceae

B: Blätter in einer großen, dem Boden anliegenden Rosette, gestielt, eiförmig-länglich, runzelig, am Rand gewellt, fast kahl, bis zur Fruchtzeit noch beträchtlich wachsend. In der Mitte am stark verkürzten Sproß kurz gestielte Blüten mit aufrecht glockenförmiger, 3–4 cm langer, violetter Krone, die 5 Zipfel breit dreieckig. Kelch zur Fruchtzeit stark vergrößert, so lang wie die gelbrote, eiförmige, 2,5–3 cm große Beere oder länger. Die tief sitzende, rübenförmige, oft zweigeteilte Wurzel mit menschenähnlicher Gestalt (Alraunmännchen) war schon im Altertum als Schmerz- und Schlafmittel und als Heilmittel gegen Depressionen bekannt und spielte im Mittelalter als Kult- und Zaubermittel wie bei der Vertreibung böser Geister eine bedeutende Rolle. Die Pflanze enthält wie die Tollkirsche die giftigen Alkaloide Scopolamin, Hyoscyamin und Atropin und ist heute noch in einigen Arzneimitteln enthalten.

S: Brachland, Kulturland, Wegränder.

V: Südliches Mittelmeergebiet.

U: Im Februar bis Mai blüht *Mandragora officinarum* L. (*M. vernalis* Bertol.) mit nur 2,5 cm großen, grünlichweißen Blüten, die Zipfel schmal dreieckig. Kelch zur Fruchtzeit nur wenig vergrößert, viel kürzer als die rundliche, gelbe Beere. Vor allem junge Blätter auf den Nerven behaart (nur in N-Italien und W-Jugoslawien).

| | September–November | ♃ | 10–20 cm | |

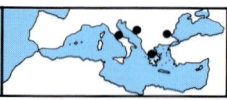

Pyramiden-Glockenblume
Campanula pyramidalis L.
Glockenblumengewächse
Campanulaceae

B: Durch ihren steif aufrechten, hohen Wuchs unverwechselbare, kahle Glockenblume mit weißem Milchsaft. Grundblätter 5–10 cm lang gestielt, breiteiförmig, fast herzförmig, am Rand drüsig gekerbt-gezähnt, 1,5–4,5 x 2–6 cm. Stengelblätter allmählich kürzer gestielt, eiförmig-lanzettlich. Blüten zu 5–10 in den Achseln der oberen, lanzettlichen, tragblattartigen Blätter, eine lange, schlanke pyramidale Rispe bildend. Blütenkrone weit glockig, etwa 2,5 cm lang, fast bis zur Mitte in 5 dreieckig spitze Zipfel zerteilt, hell blauviolett, selten weiß. Die 5 Kelchzipfel schmal dreieckig, zugespitzt, zuletzt zurückgebogen, ohne Anhängsel in den Buchten, halb so lang wie die Krone. Griffel mit 3 Narben. Kapsel aufrecht, mit 3 Löchern nahe dem Grund aufspringend.
S: Felsen, Mauern, Wegränder.
V: N-Italien, Balkanhalbinsel.
U: Ähnlich, jedoch oft nur 20–40 cm hoch und verzweigt *Campanula versicolor* Andr.: Blätter ledrig, drüsenlos gekerbt oder gezähnt, die unteren eiförmig bis herzförmig-eiförmig, gestielt, die oberen an der Basis keilförmig und fast sitzend. Blütenstand kurz und dicht, Blütenkronen trichterförmig, 1,5–2,5 cm lang, blaßviolett oder blaßblau, innen am Grund dunkelviolett. Kelchzipfel schmallanzettlich, abstehend bis zurückgebogen, ohne Anhängsel (SO-Italien, Balkanhalbinsel).

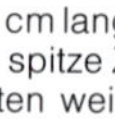	Juli–Oktober	♃	0,3–2,5 m	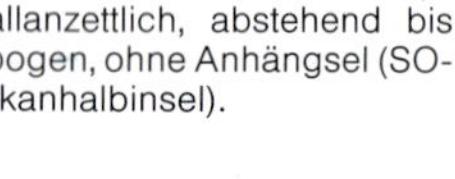 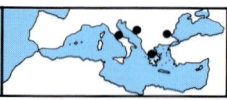

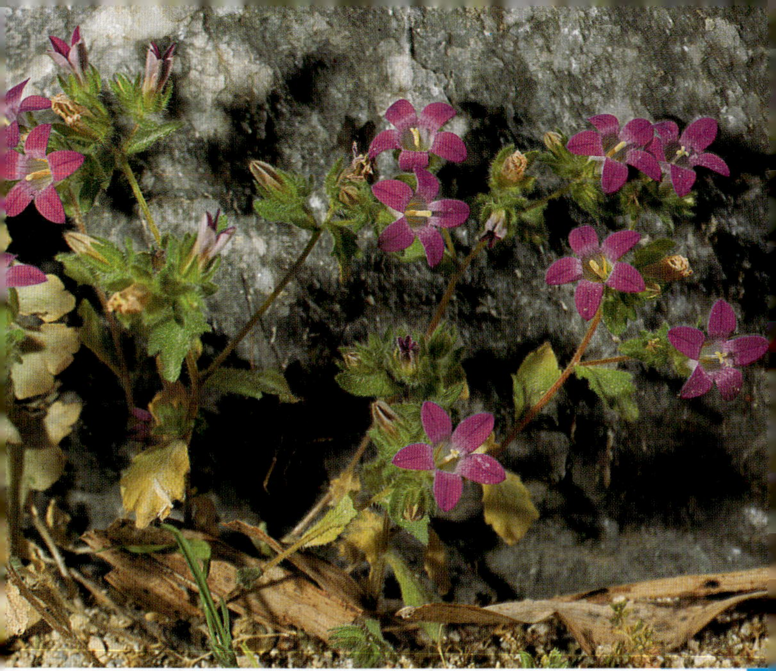

B: Kleine einjährige, abstehend behaarte Pflanze mit aufrechtem, gabelig verzweigtem Stengel. Blätter sitzend, länglich-spatelförmig, stumpflich, geschweift-gezähnt. Blüten aufrecht, kurz gestielt, locker doldentraubig angeordnet. Krone blauviolett, schmalzylindrisch, 5 – 7 mm, bis zu 1/4 der Länge 5zipfelig. Griffel 3, kurz. Kelchzipfel lineallanzettlich, 3 – 4 mm lang, zur Fruchtzeit aufrecht und nicht vergrößert, ohne Anhängsel in den Buchten. Kapsel breit und flach, gestielt, aufrecht.
S: Brachland, Gariques, offene Kiefernwälder.

V: Rhodos, SW-Türkei.
U: Zu den wenigen einjährigen Arten gehört auch *Campanula erinus* L. mit sitzenden, eiförmigen, gekerbt-gezähnten, manchmal gelappten Blättern. Blüten zu 1 – 3 end- oder achselständig sitzend, unscheinbar, mit 2 – 5 mm langer, bis zu 1/3 fünfzipfeliger, blaßblauer bis weißlicher Krone. Die etwa ebenso langen Kelchzipfel zur Fruchtzeit anwachsend und sternförmig abstehend. Kapsel breit kreiselförmig, nickend (Mittelmeergebiet, östlich bis in den Iran).
Etwa 250, oft nur kleinräumig verbreitete *Campanula*-Arten kommen im Mittelmeergebiet vor (davon ein großer Teil auf der Balkanhalbinsel oder in Kleinasien), für die die abgebildeten Arten nur Beispiele sein können.

	April – Juni		(6–) 12 – 20 cm	

233

Binsenlilie
Aphyllanthes monspeliensis L.
Liliengewächse
Liliaceae

B: Horstig wachsende Pflanze mit zahlreichen binsenartigen, blaugrünen, gerippten und kahlen, etwa 1 mm dicken Stengeln, teils aufrecht, teils bogig überhängend (wie auf der Abbildung). Am Grunde die Reste zurückgebildeter Blätter als rötlichbraune, 3 – 8 cm lange Scheiden. Blüten einzeln oder zu 2 – 3 endständig, mit 6 hellblauen, dunkelblau 1nervigen, 2 cm langen, verkehrtlanzettlichen, am Ende ausgebreiteten Hüllblättern, deren unterer Teil von 1 – 3 freien, häutigen, begrannten, 8 – 10 mm langen Hochblättern verdeckt wird. Jede Blüte außerdem mit 5 stumpfen, unten verbundenen, kelchartigen Blättchen. Staubblätter kahl, an der Basis nicht erweitert. Die Frucht ist eine Kapsel mit 3 schwarzen, eiförmigen, fein runzeligen Samen.

Die Gattung *Aphyllanthes* umfaßt nur diese eine Art und steht innerhalb der Familie der Liliengewächse isoliert ohne weitere, näher verwandte Gattungen.

S: Garigues, lichte Wälder, vorwiegend auf Kalkböden, von der mediterranen Stufe bis in die Gebirge ansteigend.

V: Westliches Mittelmeergebiet, östlich bis NW-Italien, Sardinien.

	April – Juli	♃	10 – 35 cm	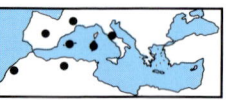

234

Peru-Blaustern
Scilla peruviana L.
Liliengewächse
Liliaceae

B: Blätter dieser dekorativen Pflanze mit bis 8 cm großer Zwiebel alle grundständig, lanzettlich, 40–60 cm lang und 1–6 cm breit, am Rand oft kurz gewimpert. Blütenstand eine breit pyramidenförmige bis halbkugelige dichte Traube auf kurzem kräftigem Schaft, die aus 20–100 Blüten mit jeweils 6 blauen bis violetten oder weißlichen, 5–14 mm langen Blütenhüllblättern besteht. Staubbeutel gelblich. Tragblätter pfriemlich, 5–8 cm lang. Formenreiche Art.
S: Feuchte Standorte in Weiderasen, Gebüschen und lichten Wäldern.

V: Südliches Mittelmeergebiet, Kanaren.
U: *Scilla lilio-hyacinthus* L.: Pflanze bis 40 cm hoch. Blütentraube eiförmig, mit 5–15 leuchtend blauen Blüten und 1–2,5 cm langen Tragblättern. Staubbeutel bläulich (Frankreich, N-Spanien). *Scilla hyacinthoides* L.: Pflanze bis 80 cm hoch. Traube lang, mit 40–150 blauvioletten Blüten. Tragblätter sehr klein, 1,5 mm (S-Europa, auch als Zierpflanze kultiviert und verwildert). Dagegen zierlich und unscheinbar, durch die Blütezeit im Herbst aber auffällig *Scilla autumnalis* L.: Pflanze bis 20 cm hoch. Blätter 1–2 mm breit, schmal lineal und rinnig oder fädlich, meist aufrecht stehend, erst nach der Blüte erscheinend. Blüten rosablau oder lila zu 6–20 in Trauben (Mittelmeergebiet).

	März–Juni	24	20–50 cm	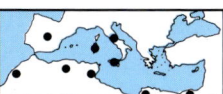

Übersehene Traubenhyazinthe
Muscari neglectum Guss.
(*M. racemosum* (L.) Lam. & DC.)
Liliengewächse
Liliaceae

B: Blätter 3 – 6, alle grundständig, 6 – 40 cm lang und 1,5 – 8 mm breit, lineal oder lineallanzettlich, rinnig bis eingerollt. Blüten krugförmig in kurzer dichter Traube an abstehenden oder zurückgebogenen, bis 5 mm langen Stielen. Untere fruchtbar, 3,5 – 7,5 mm lang, schwärzlichblau mit 6 bis 1 mm langen, weißen, zurückgekrümmten Zähnen, obere unfruchtbar, kleiner und heller in der Farbe.
S: Kulturland, Grasfluren.
V: Mittelmeergebiet, bis Mitteleuropa vordringend, SW-Asien.

U: Ähnlich *Muscari commutatum* Guss.: Blätter 10 – 30 cm lang und 5 – 15 mm breit, mit schmalem häutigen Rand. Blütenkrone schwarzviolett mit gleichfarbigen Zähnen (östliches Mittelmeergebiet). Einen auffälligen Schopf aus 2 – 6 mm langen, leuchtend blauen, aufwärtsgerichteten, unfruchtbaren Blüten trägt *Muscari comosum* (L.) Mill.: Blütentraube relativ locker, 4 – 10 cm lang, die unteren, bräunlichgrünen fruchtbaren Blüten 5 – 10 mm lang, an 4 – 10 mm langen Stielen waagerecht abstehend. Blätter gewöhnlich kürzer als der 15 – 80 cm lange Blütenschaft, 5 – 17 mm breit (Mittelmeergebiet, bis in warme Teile Mitteleuropas ausstrahlend). Einziger Herbstblüher dieser Gattung ist *Muscari parviflorum* Desf.: Pflanze zierlich, mit aufsteigenden Blütenstielen (Mittelmeergebiet).

✳	März – Mai	♃	10 – 35 cm	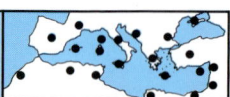

236

Tyrrhenischer Scheinkrokus
Romulea requienii Parl.
Schwertliliengewächse
Iridaceae

B: Krokusähnlicher Frühlingsblüher mit zwei 3–17 cm langen, schlaffen, walzlichen Grundblättern und 1–4 kürzeren Stengelblättern. 1–3(–6) Blüten am Grunde mit 2 Hochblättern, kurz gestielt, dunkelviolett, manchmal mit weißlichem Schlund, 2–2,5 cm lang. Röhre mit 5–8 mm sehr kurz, schmal trichterförmig, Hüllblattabschnitte eiförmig-länglich, 5–6 mm breit, an der Spitze stumpf. Staubbeutel 2/3 oder mehr der Länge der Blütenhülle erreichend, deutlich überragt von den Narben.
S: Grasfluren, Felsfluren.

V: Korsika, Sardinien, Toskana.
U: Mehrere, z.T. ähnlich kleinräumig verbreitete Arten. Im ganzen Mittelmeergebiet *Romulea columnae* Sebast. & Mauri: Blüten 0,9–1,9 cm lang, blaßviolett mit gelbem Schlund und innen mit dunklen Nerven, Narben von den Staubbeuteln überragt und *Romulea bulbocodium* (L.) Sebast. & Mauri: Blüten 2–3,5 cm lang, weiß bis violett oder grünlich mit gelber Röhre und gelbem Schlund, innen ohne dunkle Nerven. Narben die Staubbeutel überragend.
Die Gattung *Crocus,* im Mittelmeergebiet vor allem in den Gebirgen mit zahlreichen endemischen Arten vertreten, unterscheidet sich von *Romulea* durch eine mehr als 1,5 cm lange Blütenröhre, einen unterirdischen Fruchtknoten und flache Blätter mit weißem Streifen.

	Februar–April	♃	2–10 cm	

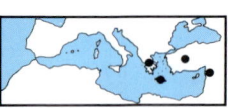

Kretische Schwertlilie
Iris cretensis Janka
Schwertliliengewächse
Iridaceae

B: Schwertlilie mit schmallinealen, 1–5 mm breiten Blättern, die nach dem Absterben ausdauern. Einzelne, duftende, stengellose, 4,5–7 cm große Blüten mit sehr schlanker, bei der typischen Unterart 7–10 cm langer Röhre, die unten von meist krautigen, spitzen Hochblättern umgeben ist. Äußere Blütenhüllblätter zurückgeschlagen, mit länglichelliptischer, bartloser, violetter, weiß und gelb geaderter Lippe, die inneren aufgerichtet, violett. Die blumenblattartig verbreiterten Griffeläste nahe den Rändern gelb drüsig behaart. Formenreiche Art. Die typische, nur 12–15 cm große Unterart auf Kreta beschränkt, die abgebildete ssp. *carica* (W. Schulze) mit sehr schmalen (1–2 mm) und bis 25 cm langen Blättern auf Rhodos und im angrenzenden Kleinasien und die wesentlich kräftigere ssp. *syrica* (W. Schulze) in Syrien. Auf dem griechischen Festland finden sich dagegen sehr verschiedene Formen, die zum Teil mit der Kretischen Schwertlilie gut übereinstimmen, zum Teil aber auch der unten beschriebenen Art ähnlich sind.
S: Lichte Wälder, Macchien, Gariguesy.
V: Griechenland, SW-Asien.
U: Sehr ähnlich *Iris unguicularis* Poir., Pflanze kräftiger, 25–40 cm hoch, Blätter 0,5–1 cm breit und 30–70 cm lang. Blüten 6–8 cm lang, mit 10–25 cm langer Röhre (NW-Afrika).

	Dezember–April	♃	12–35 cm	

238

Mittags-Schwertlilie
Gynandriris sisyrinchium (L.) Parl.
(*Iris sisyrinchium* L.)
Schwertliliengewächse
Iridaceae

B: Von *Iris*-Arten, die Rhizome oder Zwiebeln haben, u. a. durch eine tief in der Erde steckende, dicht faserig umhüllte, 1,5 – 3 cm breite Zwiebelknolle unterschieden. Die 1 – 2 schlaffen, niederliegenden oder bogenförmig aufsteigenden, rinnigen Blätter mit langer Scheide und 10 – 50 cm langer und 1,5 – 5 mm breiter freier Spreite, die länger ist als der Blütenstand. Blüten zu 1 – 6 in den Achseln je eines 4 – 6 cm langen, trockenhäutigen, braunen Hochblattes. Blütenhülle hellblau oder violett, unten zu einer kurzen Röhre verwachsen, die 3 äußeren Abschnitte 3 x 1 cm, zurückgeschlagen, mit einem weißen, in der Mitte gelben Fleck, die 3 inneren aufrecht, lanzettlich, kürzer und schmaler als die äußeren. Die Staubblätter und die tief 2spaltigen Griffeläste sind zu einer Säule verklebt, wovon der wissenschaftliche Gattungsname abzuleiten ist. Schnabel des Fruchtknotens sehr schlank, 2 – 3 cm lang. Kapsel 2 cm lang und 4 mm breit (ohne Schnabel). Jede Blüte öffnet sich nur für einen Nachmittag. *Gynandriris* ist eine vor allem in S-Afrika verbreitete Gattung. *G. sisyrinchium,* ihr einziger Vertreter in Europa, wurde früher auch zu *Iris* gestellt.
S: Garigues, Grasfluren, besonders in Küstennähe.
V: Mittelmeergebiet, SW-Asien.

	März – Mai	♃	5 – 50 cm	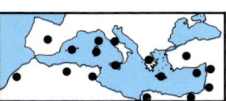

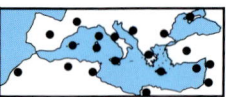

Stranddistel
Eryngium maritimum L.
Doldenblütler
Apiaceae (Umbelliferae)

B: Blaugrün bereifte Pflanze mit aufrechtem, kräftigem Stengel, durch seine Verzweigung häufig halbkugelförmig. Grundblätter gestielt mit im Umriß fast rundlicher Spreite, 3–5lappig, der Rand buchtig gezähnt mit kräftigen Dornen. Obere Blätter mit breitem Grund sitzend, weniger geteilt. Blüten in 1,5–3 cm breiten, zur Blütezeit kugeligen, später eiförmigen Köpfchen, umgeben von 4–7 elliptischen bis verkehrteiförmigen, 2–4 cm langen, breit dornig gezähnten Hüllblättern. Blüten blau, von etwa 12 mm langen, dreispitzigen Spreublättern überragt. Früchte etwa 15 mm lang, dicht mit zugespitzten Schuppen besetzt.

S: Sandstrände, Dünen.

V: Küsten des Mittelmeeres und des Schwarzen Meeres, W- und N-Europas, nördlich bis zum 60. Breitengrad.

U: In Fels- und Grasfluren des östlichen Mittelmeergebietes häufig die stahlblau überlaufenen Pflanzen von *Eryngium amethystinum* L.: Grundblätter im Umriß verkehrteiförmig, doppelt fiederschnittig mit dornig gezähnten, lineallanzettlichen Abschnitten. Blattstiele der Stengelblätter verbreitert, ganzrandig. Blütenköpfchen 1–2 cm breit, überragt von 5–9 lineallanzettlichen, stechenden, 2–5 cm langen Hüllblättern, die am Rand 1–4 kleine Dornenpaare tragen. Äußere Spreublätter 3spitzig, innere ganz. Frucht zerstreut schuppig.

| | Juni–September | ♃ | 15–60 cm | |

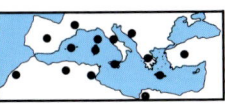

Strauchige Kugelblume
Globularia alypum L.
Kugelblumengewächse
Globulariaceae

B: Reich verzweigter immergrüner Strauch mit kurz gestielten, kahlen und ledrigen, länglichoval-zugespitzten, zum Teil auch 3spitzigen Blättern, an den nicht blühenden alten Zweigen büschelig stehend. Kleine blaue Blüten in kugelförmigen, 1–2,5 cm breiten, endständigen und achselständigen Köpfchen, umgeben von dachziegelig angeordneten, bewimperten, breitelförmigen, stumpfen, manchmal bespitzten Hüllblättern. Die röhrenförmigen Einzelblüten mit sehr kurzer, zweizähniger Oberlippe und 3zipfeliger Unterlippe. Kelchzähne borstenförmig, ungefähr 2mal so lang wie die Röhre, lang bewimpert.

S: Garigues, Felsfluren, z. T. bestandsbildend.

V: Mittelmeergebiet.

U: Ähnlich *Globularia arabica* Jaub. & Spach., aber nur 20–40 cm hoch, Blütenköpfchen alle endständig, Hüllblätter eiförmig bis lanzettlich, spitz oder zugespitzt, wollig behaart. Blätter zu den Zweigenden hin kleiner werdend (N-Afrika bis Israel). Mehrere endemische Arten in den südeuropäischen Gebirgen, meistens strauchförmig kriechend. Krautig ist dagegen *Globularia punctata* Lap. immergrüner Frühlingsblüher mit einer Grundrosette und zahlreichen kleinen Stengelblättern. Die blauen Blütenköpfchen umgeben von lanzettlichen, zugespitzten Hüllblättern (Süd- bis Mitteleuropa).

	Oktober– April		0,2–1 m	

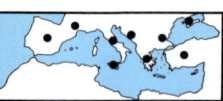

Ritro-Kugeldistel
Echinops ritro L.
Korbblütler
Asteraceae (Compositae)

B: Pflanze mit aufrechtem, meist verzweigtem, weißfilzigem oder fast kah-
lem, oft kurz drüsenhaarigem Stengel.
Blätter im Umriß elliptisch, 1 – 2fach fiederschnittig mit umgerolltem Rand, Abschnitte mit 3 – 15 mm langen Dornen,
unterseits weißfilzig, oberseits kahl
oder behaart. Die kugeligen, blauen,
3,5 – 4,5 cm breiten Köpfe aus 1blütigen
Köpfchen zusammengesetzt. Diese
außen mit einer Reihe borstenförmig
zerschlitzter Hüllblätter, die 1/3 – 1/2 so
lang sind wie der Hüllkelch und darauf
folgend mehrere Reihen dachziegelig
angeordneter, borstig bewimperter
Hüllblätter, wovon die innersten bis
zum Grunde getrennt sind und in einen
feinen Dorn auslaufen, Pappusborsten
in der unteren Hälfte verbunden.
S: Trockenrasen, Felsfluren.
V: S- und O-Europa, SW-Asien.
U: Ähnlich *Echinops microcephalus*
Sibth. & Sm.: Blütenköpfe meist nur 2
cm im Durchmesser. Die äußere bor-
stenförmige Hülle der einzelnen Köpfchen nur bis 1/5 so lang wie der Hüllkelch (Balkanhalbinsel, Kleinasien).
Durch 3,5 – 7 cm breite graublaue bis
grünliche Blütenköpfe ausgezeichnet
ist *Echinops spinosissimus* Turra:
Pflanze kräftig, bis 1,5 m hoch. Blätter
2 – 3fach fiederschnittig, oberseits drüsenhaarig, unterseits weißfilzig und
drüsenhaarig auf den Nerven (östliches Mittelmeergebiet, westlich bis
Sizilien).

	Juli – September	♃	20 – 70 cm	

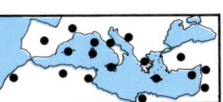

Kleinblütige Lupine
Lupinus micranthus Guss.
Schmetterlingsblütler
Fabaceae (Papilionaceae)

B: Im Gegensatz zu der in Mitteleuropa kultivierten, ausdauernden Lupine zierliche 1jährige, lang weichhaarige Pflanze. Blättchen der fingerförmig geteilten Blätter verkehrteiförmig-länglich, 15–70 mm lang und 5–15 mm breit, beidseitig behaart. Blüten in bis zu 12 cm langen, oft von den Blättern überragten (!) Trauben, oben quirlständig, unten wechselständig. Fahne der blauen Schmetterlingsblüte 10–14 mm lang, in der Mitte weiß, Schiffchen an der Spitze schwarzlichviolett. Oberlippe des Kelches 2teilig. Hülse 25–50 x 7–12 mm, behaart, rotbraun.

S: Brachland, vorwiegend auf sauren Böden.

V: Mittelmeergebiet, auch kultiviert.

U: 1jährig sind auch: *Lupinus varius* L. mit größeren, 15–17 mm langen Blüten, Fahne mit weißem und gelbem oder blaßpurpurnem Fleck. Blättchen 6–9 mm breit, beidseitig behaart. Hülse 13–20 mm breit (S-Europa, östliches Mittelmeergebiet). *Lupinus albus* L.: Blüten 15–16 mm, weiß bis blauviolett, Blättchen 10–15 mm breit, oberseits kahl, Kelchoberlippe im Gegensatz zu den anderen Arten höchstens schwach geteilt (Mittelmeergebiet, Kanaren, nur im Osten ursprünglich). *Lupinus angustifolius* L.: leicht kenntlich an den nur 2–5 mm breiten, oberseits kahlen, unterseits spärlich behaarten Blättchen (Mittelmeergebiet, Kanaren).

	März – Mai		10 – 30 cm	

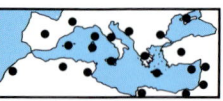

Harzklee, Pechklee
Psoralea bituminosa L.
Schmetterlingsblütler
Fabaceae (Papilionaceae)

B: Formenreiche Art mit mehr oder weniger behaarten, durchdringend nach Teer riechenden Stengeln. Blätter lang gestielt, 3zählig, Teilblättchen der unteren Blätter breiteiförmig, die der oberen Blätter lineallanzettlich, ganzrandig, drüsig punktiert. Blüten in 2–3 cm großen Köpfchen, ihre Stiele länger als die Blätter, aus 7–30 schmutzigvioletten, bisweilen weißen, 15–20 mm langen Einzelblüten, am Grunde umgeben von einem Paar 3zähliger Hochblätter. Kelch glockenförmig, behaart, mit 5 ungleich langen Zähnen. Frucht eiförmig, zusammengedrückt, mit 6–10 mm langem, schwertförmigem Schnabel, einsamig.

S: Wegränder, Unkrautfluren, Brachland.

V: Mittelmeergebiet, Kanaren.

U: Ähnlich *Psoralea americana* L., aber mit gezähnten, rhombisch-rundlichen bis eiförmigen Fiederblättchen und weißen, 8 mm langen Blüten in traubigen Blütenständen, deren Stiele so lang sind wie das zugehörige Blatt, das Schiffchen an der Spitze oft violett. Pflanze mit Teergeruch (südwestliches Mittelmeergebiet, Kanaren). *Psoralea morisiana* Pign. & Metlesics dagegen mit verholzten Trieben und ledrigen, ganzrandigen Blättchen. Blüten in 3,5–4,5 cm großen Köpfchen, 15–18 mm lang, schwach violett geadert. Pflanze ohne Teergeruch (bisher nur von Sardinien bekannt).

	April – August	♃	0,2 – 1 m	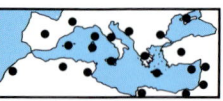

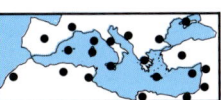

Wegerichblättriger Natternkopf
Echium plantagineum L.
Rauhblattgewächse
Boraginaceae

B: Pflanze gewöhnlich vom Grunde an verzweigt, mit abstehend weich borstig behaarten Stengeln. Blätter der wegerichähnlichen Grundrosette in einen langen Stiel verschmälert, eiförmig, vorne stumpf, mit deutlichen Mittel- und Seitennerven, 5 – 14 cm lang, angedrückt weich borstig. Stengelblätter länglich-lanzettlich, die oberen mit mehr oder weniger herzförmigem Grund sitzend. Blütenstand gewöhnlich verzweigt, Krone blau, später purpurrot, 18 – 30 mm lang, weit trichterförmig mit schiefem Saum, fast 2lippig, außen nur am Rand und auf den Nerven behaart, 2 Staubblätter herausragend. Kelch 7 – 10 mm, tief in schmale, lanzettliche Zipfel zerteilt, zur Fruchtzeit auf 15 mm vergrößert.

S: Wegränder, Ödland, sandige Standorte in Küstennähe.

V: Mittelmeergebiet und W-Europa, nördlich bis SW-England, Kanaren.

U: Bei den folgenden, blaublütigen, im ganzen Mittelmeergebiet vorkommenden Arten sind alle Staubblätter in der Kronröhre eingeschlossen. *Echium parviflorum* Moench: Krone 10 – 13 mm lang. Kelch 6 – 8 mm, zur Fruchtzeit bis auf 15 mm vergrößert, die Zipfel am Grunde 3 – 6 mm breit (steinige und grasige Standorte). *Echium arenarium* Guss.: Krone 6 – 11 mm lang. Kelch 5 – 7 mm, zur Fruchtzeit bis auf 10 mm vergrößert, Zipfel am Grunde 2 – 3 mm breit (Dünen, Wegränder).

	April – Juli		20 – 60 cm	

Mönchspfeffer, Keuschstrauch
Vitex agnus-castus L.
Eisenkrautgewächse
Verbenaceae

B: Kräftiger Strauch mit hellbraunen, 4kantigen, anfangs graufilzigen Zweigen. Die sommergrünen Blätter kreuzweise gegenständig, langgestielt, handförmig 5 – 7fach gefiedert, die gestielten Teilblätter lanzettlich, spitz, der glatte Rand mehr oder weniger umgerollt, unterseits weißfilzig, oberseits kahl, das größte 7 – 10 x 1 – 1,5 cm. Kleine duftende Blüten in endständigen, verzweigten, ährenartigen Blütenständen. Krone blau, seltener rosa oder weiß, 2lippig, außen behaart, die Röhre 5 – 6 mm lang, Oberlippe 2-, Unterlippe 3lappig. Staubblätter lang herausragend. Kelch glockenförmig, 1,5 mm lang, kaum gezähnt.

Die kleinen, fleischigen, rötlich-schwarzen Früchte schmecken scharf und wurden früher als Gewürz wie Pfeffer verwendet. Schon im Altertum wurde ihnen eine gewisse, den Geschlechtstrieb dämpfende Wirkung nachgesagt. Heute sind die Früchte bzw. ihre Auszüge in mehreren Arzneimitteln enthalten, die u.a. bei Menstruationsstörungen und zur Steigerung der Milchbildung eingesetzt werden. Man nimmt an, daß die Wirksamkeit auf einer über die Hypophyse gesteuerten Anregung der Gelbkörperhormonbildung beruht.

S: Flußufer, feuchte Standorte, häufig zusammen mit Oleander oder *Tamarix*-Arten, auch als Zierstrauch gepflanzt.

V: Mittelmeergebiet, SW-Asien.

	Juni – November		1 – 6 m	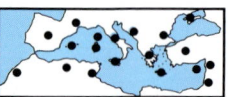

246

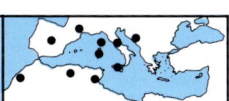

Strauchiger Gamander
Teucrium fruticans L.
Lippenblütler
Lamiaceae (Labiatae)

B: Immergrüner Strauch mit vierkantigen, weißfilzigen Zweigen. Blätter kurz gestielt, lanzettlich bis eiförmig, flach, unterseits weiß- oder rötlichfilzig, oberseits verkahlend, dunkelgrün glänzend, 3–4 cm lang und 8–11 mm breit. Blüten gestielt, zu 2 in den oberen Blattachseln, einen länglichen Blütenstand bildend. Krone blaßblau bis lila, 1,5–2,5 cm lang, Oberlippe fehlend (Merkmal für alle *Teucrium*-Arten!), Unterlippe 5lappig mit lang ausgezogenem Mittellappen, Schlund ohne Haarring, Staubfäden weit herausragend. Kelch kurz glockig, außen weißfilzig, innen kahl.

S: Küstennahe immergrüne Gebüsche.
V: Westliches Mittelmeergebiet, auch als Zierstrauch gepflanzt und verwildert.
U: Nahe verwandt und östlich anschließend verbreitet sind *Teucrium creticum* L., bis 1,5 m hoch, die jungen Zweige dicht weißfilzig behaart, Blätter rosmarinähnlich, oberseits grün, unterseits weißfilzig, Blüten zu 1–3 in den Achseln von kleinen Hochblättern, Krone violett, etwa 1 cm lang, Kelch dicht weißfilzig und *Teucrium brevifolium* Schreb., nur bis 60 cm hoher kleiner Strauch mit angedrückt behaarten oder fast kahlen Zweigen, Blätter ebenfalls schmal, aber beiderseits graufilzig, Blüten einzeln in den oberen Blattachseln, Krone blau, etwa 1 cm lang, Kelch spärlich behaart.

	Februar–Juni		0,3–2 m	

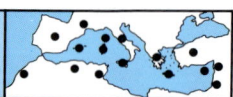

Schopf-Lavendel
Lavandula stoechas L.
Lippenblütler
Lamiaceae (Labiatae)

B: Kleiner, aromatisch duftender Strauch mit beiderseits graufilzigen, sitzenden, länglich-lanzettlichen, 1–4 cm langen Blättern mit umgerolltem Rand. Blüten in einer gestielten, 2–3 cm langen, dichten Scheinähre aus 6–10 blütigen Quirlen in den Achseln von 4zeilig angeordneten, 4–8 mm großen, rhombisch-herzförmigen, behaarten Hochblättern. Der ganze Blütenstand überragt vom Schopf der oberen, 1–5 cm langen, länglicheiförmigen, hellvioletten Hochblätter, die als Schauapparat der Anlockung von Insekten dienen und keine Blüten tragen. Die 2lippige Blütenkrone 6–8 mm, schwarzviolett. Kelch 4–6 mm, 13nervig, der obere Zahn in einem 1–2 mm breiten, verkehrtherzförmigen Anhängsel endend.

S: Garigues, lichte Macchien und Kiefernwälder auf Silikatgestein.

V: Mittelmeergebiet.

U: Einen Schopf aus hellgrünen, 8–20 mm langen Hochblättern hat *Lavandula viridis* L'Hér.: Blüten weiß, Kelchanhängsel besonders groß, 2,5–3,5 mm breit, Blätter elliptisch (südwestliches Mittelmeergebiet). Bei *Lavandula dentata* L. Blätter des Schopfes 8–15 mm lang, zugespitzt-eiförmig, purpurn. Blüten blauviolett. Blätter lineal, 1,5–3,5 cm lang, am Rand umgerollt und mehr oder weniger tief gekerbt, oberseits graugrün, unterseits graufilzig (Spanien, Balearen, NW-Afrika, weiter kultiviert).

	März–Juni		0,3–1 m	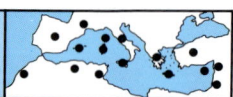

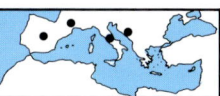

Echter Lavendel
Lavandula angustifolia Mill.
ssp. *angustifolia*
(*L. officinalis* Chaix)
Lippenblütler
Lamiaceae (Labiatae)

B: Stark aromatisch duftender Halbstrauch mit 2–4 cm langen, lineallanzettlichon Blättern, jung weißfilzig, später verkahlend. Langgestielte, 2–8 cm lange, unterbrochen ährenartige Blütenstände aus 6–10blütigen Scheinquirlen und breiteiförmigen, zugespitzten, hautigen und stark genervten Hochblättern. Tragblätter winzig oder fehlend. Blütenkrone 10–12 mm, 2lippig, blauviolett, Kelch meist grauviolett, 4,5–6 mm lang, 13nervig, mit einem undeutlichen Anhängsel an der Spitze des oberen Zahnes. Das ätherische Öl findet in der Parfümindustrie und auch in der Medizin breite Anwendung.

S: Gariques, Felsfluren, bis ins Bergland, in verschiedenen Varietäten auf Feldern angebaut.

V: S-Europa, sonst kultiviert und gelegentlich verwildert, die ssp. *pyrenaica* (DC.) Guinea nur in den Pyrenäen.

U: Ähnlich der Spik-Lavendel, *Lavandula latifolia* Med.: Blätter breiter, graugrün, Hochblätter lineallanzettlich, ohne deutliche Seitennerven. Tragblätter pfriemlich, 2–3 mm lang. Blüten 8–10 mm, mit 13nervigem Kelch. Geruch kampferartig (S-Europa, östlich bis Jugoslawien). Doppelt fiederschnittige Blätter hat *Lavandula multifida* L. (Iberische Halbinsel, S-Italien, Sizilien, N-Afrika, Kanaren).

	Juni–August		0,2–1 m	

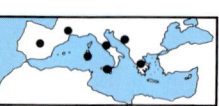

Echte Salbei
Salvia officinalis L.
Lippenblütler
Lamiaceae (Labiatae)

B: Aromatischer Halbstrauch mit abstehend filzig behaarten Zweigen. Die gegenständigen, gestielten Blätter einfach, länglich-eiförmig, am Grunde verschmälert, runzelig und am Rand sehr fein gekerbt, anfangs dicht weißfilzig, später besonders oberseits verkahlend. In den Achseln von eiförmig-lanzettlichen Hochblättern jeweils 5–10 kurz gestielte Blüten. Krone hellviolett, selten weiß, 2–3,5 cm lang mit fast gerader Oberlippe und 3lappiger Unterlippe. Der oft purpurn überlaufene, glockenförmige, 10–14 mm lange Kelch 2lippig, behaart und drüsig punktiert, mit 5 spitzen, 5–8 mm langen Zähnen, der mittlere Zahn der Oberlippe deutlich kleiner und kürzer als die beiden seitlichen. Die Blätter werden vor allem gegen übermäßige Schweißsekretion und bei Entzündungen der Mundhöhle und der Atmungsorgane angewendet. Gewürzkraut.

S: Garigues, Felstriften.

V: Ursprünglich wohl nur auf der Balkanhalbinsel, weiter kultiviert und teilweise eingebürgert.

U: Ebenso verwendet wird *Salvia fruticosa* Mill. *(S. triloba* L. f.), ein bis 1,5 m hoher Strauch mit angedrückt weißfilzigen Stengeln. Blätter einfach oder am Grunde mit 2, seltener 4 kleinen seitlichen Lappen. Blüten zu 2–6, Krone 1,6–2,5 cm lang, Kelch nur 5–8 mm (östliches Mittelmeergebiet, westlich bis S-Italien und Sizilien).

	Mai–Juli		20–60 cm	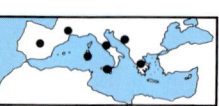

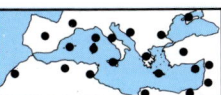

Eisenkraut-Salbei
Salvia verbenaca L.
Lippenblütler
Lamiaceae (Labiatae)

B: Stengel im oberen Teil gewöhnlich drüsig behaart. Die lang gestielten Blätter der Grundrosette schmutziggrün, länglich bis eiförmig mit runzeliger Oberfläche, grob gekerbt und sehr unterschiedlich gelappt oder ungeteilt, 5 – 10 cm lang und 2 – 4 cm breit. Stengelblätter kurz gestielt oder sitzend, Hochblätter eiförmig-zugespitzt, etwa 6 x 6 mm. Lockerer oder dichter, häufig verzweigter, ährenartiger Blütenstand. Blüten 2 – 3 mm lang gestielt zu 4 – 10 in Scheinquirlen. Krone 6 – 16 mm, mit bauchiger Röhre, 2lippig, hellblau bis violett. Kelch glockenförmig, mit Drüsen- und einfachen Haaren und hervortretenden Nerven. Sehr formenreiche Art.

S: Brachland, Kulturland, Wegränder.
V: Mittelmeergebiet und W-Europa, Kanaren, fast weltweit verschleppt.
U: Zahlreiche Arten besonders im östlichen Mittelmeerraum (86 Arten in der Türkei). Leicht zu kennen ist *Salvia viridis* L., einzige 1jährige Salbei-Art im Gebiet, an der Spitze der blühenden Triebe oft mit einem Schopf aus violetten, rosa, grünen oder weißen breiteiförmigen Hochblättern, die keine Blüten tragen. Blüten zu 4 – 8, zur Fruchtzeit an zurückgebogenen Stielen. Krone 14 – 18 mm, violett, rosa oder weiß. Die gestielten, einfachen, eiförmigen oder länglichen Blätter regelmäßig gekerbt, behaart, 5 x 2,5 cm (Mittelmeergebiet).

	Januar – Dezember	♃	10 – 80 cm	

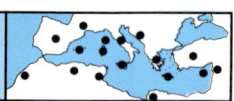

Rosmarin
Rosmarinus officinalis L.
Lippenblütler
Lamiaceae (Labiatae)

B: In den Macchien weit verbreiteter, immergrüner, stark aromatisch duftender Strauch mit aufsteigenden bis aufrechten, braunen Zweigen. Sitzende, schmallineale, 1,5–4 cm lange, ledrige Blätter mit nach unten umgerollten Rändern, Blattoberseite kräftig grün, runzelig, Unterseite weißfilzig. Kleine sternhaarig-filzige, traubige Blütenstände in den oberen Blattachseln. Blütenkrone blau, blaßblau, seltener weiß oder rosa, 10–12 mm lang, 2lippig, Oberlippe geteilt, aufrecht bis zurückgebogen, Unterlippe 3lappig mit großem Mittellappen. Die 2 Staubblätter und der Griffel lang herausragend. Kelch glockig, 2lippig, 5–7 mm, zur Fruchtzeit vergrößert, fast kahl und deutlich genervt. Teilfrüchtchen braun, glatt. Gewürz- und Heilpflanze. Der angenehm kampferartige Geruch der Blätter beruht auf dem Gehalt an ätherischem Öl, das zu durchblutungsfördernden Einreibungen und Bädern verwendet wird.

S: Garigues, Macchien, lichte Wälder.
V: Mittelmeergebiet, Kanaren, schon seit dem Altertum als Zierpflanze bekannt.
U: *Rosmarinus eriocalix* Jord. & Fourr.: meist niederliegender Strauch mit grauen Zweigen. Blätter 0,5–1,5 cm lang, kahl und grün oder auch graufilzig. Im Blütenstand neben Sternhaaren auch lange, einfache Drüsenhaare (S-Spanien, NW-Afrika).

| | Januar–Dezember | | 0,5–2 m | |

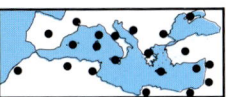

Ästige Sommerwurz
Orobanche ramosa L.
Sommerwurzgewächse
Orobanchaceae

B: Blattgrünlose Pflanze, die auf den Wurzeln anderer Arten schmarotzt. Stengel meist verzweigt, blaßgelb, am Grunde verdickt, drüsenhaarig, mit einzelnen eiförmig lanzettlichen, spitzen, 3–8 mm langen Schuppenblättern. Blüten in 2–25 cm langen Ähren, sitzend oder bis 5 mm lang gestielt, je mit einem 6–8 mm langen Hochblatt und 2 dem 4zähnigen, 6–8 mm langen Kelch anliegenden und etwa gleich langen lineallanzettlichen Vorblättern. Blütenkrone 10–22 mm, drüsenhaarig, über dem Fruchtknoten verengt und weißlich, zur Mündung hin nach vorn gebogen und allmählich erweitert, blau, violett oder selten weißlich. Unterlippe mit 2, Oberlippe mit 3 rundlichen, fast gleich großen Zipfeln. Staubbeutel kahl oder am Grunde spärlich behaart.

S: Auf einer Vielzahl von Wirtspflanzen, besonders Hanf oder Tabak.

V: Mittelmeergebiet, Kanaren, SW-Asien, östlich bis Indien.

U: Durch 2 Vorblätter gekennzeichnet sind auch die ähnlichen Arten *Orobanche oxyloba* (Heuter) B. Beck. Zipfel der Blütenunterlippe eiförmig-spitz, Staubbeutel kahl oder am Grunde etwas behaart, auf *Anthemis chia* (südöstliches Mittelmeergebiet bis Pakistan) und *Orobanche lavandulacea* Rchb.: Zipfel der Blütenunterlippe rundlich, Staubbeutel dicht behaart, häufig auf *Psoralea bituminosa* (Mittelmeergebiet).

	April – September	☉	5 – 30 cm	

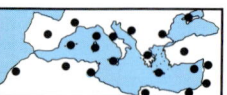

Frauenhaarfarn, Venushaar
Adiantum capillus-veneris L.
Frauenhaargewächse
Adiantaceae

B: Blätter überwinternd, mit glänzend schwarzbraunem, nur am Grunde mit Schuppen besetztem, bis 25 cm langen, kaum über 1 mm dicken Stiel und im Umriß eiförmig-länglicher, 2–4fach gefiederter Spreite. Abschnitte leuchtend hellgrün, zart, rhombisch oder rundlich, zum Grunde schief keilförmig verschmälert, am oberen Rand unregelmäßig eingeschnitten, die Endfieder haarfein gestielt, Nerven in den Zähnen der Ränder endigend. Sporangien (Sporenbehälter) ohne Schleier auf der Unterseite umgeschlagener Randlappen. Im Altertum verglich man die Stiele der Blätter und Fiedern mit dunklem Frauenhaar und schrieb der Pflanze nach der Signaturenlehre Förderung des Haarwuchses bzw. Erhaltung dessen dunkler Farbe zu. In der Volksheilkunde wurde sie früher als auswurfförderndes und reizmilderndes Mittel bei Erkrankungen der Atemwege und bei Darmkatarrh verwendet, aufgrund eines gewissen Zuckergehaltes auch als geschmacksverbesserndes Mittel. Häufig als Zierpflanze, hierfür aber auch andere außereuropäische *Adiantum*-Arten.
S: Schattig-feuchte, oft überrieselte Kalkfelsen, um Quellen und in Grotteneingängen.
V: Im ganzen Mittelmeergebiet, an der Atlantikküste nördlich bis Irland, Kanaren, auch weltweit in tropischen und subtropischen Bereichen.

	Juni–September	♃	bis 60 cm	

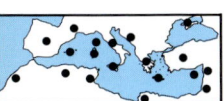

Dünnblättriger Nacktfarn
Anogramma leptophylla (L.) Link
(*Gymnogramma leptophylla*
(L.) Desv.)
Nacktfarngewächse
Gymnogrammaceae

B: Einjährige zierliche Farnpflanze mit einem Büschel von kahlen, dünnen Blättern an einem sehr kurzen, dicht behaarten Erdsproß. Blätter sehr verschieden, die unteren im Umriß rundlich-nierenförmig, mehr oder weniger tief geteilt, gewöhnlich ohne Sporenbehälter, die folgenden im Umriß oval bis lanzettlich, 1–3fach gefiedert, Fiedern auf jeder Seite bis 7, eiförmig bis dreieckig-elförmig, am Grunde keilförmig verschmälert, stumpf, die unteren gestielt. Sporenbehälter nicht von einem Schleier verdeckt (woher sich der Name ableitet), auf den ersten sporentragenden Blättern randständig, an den späteren oft auf der ganzen Unterseite der Abschnitte. Blattstiele so lang wie die Spreite oder länger, rotbraun oder grün.

Durch seinen Lebensrhythmus interessanter Farn, der im Unterschied zu anderen im Mai oder Juni nach der Sporenreife abstirbt. Dagegen kann der unbefruchtete Vorkeim in Knöllchenform die trockene Jahreszeit überdauern und im Herbst austreiben, so daß zu Beginn der winterlichen Vegetationsperiode wieder eine Farnpflanze entsteht.
S: Feuchte, schattige Felsen, offene Böden, kalkmeidend.
V: Mittelmeergebiet, Kanaren, an der Atlantikküste bis zu den Kanalinseln, weltweit in den Tropen und Subtropen.

	Mai – Juni		3 – 20 cm	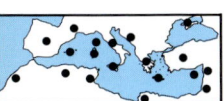

Spitzer Streifenfarn
Asplenium onopteris L.
Streifenfarngewächse
Aspleniaceae

B: Blätter überwinternd, ihr Stiel etwa so lang wie die Spreite, rotbraun, am Grunde verdickt und mit schmalen Schuppen. Spreite 2–4fach gefiedert, dunkelgrün, ledrig und stark glänzend, im Umriß dreieckig-eiförmig, wobei Spitze und Fiederenden verlängert (geschwänzt) sind. Fiedern meist gegen die Blattspitze zu gekrümmt. Endabschnitte lanzettlich bis lineal, am Grunde keilförmig, mit spitzen, fast grannenartigen Zähnen. Sporenbehälter in Gruppen (Sori) nahe den Mittelrippen.
S: Schattige Felsen, Wälder und Gebüsche, meist auf Silikatgestein.

V: Nahe verwandt ist *Asplenium adiantum-nigrum* L.: Blattspreite heller und weniger glänzend als bei obiger Art. Blattspitzen und Fiedern am Ende nicht geschwänzt, Fiedern nur wenig gegen die Blattspitze zu gekrümmt. Endabschnitte weniger spitz, am Grunde oft abgerundet (W-Europa, seltener bis Mittel- und S-Europa). Auf Serpentinit *Asplenium cuneifolium* Viv. mit blaßgrünen Blättern, Endabschnitte stumpf (Süd- bis Mitteleuropa). *Asplenium obovatum* Viv.: Blätter 10–30 cm lang, ihre Stiele am Grunde nicht verdickt, hell rötlich-braun mit wenigen fädlichen Schuppen. Spreite eiförmig-lanzettlich, zugespitzt, nur in der unteren Hälfte 2fach gefiedert, Abschnitte mit stumpfen, bespitzten Zähnen. Sori nahe den Blatträndern (S-Europa, NW-Afrika).

	März–Juni	♃	10–50 cm	
				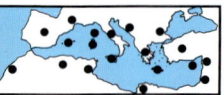

Spreuschuppiger Milzfarn,
Schriftfarn
Asplenium ceterach L.
(*Ceterach officinarum* DC.)
Streifenfarngewächse
Aspleniaceae

B: Blätter überwinternd, lederartig dick. Blattstiel viel kürzer als die Spreite, am Grunde schwarz, wenigstens unten mit dunklen herzelförmigen, buchtig gezähnten Spreuschuppen. Spreite im Umriß lineal bis länglich-lanzettlich, fiederteilig, mit jederseits 9–12 wechselständigen, halbkreisförmigen, ganzrandigen Abschnitten, oberseits grau bis dunkelgrün, stumpf und kahl, unterseits dicht mit dachziegelartig angeordneten, goldbraunen, glänzenden, am Blattrand wimperartig hervorragenden Spreuschuppen bedeckt. Sori lineal, schräg zur Mittelrippe verlaufend (schriftzeichenähnlich, wovon sich der Name ableitet), anfangs unter den Spreuschuppen versteckt. Bei sommerlicher Trockenheit rollen sich die Blätter ein, so daß die schützenden Schuppen nach außen gekehrt sind. Ist die Luftfeuchtigkeit gestiegen, entrollen sie sich wieder. Früher wurde der Farn als Heilmittel bei Milzerkrankungen verwendet.
S: Sonnige Fels- und Mauerspalten im Kalk-, seltener auch im Silikatgestein.
V: Mittelmeergebiet, W-Europa, selten in warmen Gebieten Mitteleuropas, östlich bis zum Himalaja und bis China.
U: Auf den Kanaren die wesentlich kräftigere Art *Ceterach aureum* (Cav.) Buch mit bis 50 cm langen und bis 8 cm breiten Blättern.

	Mai – Juni	♃	bis 25 cm	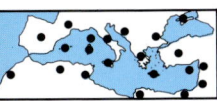

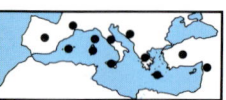

Pinie
Pinus pinea L.
Kieferngewächse
Pinaceae

B: An der dichten, schirmförmig ge-
wölbten Krone leicht kenntliche Kie-
fernart. Stamm mit graubrauner Borke,
die beim Abblättern rötliche Flecken
hinterläßt. Junge Triebe kräftig, kahl,
graugrün, später braun, Knospen harzfrei. Nadeln zu 2 an Kurztrieben, grün,
steif und spitz, mit feinen nach oben ge-
richteten Zähnchen (Lupe), 10 – 20 cm
lang und 1,5 – 2 mm breit. Die Zapfen
erst im 3. Jahr reif, lange geschlossen
bleibend. Geöffnete Zapfen fast rundlich, 8 – 14 cm lang und bis 10 cm breit,
glänzend rotbraun (Bild oben). Schup-
penschilder dick, mit 5 – 6 radialen Lei-
sten und großem, flachem, grauwei-
ßem Nabel. Samen 1,5 – 2 cm lang und
7 – 11 mm breit, kaum geflügelt, mit dikker harter Schale. Die ölhaltigen Samen
mit mandelähnlichem Geschmack
kommen als Pinienkerne, Piniennüsse
oder Pinioli in den Handel und finden
besonders in der mediterranen Küche
breite Anwendung. In der römischen
Antike wurde der Pinienzapfen häufig
dargestellt.
S: Bildet größere lichte Waldbestände
in den küstennahen Sandgebieten,
häufig auch als Zierbaum, wegen der
Samen oder als Nutzholz gepflanzt. Ur-
sprünglichkeit nicht immer gesichert,
da die Pinie schon seit römischer Zeit
vielerorts kultiviert wurde.
V: S-Europa, Vorderasien, sonst gelegentlich kultiviert.

	April – Mai		bis 30 m	

Stern-Kiefer, Igel-Föhre
Pinus pinaster Ait.
Kieferngewächse
Pinaceae

B: Baum mit kegelförmiger Krone und tief rissiger, rötlichbrauner Borke. Junge Triebe kahl, rötlich, Knospen harzfrei. Nadeln zu 2 an Kurztrieben, glänzend grün, kräftig und stechend, 10 – 25 cm x 2 mm. Die hellbraun glänzenden Zapfen zu 2 – 8 sternförmig gestellt, mit 14 – 22 x 5 – 8 cm die größten der europäischen Kiefern. Schuppenschild mit scharfer Querleiste und ausgeprägtem, spitzem, geradem oder abwärts gerichtetem Nabel. Samen schwarz, 7 – 8 mm, bis 3 cm lang geflügelt. Liefert neben anderen Arten, so vor allem der amerikanischen *Pinus australis* Michaux fil.,
das arzneilich verwendete Terpentinöl.
S: Auf Sandböden und Urgestein waldbildend, bis in die untere Bergstufe ansteigend.
V: Westliches Mittelmeergebiet, weiter auch zur Dünenbefestigung gepflanzt.
U: An *Pinus pinaster* in der Höhenstufe teilweise direkt anschließend *Pinus nigra* Arnold mit schwarzgrauem Stamm. Nadeln 4 – 19 cm x 1 – 2 mm. Zapfen klein, 3 – 8 x 2 – 4 cm, fast sitzend und waagerecht abstehend. Schuppenschild gekielt, Nabel meist mit einem kleinen Dorn. Mehrere Unterarten, die sich in ihrer Verbreitung ausschließen, so auf Korsika, Sizilien und in Kalabrien die ssp. *laricio* Maire, in Spanien und S-Frankreich die ssp. *salzmannii* (Dun.) Franco, die ssp. *nigra* von Österreich bis Griechenland und Mittelitalien.

	April – Mai		bis 40 m	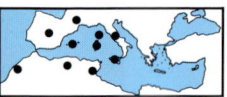

Aleppo-Kiefer, Strand-Kiefer
Pinus halepensis Mill.
Kieferngewächse
Pinaceae

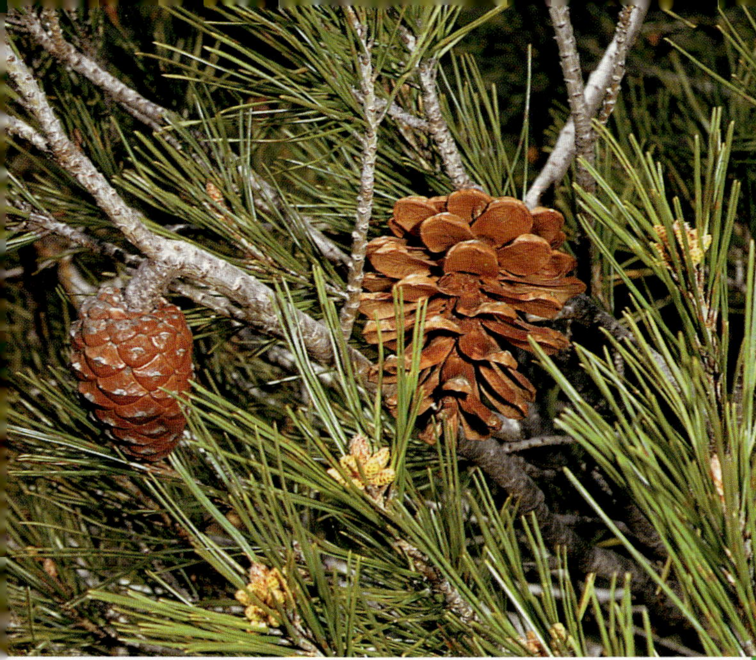

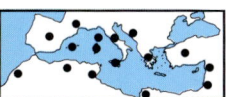

B: Lange Trockenzeiten ertragende Kiefer mit häufig gekrümmten und gedrehten Zweigen und einer lichten, unregelmäßig schirmförmigen Krone. Rinde anfangs silbergrau, glatt, später rötlichbraun und rissig. Junge Triebe kahl bis fein behaart, lange hellgrau bleibend, Knospen harzfrei. Nadeln zu 2 an Kurztrieben, weich und biegsam, hellgrün, 6–15 cm lang und 0,7 mm breit. Zapfen kegelförmig, einzeln oder zu 2–3, glänzend rotbraun, 5–12 cm lang und 4 cm breit, an einem 1–2 cm langen, oft abwärts gekrümmten Stiel. Schuppenschild flach, mit etwas erhabenem, dornlosem Nabel. Samen 7 mm, 2–3 cm lang geflügelt.

S: Oft waldbildend, allein oder mit anderen Baumarten, besonders auf Kalk.

V: Mittelmeergebiet.

U: Nahe verwandt ist *Pinus brutia* Ten.: junge Triebe kahl, rötlichgelb, später graubraun. Nadeln dunkler grün, 8–12 cm lang und 1–1,5 mm breit. Zapfen 5–11 cm lang und 4 cm breit, waagerecht oder aufrecht-abstehend, mehr oder weniger sitzend, nie abwärts gekrümmt, meist mehr als 2 zusammen (von Griechenland und Kreta bis Syrien). Auf der Balkanhalbinsel und in Italien in der Bergstufe als weitere Kiefern-Art *Pinus heldreichii* Christ mit mehr als 1 mm breiten Nadeln.

	März – Mai		bis 20 m	

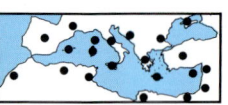

Stech-Wacholder,
Zedern-Wacholder
Juniperus oxycedrus L.
Zypressengewächse
Cupressaceae

B: Zweihäusiger Strauch oder kleiner Baum. Blätter in 3zähligen Wirteln, von den Zweigen abstehend, spitz, bis 2,5 cm lang, auf der Oberseite mit 2 weißlichen Streifen. Männliche Blüten einzeln, unscheinbar in den Blattachseln. Die im 2. Jahr reifen Beerenzapfen rotbraun, mit 2–3 Samen. 2 Unterarten im Mittelmeergebiet: bei der ssp. *oxycedrus* Blätter bis 2 mm breit, reife Beerenzapfen 8–10 mm im Durchmesser, bei der ssp. *macrocarpa* (Sm.) Ball Blätter bis 2,5 mm breit, reife Beerenzapfen 12–15 mm im Durchmesser.

Aus dem Holz Gewinnung von Wacholderteer, der gegen Hautleiden und rheumatische Erkrankungen gelegentlich noch Anwendung findet.
S: Ssp. *oxycedrus:* häufig in Macchien und Wäldern, bis in die Gebirge, ssp. *macrocarpa:* in Küstennähe auf Sand oder Felsen.
V: Beide Unterarten im ganzen Mittelmeergebiet.
U: Ähnlich der Gemeine Wacholder *Juniperus communis* L., im Süden nur in den Gebirgen: Nadeln mit nur einem weißlichen Streifen, reife Beerenzapfen („Wacholderbeeren") blauschwarz, 6–9 mm. In den Gebirgen S-Griechenlands, der Türkei und Syriens *Juniperus drupacea* Labill.: 10–12 m hoher Baum mit breit kegelförmiger Krone, Beerenzapfen braun oder blauschwarz, 2–2,5 cm. Samen verwachsen.

|  | April–Mai |  | 1–8 (–14) m | |

Phönizischer Wacholder
Juniperus phoenicea L.
Zypressengewächse
Cupressaceae

B: Einhäusiger kleiner Baum oder Strauch, an windexponierten Küstenstandorten auch niederliegend. Blätter schuppenförmig, eiförmig-rhombisch, den Zweigen dicht dachziegelig angedrückt, 1–2 mm lang, dunkelgrün, stumpf, mit deutlich häutigem Rand, auf dem Rücken mit einer Drüsenfurche. Blätter von Jungpflanzen dagegen nadelförmig, abstehend in 3zähligen Wirteln, 5–14 mm lang. Männliche Blüten unscheinbar an den Zweigenden. Die im 2. Jahr reifen, 8–14 mm großen Beerenzapfen zuletzt dunkelbraunrot, kaum bereift, mit 3–9 Samen.

S: Wälder, Macchien und Garigues, vor allem in Küstennähe.
V: Mittelmeergebiet, Kanaren.
U: Keinen häutigen Blattrand haben die in den Gebirgen vorkommenden, baumförmigen Arten *Juniperus thurifera* L: Zweige 4kantig, zweizeilig angeordnet. Beerenzapfen 7–8 mm, dunkelpurpurn bis blauschwarz, mit 2–4 Samen (Spanien, Westalpen, Korsika, N-Afrika). *Juniperus foetidissima* Willd.: Zweige 4kantig, 1 mm oder dikker, Blätter beim Zerreiben mit intensivem, widerlichen Geruch. Beerenzapfen 7–12 mm im Durchmesser, dunkelbraun oder schwarz, mit 1–2, seltener 3 Samen. *Juniperus excelsa* Bieb.: Zweige rundlich, weniger als 0,8 mm dick. Beerenzapfen 8 mm, dunkel purpurbraun, mit 4–6 Samen (beide Balkanhalbinsel, Krim, Vorderasien).

	Februar–April		1–2 (–8) m	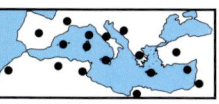

Mittelmeer-Zypresse
Cupressus sempervirens L.
Zypressengewächse
Cupressaceae

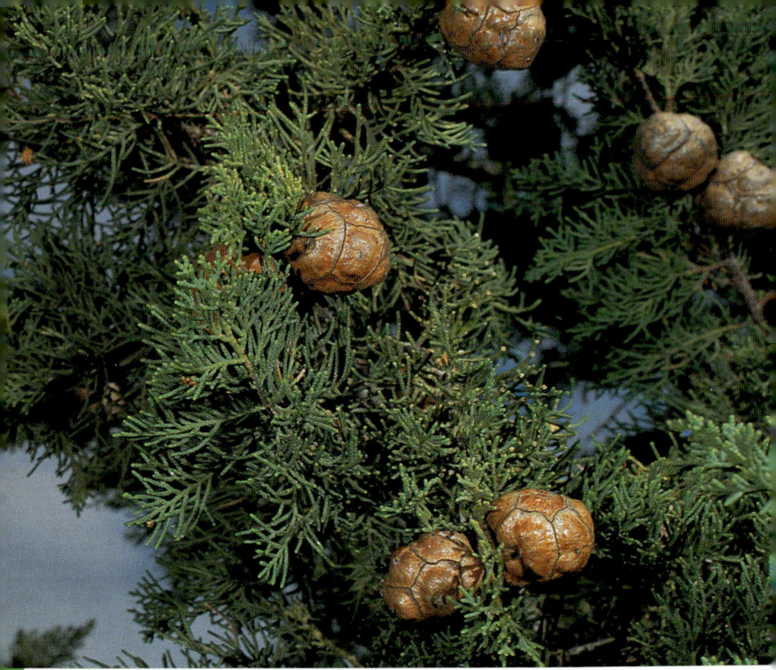

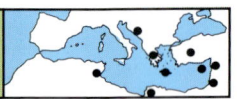

B: Einhäusiger Baum mit waagerecht ausgebreiteten Ästen (fo. *horizontalis* (Mill.) Voss) oder in der Säulenform (fo. *sempervirens)* mit aufrechten Ästen. Blätter dunkelgrün, 0,5–1 mm, stumpf schuppenförmig, kreuzweise gegenständig und dachziegelig, mit einer Drüse auf dem Rücken. Reife weibliche Zapfen 2,5–4 cm, mehr oder weniger kugelig, an kurzen Stielen hängend, mit 8–14 holzigen Schuppen, die in der Mitte einen spitzen Nabel tragen, zur Reifezeit gelblichgrau. Samen 5–7 mm, mit schmalem flügelartigem Rand. Männliche Blüten unscheinbar an den Enden von Kurztrieben. Das ätherische Öl, aus Blättern und jungen Zweigen gewonnen, wird medizinisch zu Inhalationen und Einreibungen bei Atemwegserkrankungen verwendet. Auch in Raumsprays und einigen Parfüms.

S, V: Östliches Mittelmeergebiet bis Persien, bis in die Gebirge ansteigend, zum Teil waldbildend (fo. *horizontalis),* auch als Zierbaum. Die Säulenzypresse im ganzen Mittelmeergebiet gepflanzt.

U: Einige Arten aus Nord- und Mittelamerika werden als Windschutz, zur Holznutzung oder als Zierbaum gepflanzt, u.a. *Cupressus macrocarpa* Hartweg, Baum mit aufrecht-abstehenden Ästen, Blätter heller, 1–2 mm lang, stumpf. Die 2–3,5 cm großen Zapfen zur Reifezeit glänzend braun.

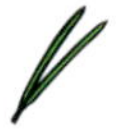

	März – Mai		20–30 m	

Kork-Eiche
Quercus suber L.
Buchengewächse
Fagaceae

B: Immergrüner Baum, Stamm anfangs glatt, rostbraun, später mit ausnehmend dicker, korkiger Borke. Frisch entrindete Stämme hellbraun, später dunkelrotbraun. Derbe, lederartige Blätter, eiförmig-länglich, 3 – 7 cm lang, am Grunde kurz keilförmig, oberseits glänzend dunkelgrün und kahl, unterseits bleibend schwach graufilzig mit hervortretenden Nerven. Mittelrippe meist hin- und hergebogen, Blattrand mit beiderseits 4 – 5 kurzen, nicht sehr spitzen Zähnen oder fast ganzrandig. Blattstiel 8 – 15 mm lang. Nebenblätter klein, filzig, bald abfallend. Männliche Blüten in bis 4 cm langen Kätzchen, weibliche einzeln oder ährenförmig, an einem filzig behaarten Stiel sitzend. Fruchtbecher mit graufilzigen Schuppen, die oberen lineallanzettlich, locker zusammenschließend, die unteren breiter, kürzer und angedrückt. Die erste Korkernte ist nach etwa 25 Jahren möglich, danach kann ein Baum im Abstand von 10 – 12 Jahren bis zu einem Alter von etwa 150 Jahren regelmäßig geschält werden. Kork zeichnet sich durch ein niedriges spezifisches Gewicht und hohe Elastizität aus, er ist daher vielseitig verwendbar.

S: Lichte immergrüne Wälder auf Urgestein.

V: Westliches Mittelmeergebiet bis Italien (besonders an der Westküste), Kanaren.

	April – Mai		bis 20 m	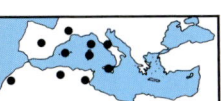

Stein-Eiche
Quercus ilex L.
Buchengewächse
Fagaceae

B: Immergrüner Baum, Stamm glänzend hellgrau, glatt, später mit kleinschuppiger Borke. Blätter ledrig, in der Form sehr veränderlich, länglich-eiförmig bis lanzettlich, 3 – 7 cm lang, ganzrandig bis stachelig gezähnt (besonders an Langtrieben), oberseits dunkelgrün und verkahlend, unterseits dicht graufilzig mit hervortretenden Nerven, Mittelrippe gerade, mit 7 – 11 Paar Seitennerven, Blattstiel 6 – 15 mm. Nebenblätter schmal, dicht behaart, bald abfallend. Männliche Blüten in 4 – 7 cm langen Kätzchen, weibliche zu 1 – 2 an filzig behaarten Stielen sitzend. Fruchtbecher mit anliegenden, stumpfen weichhaarigen Schuppen. Eicheln bitter.

S: Die Stein-Eiche wäre, ohne die wald- und bodenzerstörende Tätigkeit der Menschen seit dem Altertum, der wichtigste waldbildende immergrüne Baum des Mittelmeergebietes und würde große Flächen bedecken, die heute – wo noch vorhanden – meist als Niederwald genutzt werden.

V: Mittelmeergebiet, im Osten seltener, Kanaren.

U: *Quercus ilex* ssp. *rotundifolia* (Lam.) T. Morais, oft auch als eigene Art angesehen, ist im südwestlichen Mittelmeergebiet vorherrschend: Blätter breiteiförmig, oberseits bläulich-graugrün, mit nur 5 – 8 Paar Seitennerven. Nebenblätter breiter, häutig, verkahlend. Eicheln nicht bitter.

| 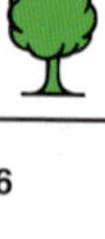 | April – Mai | 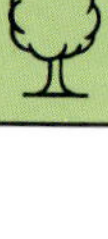 | bis 25 m | 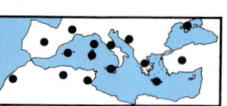 |

Kermes-Eiche, Stech-Eiche
Quercus coccifera L.
Buchengewächse
Fagaceae

B: Strauchförmig, vorwiegend im Osten auch baumförmig (als *Q. calliprinos* Webb. bezeichnet). Die immergrünen, starren, lederartigen Blätter ausgewachsen kahl, oberseits dunkelgrün glänzend, unterseits heller, 1,5 – 4 cm lang, breiteiförmig bis länglich, Nerven nur auf der Oberseite hervortretend, Ränder buchtig-wellig mit stark stechenden Zähnen. Blattstiele 1 – 4 mm lang. Fruchtbecher mit kurzen, allseits abstehenden, stacheligen Schuppen.
S: Garigues, Macchien, lichte Wälder.
V: Mittelmeergebiet.

März – Mai ♀ bis 4 (– 15) m

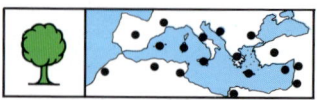

Zerr-Eiche
Quercus cerris L.
Buchengewächse
Fagaceae

B: Sommergrüner Baum. Blätter länglich bis verkehrteiförmig, meist unterbrochen fiederlappig mit 4 – 7 Paaren ganzrandiger oder mit 1 – 4 Zähnen versehener Lappen, ledrig und beiderseits rauh, Blattstiel bis 1,5 cm lang. Nebenblätter ausdauernd. Schuppen des Fruchtbechers pfriemlich, abstehend.
S: Wälder der Flaumeichenstufe.
V: S-Europa, Kleinasien.
U: Ähnliche Fruchtbecher hat *Quercus ithaburensis* Decaisne ssp. *macrolepis* (Kotschy) Hedge & Yalt. (Apulien, Balkanhalbinsel, Kreta, Kleinasien).

April – Mai ♀ bis 35 m

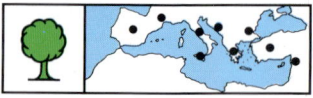

Flaum-Eiche
Quercus pubescens Willd.
Buchengewächse
Fagaceae

B: Der heimischen Trauben-Eiche *(Q. petraea* (Matt.) Liebl.) ähnlicher sommergrüner Baum, unterscheidet sich von diesem durch dicht graufilzig behaarte junge Zweige, Knospen, Blätter und Fruchtbecher. Ältere Blätter oberseits verkahlend, unterseits graufilzig, 4 – 12 cm lang, verkehrteiförmig, am Grunde keilförmig oder herzförmig, beiderseits 4 – 7fach buchtig gelappt, mit weniger als 0 Seitennervenpaaren. Blattstiel 5 – 12 mm lang, sternhaarig-filzig. Früchte fast sitzend oder kurz gestielt, Schuppen dem Fruchtbecher dicht angedrückt und filzig behaart.

S: Der Charakterbaum der submediterranen, sommergrünen Laubwaldstufe. Bildet hohe, lichte und unterwuchsreiche Wälder.

V: S-Europa, Kleinasien, bis Mitteleuropa nur im äußersten Südwesten und Südosten vordringend.

U: *Quercus virgiliana* (Ten.) Ten., sehr ähnlich, Blattstiel aber 15 – 25 mm lang (von Korsika und Sardinien bis zum Schwarzen Meer). Bei *Quercus pyrenaica* Willd. Blätter tief buchtig gelappt, unterseits dicht weißfilzig, ihr Stiel bis 22 mm lang. Seitennervenpaare meist weniger als 8, Schuppen des Fruchtbechers locker anliegend (SW-Europa, N Italien, Marokko). *Quercus frainetto* Ten. dagegen mit 2 – 6 mm langem Blattstiel, mehr als 8 Seitennervenpaare im Blatt (S-Italien, Balkanhalbinsel, Vorderasien).

	April – Mai		bis 15 (–25) m

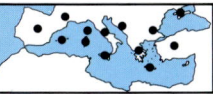

Echte Kastanie, Eßkastanie
Castanea sativa Mill.
Buchengewächse
Fagaceae

B: Sommergrüner Baum, Stamm mit längsrissiger Borke. Blätter 10 – 25 cm lang und 3 – 8 cm breit, länglichlanzettlich, stachelig gezähnt, oberseits glänzend sattgrün, meist kahl, unterseits blaßgrün, anfangs graufilzig, später verkahlend, mit 12 – 20 stark hervortretenden Seitennerven. Blüten entwikkeln sich nach den Blättern, mit unscheinbarer meist 6spaltiger Blütenhülle, männliche büschelig in 10 – 20 cm langen, aufrechten, unterbrochenen Kätzchen angeordnet, weibliche einzeln am Grunde der Blütenstände zu 1 – 3, von einem gemeinsamen, grünen, schuppigen Fruchtbecher dicht umschlossen. Dieser zur Reifezeit lang stachelig, 4klappig aufspringend, mit 1 – 3 dunkelbraunen Früchten. Die stärkereichen Früchte hatten früher geröstet (Maronen), gekocht, zu Mehl vermahlen oder als Kaffeesurrogat für die Ernährung weit größere Bedeutung als heute. Ein hoher Anteil wird als Viehfutter genutzt. Die Blätter werden in hustenreizstillenden und auswurffördernden Arzneimitteln verwendet, ohne daß die Wirkstoffe bisher bekannt sind.
S: Meist auf kalkfreien Böden in oft parkartigen alten Kulturen, auch in sommergrünen Laubmischwäldern der submediterranen Stufe.
V: Mittelmeergebiet, teilweise nur gepflanzt. Viele Bestände sind der Tintenfischkrankheit, die durch einen Pilz hervorgerufen wird, zum Opfer gefallen.

| | Juni | | 10 – 30 m | 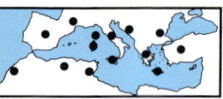 |

Hopfenbuche
Ostrya carpinifolia Scop.
Haselnußgewächse
Corylaceae

B: Sommergrüner Strauch oder kleiner Baum mit anfangs glatter, hellgrauer, später dunkler, rissiger Borke. Blätter 5–10 cm lang, eiförmig, zugespitzt, am Grunde fast herzförmig, doppelt scharf gesägt, in der Jugend an den Nerven behaart, später verkahlend. Blatthälften meist ungleich breit wie bei den Ulmen. Männliche Kätzchen dichtblütig, hängend, schon im Herbst des Vorjahres an den Zweigen, sich beim Aufblühen bis auf 12 cm verlängernd. Weibliche Kätzchen anfangs aufrecht, sich zu einem hängenden, bis 6 x 3 cm großen Fruchtstand entwickelnd, der an einen Hopfenzapfen erinnert. Jedes Nüßchen von einer später aufgeblasenen, eiförmigen, ganzrandigen Hülle eingeschlossen.

S: In sommergrünen Laubmischwäldern der submediterranen Stufe.

V: Von der Riviera, Korsika und Sardinien ostwärts bis Kleinasien und bis zum Kaukasus, nördlich bis S-Österreich.

U: Ähnlich die Orientalische Hainbuche, *Carpinus orientalis* Mill.: männliche Kätzchen aber lockerblütig, mit den Blättern im Frühjahr erscheinend. Weibliche Fruchtstände herabhängend, zapfenähnlich, die Nüßchen mit offenen, blattähnlichen, 3eckig-elförmigen, scharf gesägten Fruchthüllen (SO-Europa, westlich bis Sizilien, SW-Asien).

	April–Mai		4–10 (–20) m	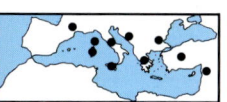

Schwarzer Maulbeerbaum
Morus nigra L.
Maulbeergewächse
Moraceae

B: Sommergrüner Kulturbaum mit sehr unterschiedlich geformten, 6 – 20 cm langen, breit eiförmig-herzförmigen, am Rand grob gekerbten, ungeteilten oder durch stumpfe Buchten 3 – 5lappigen Blättern, auf der Oberseite rauh, dunkelgrün, auf der Unterseite behaart und heller. Blüten unscheinbar, eingeschlechtig, 1- oder 2häusig, 4zählig, männliche kätzchenartig, weibliche in Köpfchen. Fruchtstand brombeerartig, als Einheit abfallend, dick, 2 – 2,5 cm lang, reif purpurn bis schwärzlich-violett, sehr kurz gestielt oder sitzend. Geschmack zur Reifezeit angenehm säuerlich-süß, wird frisch gegessen oder zur Herstellung von Marmelade, Sirup oder auch von Maulbeerwein verwendet.

S, V: Seit dem Altertum im Mittelmeergebiet wegen der Früchte kultiviert und gelegentlich eingebürgert (Heimat Asien).

U: *Morus alba* L.: Blätter hellgrün, auf der Oberseite gewöhnlich glatt, auf der Unterseite kahl oder höchstens auf den Nerven behaart. Früchte schmaler, 1 – 2,5 cm lang und etwa ebenso lang gestielt, weißlich, rosa oder purpurviolett, lange vor der Reife eßbar, später mit fadem Geschmack. Hauptsächlich wegen der Blätter angebaut, die das Futter für Seidenraupen liefern (seit dem 11. Jahrhundert kultiviert, in SO-Europa öfter eingebürgert, Heimat China).

	April – Mai		4 – 8 (–20) m	KULTURPFLANZE

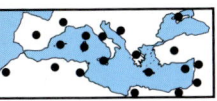

Feigenbaum
Ficus carica L.
Maulbeergewächse
Moraceae

B: Milchsaftführender sommergrüner Baum oder Strauch mit breiter Krone. Borke glatt, silbergrau, Zweige dick, kahl. Blätter verhältnismäßig spät im Jahr erscheinend, 4–8 cm lang gestielt, meist handförmig 3–5(–7)lappig, seltener einfach, bis 20 cm groß, ledrig, oberseits dunkelgrün, rauh, unterseits heller, weich behaart. Blüten eingeschlechtig an den Innenwänden von fleischigen, birnenförmigen Gebilden mit einer kleinen Öffnung an der Spitze, die den bestäubenden Gallwespen den Zugang zu den Blüten ermöglicht, zu den grünen, gelben oder braunvioletten, 5–7 cm großen, eßbaren Feigen heranwachsend. Sie enthalten im Fruchtfleisch die Einzelfrüchte (Nüßchen). Um die Fruchtbildung bei der Kulturfeige, die nur weibliche Blüten hervorbringt, zu gewährleisten, hängt man in ihre Bäume Zweige der Wildfeige, die Blütenstände mit männlichen und weiblichen Blüten ausbildet, oder man pflanzt sie zusammen. Heute gibt es auch Rassen, deren Früchte ohne Bestäubung reifen. Feigen werden frisch oder getrocknet als Nahrungsmittel verwendet, zu Marmelade, Schnaps oder Wein, zu Kaffeesurrogaten oder als mildes Abführmittel.
S: Ursprünglich Felspflanze, verbreitet als Kulturbaum.
V: Mittelmeergebiet, bis NW-Indien und zu den Kanaren, in den warmen Regionen weltweit kultiviert.

	Juni–September		2–10 m	

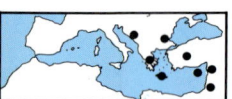

Morgenländische Platane
Platanus orientalis L.
Platanengewächse
Platanaceae

B: Sommergrüner, einhäusiger Baum mit plattig abspringender Borke. Blätter lang gestielt, am Grunde meist keilförmig, bis über die Mitte 5–7fach handförmig gelappt, der Mittelabschnitt viel länger als an der Basis breit, insgesamt mehr oder weniger stark buchtig gezähnt, seltener ganzrandig. Blüten 4zählig, in dichten kugeligen, etwa 1 cm breiten Köpfchen, jeweils 3–6, seltener nur 2 an einer hängenden Achse, in den oberen Teilen des Baumes weibliche, rote Blütenstände, unten gelbgrün die männlichen. Früchtchen am Grunde von einem Haarschopf umgeben.

S: Auenwälder, Flußufer, häufig auch zusammen mit Oleander, als Zier- und Schattenbaum gepflanzt.
V: Östliches Mittelmeergebiet bis zum Himalaja.
U: *Platanus hybrida* Brot. *(P. acerifolia* Aiton) Willd.: Blätter am Grunde gestutzt bis schwach herzförmig, bis höchstens zur Mitte 3–5lappig, Mittellappen nur wenig länger als am Grunde breit. Blütenköpfchen meist zu 2. Die Herkunft dieser ist seit dem 18. Jahrhundert bekannten Platane ist unsicher. Sie wird als Bastard zwischen *P. orientalis* L. und der früher in Europa öfter kultivierten nordamerikanischen *P. occidentalis* L. oder als Kulturform der ersteren angesehen. Widerstandsfähiger gegen Frost wird sie bevorzugt auch in Mitteleuropa gepflanzt.

| | April–Mai | | bis 30 m | |

Johannisbrotbaum
Ceratonia siliqua L.
Johannisbrotbaumgewächse
Caesalpiniaceae

B: Gewöhnlich zweihäusiger, immergrüner, langsamwüchsiger Strauch oder Baum mit ausladenden, dicht belaubten Ästen (als Schattenbaum daher bei Mensch und Vieh gleichermaßen beliebt). Blätter paarig gefiedert mit 4–10 kurz gestielten, verkehrteiförmigen, stumpfen oder ausgerandeten, oberseits dunkelgrün glänzenden, unterseits holleren, ledrigen und leicht gewellten Teilblättchen, 3–7 x 3–4 cm groß. Die unscheinbaren, grünlichen, kronblattlosen Blüten direkt traubig an Stamm und Ästen (Kauliflorie). Hülsen 10–30 cm lang, flach zusammengedrückt, braunviolett und ledrig. Die bis zu 40% Zucker enthaltenden Früchte (Karoben) werden heute hauptsächlich als Viehfutter verwertet, sind aber auch für den Menschen genießbar und werden u.a. zu Fruchtsäften (Kaftan) oder Kaffee-Ersatz (Karobenkaffee) verarbeitet. Das Johannisbrotkernmehl der Samen hat eine wesentlich höhere Quellfähigkeit als Stärke und wird zur Bereitung von kleberfreiem Brot, von Schlankheitskost, aber auch von Speiseeis verwendet. Die getrockneten Samen wurden wegen ihres konstanten Gewichtes (0,18 g) früher als Juwelen- und Goldgewichte (Karat) benützt.
S: An Felsen in Küstennähe, auch in Macchien, häufig gepflanzt.
V: Mittelmeergebiet, besonders im Süden, Kanaren, ursprüngliche Verbreitung unsicher.

| | August–November | | 1–10 m | 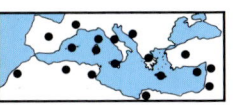 |

275

Kanarische Dattelpalme
Phoenix canariensis
hort. ex Chabaud
Palmen
Arecaceae (Palmae)

B: Zweihäusiger Baum mit kräftigem, immer einzelnem Stamm, der von den Narben der abgeworfenen Blätter ein mosaikartiges Muster trägt. Krone mit 5–6 m langen, schief stehenden, gefiederten Blättern, ihre mittleren Fiedern 40–50 cm lang. Blütenstände zunächst in scheidenförmigen Hochblättern, reich verzweigt. Früchte 1,5–2,3 cm, länglich, orange bis dunkelrotbraun, fleischig, aber ungenießbar.
S, V: Schnellwüchsiger und weniger empfindlich gegen Kälte als die Echte Dattelpalme, daher als Park- und Allee-

baum im ganzen Mittelmeergebiet bevorzugt gepflanzt. Heimat Kanaren.
U: Ähnlich *Phoenix dactylifera* L., Echte Dattelpalme, Stamm schlanker, durch Ableger auch zu mehreren, bis 30 m hoch. Blätter aufsteigend-bogenförmig, nicht schiefstehend, graugrün. Mittlere Fiedern 30–40 cm lang. Früchte 2,5–7,5 cm, länglich, fleischig, vielgestaltig. Wichtiges Nahrungsmittel in den Trockengebieten N-Afrikas und SW-Asiens, Bewässerungskulturen in N-Afrika, SW-Asien, S-Spanien (Elche), im übrigen Mittelmeergebiet als Zierpflanze. Einheimisch auf Kreta und in SW-Anatolien *Phoenix theophrasti* Greut.: Stamm schlank, nicht über 10 m hoch, ebenfalls Ableger treibend. Blätter graugrün, untere Fiedern dornig, gelblich. Früchte etwa 1,5 cm, faserig, ungenießbar.

	Februar–Juni		bis 20 m	ZIERPFLANZE

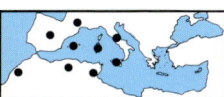

Zwergpalme
Chamaerops humilis L.
Palmen
Arecaceae (Palmae)

B: Neben der Kretischen Dattelpalme *Phoenix theophrasti* Greut. in Europa heimische Palmenart. Durch Beweidung oft buschig und mehr oder weniger stammlos, bildet die Art nur an schwer zugänglichen Stellen oder in Kultur einen hohen Stamm aus, der mit grauen oder weißlichen Fasern, den Resten von Blättern, bedeckt ist. Blätter in einem endständigen Schopf, grün bis graugrün, mit 70–80 cm großer, rundlicher, bis zu 2/3 in 10–20 lanzettlich spitze Abschnitte fächerförmig zerteilter Spreite, der Blattstiel am Rand dornig gezähnt, etwa so lang wie die Spreite. Blüten 1- oder 2häusig in umscheideten, dichten, gelben, rispigen Blütenständen. Früchte 1–3 cm, kugelig, eiförmig oder länglich, gelb, später rötlichbraun, ungenießbar. Die Blattfasern dienen u.a. zur Herstellung von Seilen und Matten oder als Polstermaterial, die Blätter selbst werden zu Besen und Körben verwendet. Die Herzknospen mit haselnußartigem Geschmack sind als Gemüse eßbar.

S: Als „Palmito"-Formation einen eigenen Gariguetyp bildend, auch in Felsfluren und an sandigen Standorten, besonders im Südwesten bis in die Gebirge ansteigend, auch als Zierpflanze beliebt.

V: Westliches Mittelmeergebiet, an der Verbreitungsgrenze in Italien meist nur noch in sehr lokalen, kleinen Vorkommen.

	April–Juni		0,5–4 m	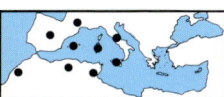

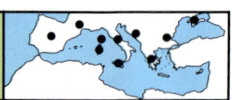

Gemeines Meerträubel
Ephedra distachya L.
(*E. vulgaris* L. Rich.)
Meerträubelgewächse
Ephedraceae

B: Niedriger zweihäusiger Rutenstrauch, mit unterirdischen Achsen kriechend. Die meist aufsteigenden graugrünen Zweige schachtelhalmartig, fein gerillt. Blätter gegenständig, am Grunde verwachsen, zu kleinen bis 2 mm langen, auf dem Rücken grünen, später grauweißen Schuppen reduziert. Männliche Blüten (Bild links) zu 8–16 büschelig, sitzend oder gestielt, weibliche zu 2, meist gestielt, von 3 Paaren von Hochblättern umgeben. Blütenhüllen unscheinbar. Samen aus der 6–7 mm großen, roten Frucht hervorragend (Bild rechts). Aufgrund des Ephedrin-Gehalts noch gelegentlich in pharmazeutischen Präparaten.

S: Sandige Küsten und Flußufer

V: S-Europa, französische Atlantikküste, ostwärts bis Zentralasien.

U: *Ephedra fragilis* Desf.: Pflanze bis 5 m hoch kletternd, überhängend oder niederliegend. Zweige an den Knoten leicht zerbrechend. Blätter bis 2 mm lang, grün. Männliche Blüten zu 8–16, sitzend, weibliche zu 1–2, sitzend. Samen von der 8–9 mm großen roten Frucht ganz eingehüllt. *Ephedra nebrodensis* Guss. (*E. major* Host): bis 2 m hoch, Blätter fast vollständig häutig, bis 3 mm lang, später dunkelbraun. Männliche Blüten zu 4–8, sitzend, weibliche einzeln, gestielt. Samen aus der roten oder gelben Frucht herausragend (beide Arten Mittelmeergebiet, Kanaren).

	März–Juni		0,2–1 m	

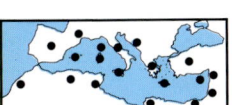

Graue Gliedermelde
Arthrocnemum macrostachyum
(Moric.) Moris
(A. glaucum Ung. Sternb.)
Gänsefußgewächse
Chenopodiaceae

S: Salzsümpfe der Küsten.
V: Mittelmeergebiet.
U: Eine 3teilige Blütenhöhle und grün-lichbraune oder graue Samen haben die verwandten strauchigen Arten *Sarcocornia fruticosa* (L.) A. J. Scott *(A. fruticosum* (L.) Moq.), deren Samen kurze konische Haare tragen, Pflanze ohne unterirdische Ausläufer, meist graugrün, und *Sarcocornia perennis* (Mill.) A. J. Scott *(A. perenne* (Mill.) Moss), Samen mit gebogenen oder hakenförmigen Haaren, Pflanze mit unterirdischen Ausläufern, grün, später oft rot oder braun. Im Habitus ähnlich die 1jährige Art *Salicornia europaea* L.: die mittlere der 3 Blüten steht höher als die Seitenblüten, so daß ein Dreieck entsteht (alle Mittelmeergebiet, die letzte Art auch weiter nördlich).

B: Zuerst graugrüner, später gelblich-grüner oder rötlicher Strauch aus fleischigen kahlen Gliedern. Die schuppenförmigen Blättchen stengelumfassend und 1 Glied bildend, so daß der Stengel blattlos erscheint. In einem fruchtbaren Glied, nicht mehr als 1/3 der Länge desselben einnehmend, jeweils zweimal 3 nebeneinanderstehende, aber getrennte, etwa gleich große, unscheinbare Blüten, die nach dem Herausfallen eine einfache Höhlung hinterlassen. Samen schwarz, warzig.

	Mai – September		0,3 – 1 m	

Dornige Bibernelle

Sarcopoterium spinosum
(L.) Spach
(*Poterium spinosum* L.)
Rosengewächse
Rosaceae

B: Niedriger, sparrig verzweigter Kugelbusch mit in der Jugend dicht graufilzig behaarten Zweigen und blattlosen, winkelig verzweigten, dornigen Seitentrieben. Blätter lineal, 2–8 cm lang, paarig gefiedert, mit 9–15 schmalen, länglich-eiförmigen oder verkehrt-eiförmigen, im vorderen Teil oft fein gesägten, unterseits dicht weißfilzig behaarten Blättchen, die bald abfallen. Blüten ohne Kronblätter in kugeligen oder länglichen, bis 3 cm großen endständigen Köpfchen, die oberen meist weiblich mit auffallenden, roten, fedrigen Narben, die unteren männlich mit 10–30 langen, gelben Staubblättern. Kelch sich nach der Blüte vergrößernd, 4teilig, mit ungefähr 4 mm langen, breitelliptischen, abstehenden, grünlichen Lappen. Rötliche, kugelige, 3–5 mm große, beerenartige Früchte.

Wegen ihrer Stacheligkeit wird die Pflanze zum Einzäunen oder zum Ausfüllen der Lücken von Steinmauern um Höfe oder Gärten gegen das Eindringen von Weidevieh genutzt, auch als Brennmaterial oder zur Fertigung von Besen, die Blätter als Gemüse. Da die Art um Jerusalem nicht selten ist, wird ihr neben anderen auch die Verwendung zur Dornenkrone Christi nachgesagt.

S: Garigues, oft in großen Beständen.
V: Östliches Mittelmeergebiet.

	März–Mai		30–60 cm	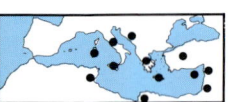

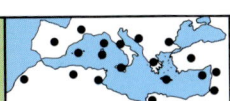

Rizinus, Wunderbaum
Ricinus communis L.
Wolfsmilchgewächse
Euphorbiaceae

B: Kahle, sehr schnellwüchsige (daher der Name Wunderbaum) bis baumgroße Pflanze. Die großen Blätter lang gestielt, 5–11fach handförmig gelappt, die Abschnitte eiförmig-lanzettlich, zugespitzt, gezähnt. Blütenstände in aufrechten Rispen, männliche Blüten mit verzweigten gelben Staubblättern, darüber weibliche mit auffälligen roten Narben, Blütenblätter häufig, unscheinbar. Früchte dreifächerige, bis 2 cm große Kapseln, meist mit weichen Stacheln besetzt. 3 sehr hübsche, bohnenförmige, 9–17 mm große, glänzende, rotbraun und grauweiß marmorierte

Samen. Das aus den Samen gewonnene fette Öl hat große technische Bedeutung als Schmiermittel u.a. für Flugzeugmotoren, da es seine Beschaffenheit bei Temperaturschwankungen nicht verändert. Auch als Bremsflüssigkeit, für hydraulische Pumpen oder als Grundstoff für Weichmacher in der Plastik-Industrie wird es benutzt. Von dem stark giftigen Eiweißstoff Ricin befreit, wird das Öl für medizinische (Abführmittel) und kosmetische Zwecke verwendet. 5–20 Samen sind für den Menschen tödlich!
S: Zierpflanze, auch verwildert an Straßenrändern und Schuttplätzen.
V: Im Mittelmeergebiet eingebürgert, gelegentlich auch in Mitteleuropa, aber nur einjährig. In den Subtropen und Tropen vielfach angebaut, Heimat wohl tropisches Afrika.

| | Februar– Oktober | | 0,5–12 m | |

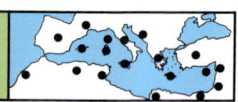

Mastixstrauch
Pistacia lentiscus L.
Sumachgewächse
Anacardiaceae

B: Strauch, seltener kleiner Baum mit dunklen, immergrünen, paarig gefiederten Blättern, Blattstiele kahl. 8 – 12 elliptisch-lanzettliche, bis 5 cm lange, stumpfe Teilblättchen mit kleiner aufgesetzter Spitze. Blattspindel breit geflügelt. Blüten zweihäusig in kurzen, dichten Blütenständen in den Blattachseln, die männlichen auffällig durch dunkelrote Staubbeutel, weibliche grünlich. Früchte etwa 4 mm groß, rot, später schwarz. Das aus kultivierten Bäumen vor allem auf der Insel Chios gewonnene feste, körnige Harz, Mastix, dient zur Herstellung von Kitten und Klebemitteln oder zum Befestigen von Wundverbänden. Es findet sich auch in Räucher- und Zahnpulvern, im östlichen Mittelmeergebiet als Kauharz, vor allem in Griechenland als konservierender Zusatz zum Wein.

S: Häufig in Garigues, Macchien und Wäldern.

V: Mittelmeergebiet, Kanaren.

U: Zur selben Familie gehört *Schinus molle* L. Peruanischer Pfefferbaum, als Zierbaum häufig gepflanzt und gelegentlich eingebürgert: Zweige überhängend, lange, schmale Blätter mit 15 – 27 lineallanzettlichen Fiedern an ungeflügelter Blattspindel. Blüten klein, gelblichweiß, in reich verzweigten, hängenden Rispen. 6 – 7 mm große, rosa Früchte mit pfefferartigem Geschmack (Herkunft M- und S-Amerika).

	März – Juni		1 – 3 (–8) m	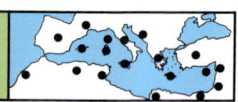

Terpentin-Pistazie
Pistacia terebinthus L.
Sumachgewächse
Anacardiaceae

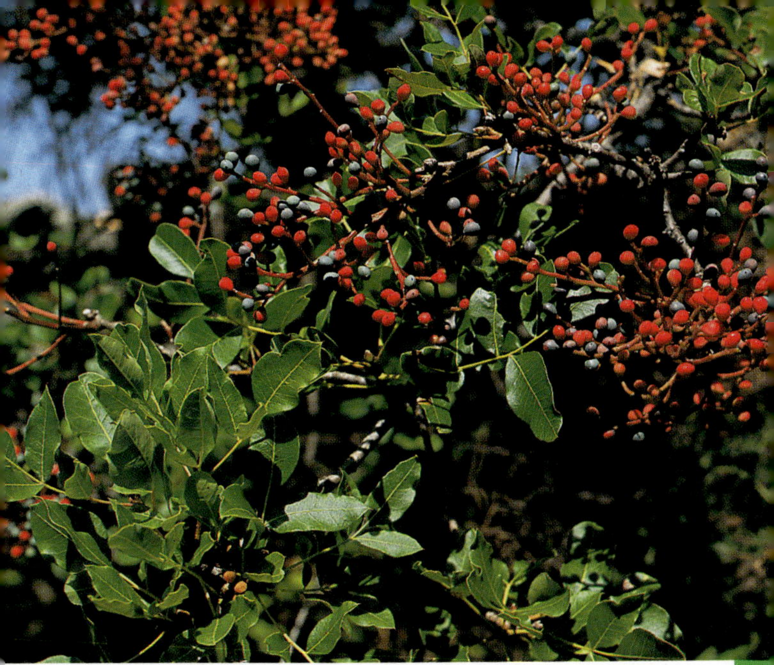

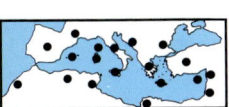

B: Sommergrüner aromatischer Strauch oder kleiner Baum mit unpaarig gefiederten Blättern, Blattstiele kahl. Blattspindel nicht geflügelt, die 3–9 Teilblättchen oval, 2–8,5 cm lang, mit aufgesetzter kleiner Spitze. Blüten zweihäusig in langen Rispen, bräunlich. Früchte 5–7 mm, verkehrteiförmig, anfangs rot, später bräunlich.
S: Offene Wälder, Macchien, bis in die Bergstufe ansteigend, meist auf Kalk.
V: Mittelmeergebiet.
U: Im östlichen Mittelmeergebiet von der Ägäis bis nach Israel die ssp. *palaestina* (Boiss.) Engler, von der typischen Unterart durch das Endblättchen der Blätter unterschieden, das kleiner ist als die seitlichen, zu einer kleinen Spitze reduziert oder ganz fehlt.
Sommergrüne Bäume sind *Pistacia vera* L., Echte Pistazie, mit dünnen 1–3zähligen Blättern, Blattstiel behaart; die bis 25 mm großen Samen (Pistazien, Grüne Mandeln) mit ihren ergrünten Keimblättern geben Gebäck und Wurstwaren einen spezifischen, mandelartigen Geschmack, werden aber auch wie Nüsse oder gesalzen gegessen (nur kultiviert, Heimat Asien) und *Pistacia atlantica* Desf.: Blätter 5–11zählig, länglich, ohne aufgesetzte Spitze. Blattstiele behaart, Spindel schmal geflügelt, Früchte 6–7 mm (N-Afrika, östliches Mittelmeergebiet bis Pakistan, Kanaren).

	April – Juli		2–5 m	

Schmalblättrige Steinlinde
Phillyrea angustifolia L.
Ölbaumgewächse
Oleaceae

B: Immergrüner Strauch, junge Triebe, Knospen und Blattstiele kahl oder nur fein behaart. Blätter alle gleich gestaltet, gegenständig, 2–8 mm lang gestielt, lineal bis lanzettlich, 3–8 cm lang und höchstens 1,5 cm breit, dunkelgrün, ledrig, ganzrandig oder selten entfernt gesägt, stachelspitzig, mit 4–6 Paaren undeutlicher, in engem Winkel zur Mittelrippe stehenden Seitennerven. Duftende Blüten in kurzen, achselständigen Trauben mit grünlichweißer, etwa 2 mm langer, 4zipfeliger Krone. Kelch dick, bräunlich, mit 4 rundlichen Zipfeln, bis auf etwa 1/4 der Länge einge-schnitten. Die fleischigen Steinfrüchte blauschwarz, eiförmig bis fast kugelig, 6–8 mm.

S: Macchien, lichte Wälder, bevorzugt auf Kalk.

V: Westliches und zentrales Mittel-meergebiet, Kanaren.

U: Ähnlich *Phillyrea latifolia* L., Blätter verschiedenartig: Jugendblätter eiför-mig bis eilanzettlich, mehr oder weni-ger gezähnt oder gesägt, 2–7 cm lang und 1–4 cm breit. Altersblätter breitlan-zettlich, ganzrandig oder fein gesägt, mit 7–11 Paaren deutlicher Seitennerven, die in weitem Winkel zur Mittelrippe stehen, 1–6 cm lang und 0,4–2 cm breit. Kelch dünn, gelblich, mit 3eckigen Zipfeln, bis auf 3/4 der Länge einge-schnitten. Früchte 7–10 mm (Mittel-meergebiet, Kanaren).

| | März – Mai | | bis 2,5 m | 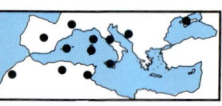 |

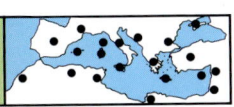

Stechender Mäusedorn
Ruscus aculeatus L.
Liliengewächse
Liliaceae

B: Aus Trockensträußen wohlbekannter, immergrüner, verzweigter Halbstrauch mit blattartigen, zweizeilig angeordneten, starren, breiteiförmigen bis lanzettlichen, etwa 2,5 cm langen Flachsprossen, die in eine stechende Spitze auslaufen und in den Achseln von Schuppenblättchen sitzen. Auf der Oberseite grünlichweiße, unscheinbare, 6zähnige Blüten, einzeln oder zu wenigen büschelig gehäuft in der Achsel eines kleinen Tragblattes, männliche und weibliche auf getrennten Pflanzen. Frucht eine glänzend rote, etwa 1,5 cm große Beere. Der Wurzelstock, von alters her als harntreibendes Mittel verwendet, ist heute in Medikamenten gegen venöse Durchblutungsstörungen enthalten.

S: Im Unterwuchs von Macchien, immergrünen und sommergrünen Wäldern, bis in die Bergstufe ansteigend, als Zierstrauch.

V: Mittelmeergebiet, W-Europa, Kanaren, SW-Asien.

U: Mehr als 4 cm große, nicht stechende Flachsprosse hat *Ruscus hypoglossum* L. mit krautigen, 3,5–13 mm breiten Tragblättern gewöhnlich auf der Oberseite, Triebe unverzweigt, nur 20–40 cm lang (SO-Europa, Kleinasien). Ebenso *Ruscus hypophyllum* L. mit oft häutigen, 1–2 mm breiten Tragblättern auf der Unterseite, Triebe meist unverzweigt, 10–70 cm lang (westliches Mittelmeergebiet).

	Oktober–April		10–80 cm	

Pillen-Brennessel,
Römische Nessel
Urtica pilulifera L.
Brennesselgewächse
Urticaceae

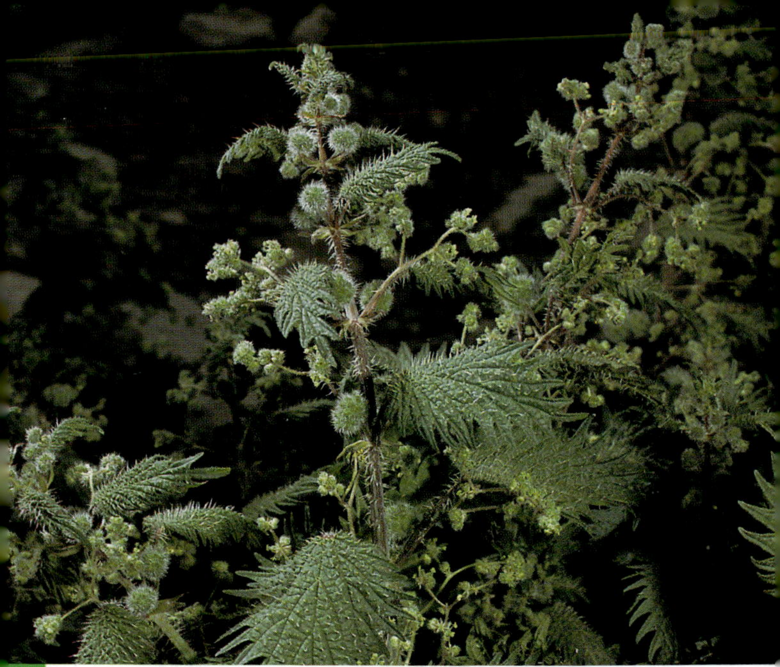

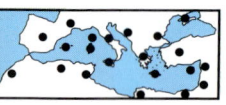

B: Pflanze mit Brennhaaren. Blätter gegenständig, die Spreite zugespitzt eiförmig, am Rand eingeschnitten gesägt, etwas länger als der Blattstiel, an jedem Knoten mit 4 Nebenblättern. Blütenstände eingeschlechtig, aber auf gleicher Höhe in den Blattachseln, männliche verzweigt, rispig, weibliche in langgestielten, kugeligen Köpfchen (Name). Blütenhülle der weiblichen Blüten 4teilig, aufgeblasen, mit 2 kurzen äußeren und 2 langen inneren Abschnitten, die dicht mit Borstenhaaren besetzt sind. Früher wegen der öligschleimigen Samen in Mitteleuropa kultiviert und gelegentlich verwildert.

S: Stickstoffreiche, feuchte Unkrautfluren, Wegränder.

V: Mittelmeergebiet, SW-Asien.

U: *Urtica dubia* Forsk.: Pflanze einjährig, Blütenstände ährenartig in den Blattachseln, die oberen männlich, länger als der Blattstiel, aufrecht-abstehend, die Blüten meist einseitswendig an einer aufgeblasenen Achse, die unteren weiblich, kürzer als der Blattstiel. Nur 2 kleine Nebenblätter an jedem Knoten (Mittelmeergebiet, Kanaren, SW-Asien). *Urtica atrovirens* Req. ex Lois: Pflanze ausdauernd, mit 4 Nebenblättern an jedem Knoten. Männliche und weibliche Blüten im gleichen Blütenstand, ohne aufgeblasene Achse (nur Mallorca, Korsika, Sardinien, Toskana).

	April – Oktober	⊙ ⊙	0,3 – 1 m	

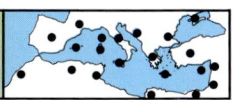

Ästiges Glaskraut
Parietaria diffusa Mert. & Koch
(*P. ramiflora* Moench)
Brennesselgewächse
Urticaceae

B: Stengel niederliegend oder aufsteigend, reich verzweigt, mit kurzen weichen Haaren, aber ohne Brennhaare. Blätter nicht durchscheinend, wechselständig, eiförmig-rundlich, zugespitzt, am Grunde verschmälert, der Rand gewimpert, 2–5 cm lang. Stiel der unteren Blätter kürzer als ihre Spreite. Blütenstände knäuelig in den Blattachseln, locker, aus wenigen unscheinbaren, 4zähligen Blüten bestehend. Tragblätter am Grunde verwachsen, kürzer als die Blütenhülle zur Fruchtzeit. Früchte schwarz.

S: In meist feuchten, beschatteten Mauerfugen.
V: Im ganzen Mittelmeergebiet, W-Europa, SW- bis Zentralasien.
U: Ähnlich *Parietaria officinalis* L. *(P. erecta* Mert. & Koch): Stengel 0,2–1 m, aufrecht, einfach oder nur schwach verzweigt. Blätter durchscheinend, spärlich behaart oder kahl, eiförmig-lanzettlich, lang zugespitzt und am Grunde lang verschmälert, 3–12 cm. Tragblätter zur Fruchtzeit kürzer als die Blütenhülle. Früchte schwarz. *Parietaria lusitanica* L.: zierliche 1jährige Pflanze, 5–30 cm hoch. Blätter breit eiförmig-zugespitzt oder eiförmig-rundlich, nur bis 4 cm lang. Tragblätter zur Fruchtzeit so lang wie die Blütenhülle oder länger. Früchte braun oder oliv (beide Arten im Mittelmeergebiet und weiter verbreitet).

| | April–Oktober | ♃ | bis 40 cm | |

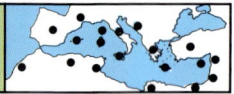

Stierkopf-Ampfer
Rumex bucephalophorus L.
Knöterichgewächse
Polygonaceae

B: Stengel einzeln, aufrecht und kräftig oder mehrere, dünn und aufsteigend. Blätter nur 1–2 cm lang, bis zu 3mal so lang gestielt, spatelig, eiförmig-lanzettlich oder fast kreisförmig. Stengelblätter allmählich verschmälert, spitz, kurz gestielt. Blüten gewöhnlich zu 2–3 in den Achseln der Nebenblattscheiden, ährenartig angeordnet. Fruchtstiele herabgebogen, 2gestaltig: einige schlank, rund und sehr kurz, andere länger und keulig verbreitert. Die inneren der 6 Blütenhüllblätter zur Fruchtzeit stark vergrößert, beiderseits mit 3–4 deutlichen Zähnen und einer kleinen Schwiele. Sehr formenreiche Art mit mehreren Unterarten.
S: Kulturland, Brachland, auf sandigen Böden, oft bestandsbildend.
V: Mittelmeergebiet, Kanaren.
U: Neben zahlreichen auch in Mitteleuropa vorkommenden Ampfer-Arten *Rumex pulcher* L.: Pflanze ausdauernd, 0,6–1,2 m hoch, aufrecht oder hin- und hergebogen, verzweigt, oft mit weißen Papillen besetzt. Blätter fleischig, länglich-eiförmig mit herzförmigem Grund, am Rand etwas kraus, in der unteren Hälfte manchmal geigenförmig zusammengezogen. Blüten in entfernt stehenden und von Blättern gestützten Knäueln, die obersten Blätter die Blütenknäuel nicht überragend. Innere Blütenhüllblätter lederartig, starr, mit Schwiele (Mittelmeergebiet, W-Europa, Kanaren, SW-Asien).

	März – September		bis 40 cm	

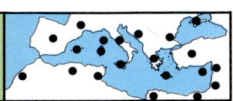

Portulak-Salzmelde
Atriplex portulacoides L.
(*Halimione portulacoides* (L.)
Aellen)
Gänsefußgewächse
Chenopodiaceae

B: Graugrüne, bemehlte, am Grunde verholzte Pflanze mit niederliegenden oder aufsteigenden, an den Knoten oft wurzelnden Zweigen. Untere Blätter gegenständig, büschelig, schmal elliptisch oder verkehrteiförmig, 3–7 cm lang und 7–14 mm breit, lang keilförmig verschmälert, meist ganzrandig, fleischig. Unscheinbare Knäuel von eingeschlechtigen Blüten in blattlosen ährigen oder rispigen, gelblichen Blütenständen. Blütenhülle der männlichen Blüten 5(–4)teilig, häutig, weibliche Blüten nur mit 2 sich vergrößernden, bis fast zur Spitze verwachsenen und die Frucht einschließenden, 2,5–5 mm langen, an der Spitze 3lappigen Vorblättern.

S: Salzsümpfe, Salzwiesen, Sandstrände, Binnensalzstellen.

V: Küsten des Mittelmeeres, des Schwarzen Meeres, des Atlantiks und der Nordsee, Kanaren.

U: Charakteristisch für die Salzmarschen der Mittelmeerküste ist als weiteres Gänsefußgewächs das Kampferkraut *Camphorosma monspeliaca* L., leicht kenntlich am Kampfergeruch. Die an den seitlichen Kurztrieben gehäuft stehenden Blätter pfriemlich, am Grunde verbreitert, 2–10 mm lang, steif und behaart. Blüten unscheinbar in ährenförmigen Blütenständen (Mittelmeergebiet bis Zentralrußland).

|  | Juli–Oktober | ♃ | 20–80 cm | |

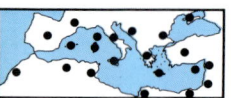

Kali-Salzkraut
Salsola kali L.
Gänsefußgewächse
Chenopodiaceae

B: Formenreiche Art, fleischig, stark verzweigt mit abstehenden oder aufsteigenden Ästen, graugrün oder gelblich, kahl oder borstig behaart. Nur die unteren Blätter gegenständig, lineal-pfriemlich, mit stechender Spitze, am Grunde verbreitert und hautrandig, bis 4 cm lang, nach oben zu kürzer und breiter. Blüten zu 1–3 in den Blattachseln. 5 bis zum Grunde getrennte, ungleich breite Blütenhüllblätter schließen die Frucht ein, am Rücken mit einem Höcker oder Flügel mit starker Mittelrippe. Die 2 Vorblätter länger als die Blüten, starr, eiförmig-dreieckig, mit langem, hellem Dorn. Früher zur Sodagewinnung verwendet, die jungen Triebe als Gemüse.
S: Sandküsten, Schuttplätze, auch gelegentlich im Binnenland.
V: Europa, N-Afrika, Kanaren, Asien.
U: *Salsola soda* L.: Pflanze kahl, oft rötlich. Stengel aufrecht, zerbrechlich. Blätter bis weit hinauf gegenständig, halb stielrund und fast stengelumfassend, fleischig mit kurzer, weicher Spitze. Vorblätter etwa so lang wie die Blütenhülle (S-Europa, im Süden fehlend, Asien). Mehrere strauchförmige Arten, u. a. im südlichen Mittelmeergebiet *Salsola oppositifolia* Dest.: Blätter fast alle gegenständig, kaum stengelumfassend. Blütenhülle zur Fruchtzeit auffällig, 12–20 mm breit, die stumpfen Abschnitte fast ganz häutig.

	Juli – Oktober		0,1–1 m	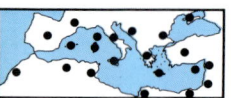

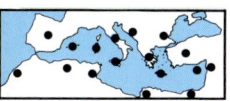

Waagerechtes Nabelkraut
Umbilicus horizontalis (Guss.) DC.
Dickblattgewächse
Crassulaceae

S: Schattige Felsspalten, Mauern.
V: Mittelmeergebiet, Kanaren.
U: Ähnlich *Umbilicus rupestris* (Salisb.) Dandy *(U. pendulinus* DC.): Grundblätter 1,5 – 7 cm im Durchmesser, Stengelblätter nierenförmig bis lineal, gezähnt. Stengel mehr als bis zur Hälfte der Länge dicht mit Blüten besetzt, diese 6 – 10 mm, an 3 – 9 mm langen Stielen hängend. Kronzipfel breit lanzettlich bis eiförmig-spitz, etwa 1/4 so lang wie die Röhre (Mittelmeergebiet, W-Europa). Im asiatischen Mittelmeergebiet *Umbilicus intermedius* Boiss. mit den Merkmalen beider Arten. Von S-Italien bis Syrien *Umbilicus erectus* DC.: Blüten grünlichgelb, getrocknet rotbraun, mehr oder weniger aufrecht, 1 – 2 mm lang gestielt, 9 – 14 mm lang, Kronzipfel schmallanzettlich, zugespitzt, so lang wie die Röhre.

B: Grundblätter lang gestielt, schildförmig, fleischig, am Rand gekerbt und am Stielansatz oben nabelförmig eingesenkt (woher sich der Name ableitet), 2 – 5(–10) cm im Durchmesser. Stengelblätter zahlreich, lineal und gezähnt. Der einzige aufrechte Stengel manchmal am Grunde verzweigt, nicht mehr als bis zur Hälfte mit grünlich-weißen, manchmal rosa überlaufenen, röhrigen Blüten besetzt, diese fast sitzend und waagerecht abstehend, 5 – 7 mm lang. Die 5 Kronzipfel dreieckig-lanzettlich, zugespitzt, etwa 1/4 so lang wie die Röhre.

	März – Juni	♃	10 – 50 cm	

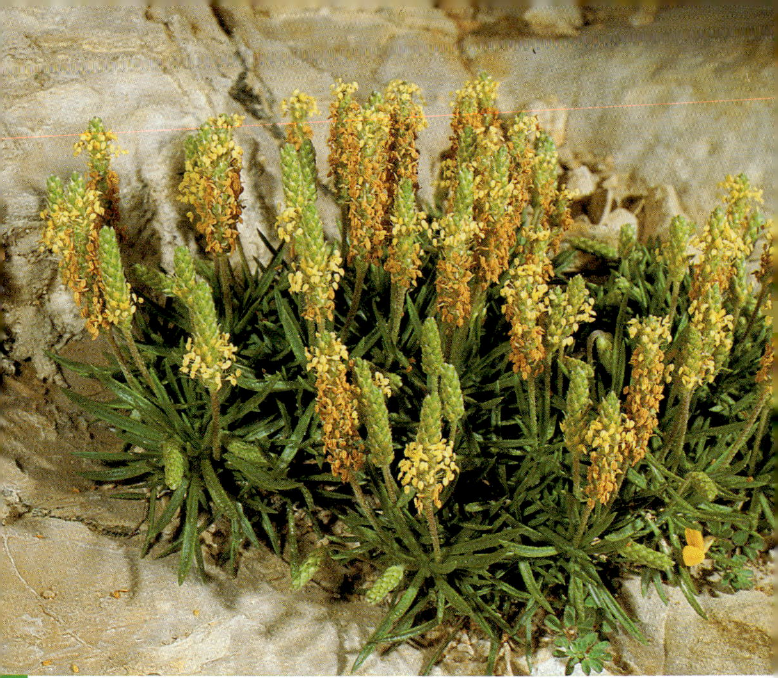

Pfriemenblättriger Wegerich
Plantago subulata L.
Wegerichgewächse
Plantaginaceae

B: Wegerich-Art mit kleinen, verzweigten, holzigen Stämmchen, die dichte Blattrosetten tragen. Blätter starr, dunkelgrün, 2,5–4 cm lang und nur 1–2 mm breit, 3kantig, kahl oder gewimpert. Ährenstiele gerade oder etwas bogig, die Blätter nur wenig überragend. Blüten unscheinbar in 1–5 cm langer, dichter walzlicher Ähre. Kronröhre 4zipfelig, außen behaart.
S: Felsen in Küstennähe, Varietäten auch in den Gebirgen Korsikas, Sardiniens und Siziliens.
V: S-Europa, NW-Afrika.
U: Nahe verwandt ist *Plantago holosteum* Scop. mit meist längeren Blättern und Ährenstielen, die diese weit überragen (Mittelmeergebiet, teilweise nicht von *P. subulata* L. unterschieden). Ähnlich auch *Plantago crassifolia* Forssk., die linealen, 2–3,5(–20) cm langen und 1–2(–5) mm breiten Blätter ganzrandig oder entfernt gezähnt, fleischig, nicht starr, kahl oder schwach behaart, kürzer als die Ährenstiele (Mittelmeergebiet, S-Afrika). Weitere Wegerich-Arten haben breitere, lanzettliche Blätter wie z. B. der dem mitteleuropäischen Spitz-Wegerich ähnliche, einjährige *Plantago lagopus* L.: Blätter bis 30 cm lang, meist entfernt gezähnt. Blütenstand durch die langseidige Behaarung von Kelchblättern und Deckblättern auffallend (Mittelmeergebiet, Kanaren, SW-Asien).

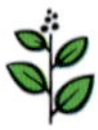	Mai–August	♃	5–20 cm	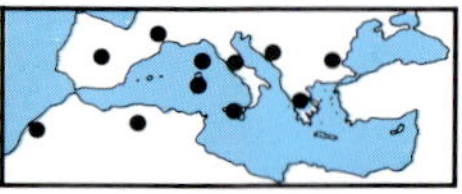

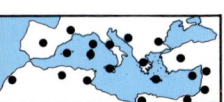

Flohsamen-Wegerich
Plantago afra L.
(*P. psyllium* L. 1762, non L. 1753)
Wegerichgewächse
Plantaginaceae

B: Aufrechte oder aufsteigende, wenigstens oben meist stark drüsigflaumige Pflanze, mit gegenständigen Ästen verzweigt. Blätter gegenständig sitzend, lineallanzettlich, ganzrandig oder entfernt gezähnt, 2 – 5 cm lang, besonders am Grunde behaart. Blüten unscheinbar in langgestielten, eiförmigen bis rundlichen, 0,6 – 1,5 cm großen Köpfchen in den oberen Blattachseln. Krone mit 4 spitzen Zipfeln, die Röhre deutlich querrunzelig. Deckblätter der Blüten ovallanzettlich, zugespitzt, 4 – 8 mm, alle etwa gleich groß, unten mit breitem häutigem Rand, ohne Seitennerven. Samen 2,5 – 5 mm, dunkelbraunrot, glänzend, schmalelliptisch, „kahnförmig". Sie haben aufgrund ihres hohen Schleimgehaltes ein starkes Quellungsvermögen und werden unter dem Namen „Flohsamen" als mildes Abführmittel verwendet.

S: Felder, Ödland, Wegränder, Garigues.

V: Mittelmeergebiet, Kanaren, SW-Asien.

U: Ähnlich *Plantago arenaria* W. & K. (*P. indica* L.): Pflanze nur mehr oder weniger fein drüsig behaart. Die 2 unteren Deckblätter der Blüten 6 – 10 mm, eiförmig-rundlich, in eine lange Spitze verschmälert, am Grunde mit Seitennerven, viel größer als die oberen. Samen 2 – 3 mm lang, breitelliptisch (Mittelmeergebiet, Asien).

	April – Juli	☉	10 – 40 cm	

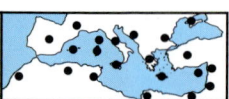

Gewöhnliche Spitzklette
Xanthium strumarium L.
Korbblütler
Asteraceae (Compositae)

B: Stengel aufrecht, gewöhnlich vom Grunde an verzweigt. Die beiderseits grünen, kurz behaarten Blätter lang gestielt, mit breiteiförmiger bis 3eckiger Spreite und herzförmigem oder keilförmigem Grund, ungeteilt oder 3 – 5lappig, grob gesägt. Köpfchen eingeschlechtig in end- oder achselständigen Büscheln, die männlichen über den weiblichen. Letztere 2blütig, unscheinbar und kaum als Korbblütler zu erkennen, in den eiförmigen Köpfchenboden eingesenkt, der mit geraden oder hakenförmigen Dornen besetzt ist und in 2 Schnäbel ausläuft. Mehrere Unterarten, abgebildet die ssp. *italicum* (Moretti) D. Löve: Pflanze aromatisch, Stengel oft mit violetten Flecken. Dornen der 1,5 – 3,5 cm langen Fruchtköpfchen 6 – 6 mm, steif, deutlich hakig, dicht stehend.

S: Ruderalstellen besonders an Sandstränden, Flußufern, Wegrändern.

V: Die Art in ganz Europa und weiter verschleppt. Herkunft unsicher.

U: *Xanthium spinosum* L.: Blätter sitzend oder kurz gestielt, im Umriß rhombisch, ungeteilt oder 3 – 5fach fiederschnittig mit verlängertem Mittellappen, oberseits dunkelgrün, unterseits hell graufilzig. Am Ansatz des Blattstieles 1 – 2 kräftige, 3teilige, strohfarbene Dornen. Fruchtköpfchen mit 2 – 2,5 mm langen, hakigen Dornen besetzt (Heimat S-Amerika, im Mittelmeergebiet eingebürgert).

	Juli – September		0,2 – 1 m	

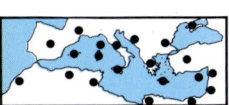

Gemeine Schmerwurz
Tamus communis L.
Schmerwurzgewächse
Dioscoreaceae

B: Pflanze mit großer unterirdischer Knolle, innen von schleimiger, schmieriger Beschaffenheit, woher sich der deutsche Name ableitet. Stengel gerillt, linkswindend. Blätter wechselständig, lang gestielt, dunkelgrün glänzend, tief herzförmig-eiförmig, zugespitzt, mit 3 – 9 gebogenen und verzweigten Nerven, am verdickten Blattgrund 2 kleine, derbe Nebenblätter. Blüten 2häusig mit unscheinbarer 3 – 6 mm breiter, gelblichgrüner, 6teiliger Blütenhülle, die männlichen krugförmig glockig, mit abstehenden, zurückgebogenen Abschnitten, in reichblütigen Rispen, die weiblichen zu wenigen, oft nur 1 – 2, mit fast bis zum Grunde geteilter Blütenhülle, traubig in den Blattachseln. Frucht eine rote, fleischige, 10 – 15 mm große Beere mit 3 – 5 ungeflügelten Samen. Pflanzen mit pfeilförmigen 3lappigen Blättern werden auch als ssp. *cretica* (L.) Kit Tan abgetrennt. Beim Hantieren mit Pflanzenteilen kann es zu Hautreizungen kommen, nach Verzehr der Beeren auch zu tödlichen Vergiftungen. Früher verwendete man die Knolle in der Volksheilkunde zu nicht ganz ungefährlichen, durchblutungsfördernden Einreibemitteln gegen Rheuma und Prellungen.

S: Wälder, Gebüsche und Hecken.
V: Mittelmeergebiet, W-Europa, bis in die wärmsten Bereiche Mitteleuropas, Kanaren, SW-Asien.

	April – Juni	♃	1 – 4 m	

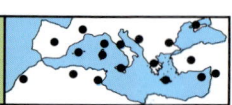

Italienischer Aronstab
Arum italicum Mill.
Aronstabgewächse
Araceae

B: Blätter im Spätherbst erscheinend, 15–40 cm lang gestielt, mit pfeil- oder spießförmiger, 15–35 cm langer Spreite. Blüten eingeschlechtig an einer Kolbenachse, die männlichen über den weiblichen, über und unter den männlichen unfruchtbare Blüten, der oberste nackte Teil kräftig, meist gelb. Das 15–40 cm lange Hochblatt (Spatha) meist hell grüngelb, den Blütenkolben einhüllend. Beeren rot. Mehrere Unterarten werden unterschieden, ssp. *italicum:* Blätter weiß geadert, die seitlichen Lappen spreizend (fast im ganzen Gebiet), ssp. *neglectum* (Towns.) Pri-me: Blätter einfarbig oder selten dunkel gefleckt, Seitenlappen zusammenneigend (W-Europa und westliches Mittelmeergebiet), ssp. *byzantinum* (Blume) Nym.: Hochblatt wenigstens am Rand violett überlaufen (östliche Balkanhalbinsel, Kreta).

S: Gebüsche, Hecken, Baumkulturen.
V: Mittelmeergebiet, W-Europa, Kanaren.
U: Ähnlich die Arten *Arum creticum* Boiss. & Heldr. mit weißem bis gelblichem Hochblatt und dunkelpurpurnem oder gelbem Kolben ohne unfruchtbare Blüten (Kreta) und *Arum dioscoridis* Sm. mit gelbgrünem, schwarzpurpurn geflecktem oder ganz schwarzpurpurn überlaufenem Hochblatt und gleichfarbenem Kolben (Rhodos, Chios, Vorderasien). Herbstblüher ist *Arum pictum* L. (Balearen, Korsika, Sardinien).

	April – Mai	♃	20 – 70 cm	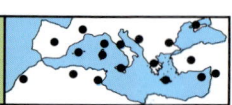

Krummstab
Arisarum vulgare Targ.-Tozz.
Aronstabgewächse
Araceae

B: Blätter grundständig mit pfeilförmiger Spreite, der lange schlanke Blattstiel purpurn gefleckt. Blütenschaft bei der verbreiteten ssp. *vulgaris* ungefähr so lang wie die Blattstiele. Hochblatt 3–5 cm, unten zu einer blaßgrün und braunviolett gestreiften Röhre verwachsen, mit dem oberen dunkelgrünen oder purpurbraunen Teil helmförmig den nach vorn gekrümmten und herausragenden Blütenkolben überdeckend. 4–6 weibliche und darüber etwa 20 männliche Blüten unten am Blütenkolben sitzend, unfruchtbaro Blüten fehlend, blütenloser Teil grünlich. Beeren grünlich. In S-Spanien und N-Afrika die ssp. *simorrhinum* (Durieu) Maire & Weiller: Blütenschaft viel kürzer als die Blattstiele. Hochblatt und Blütenkolben aufrecht. Letzterer an der Spitze verdickt, so daß die Öffnung des Hochblattes mehr oder weniger verschlossen ist.

S: Kulturland, Brachland, Garigues.
V: Mittelmeergebiet, Kanaren.
U: *Arisarum proboscideum* (L.) Savi: Pflanze bis 20 cm hoch. Blattstiele nicht gefleckt, langer als der Blütenschaft. Hochblatt dunkelbraun oder bräunlichgrün, am Grunde blasser, gelegentlich purpurn gestreift, an der Spitze mit 5–15 cm langem, aufwärtsgerichtetem, fadenförmigem Fortsatz. Blütenkolben am Ende verdickt, weißlich, vom Hochblatt eingeschlossen (Italien, SW-Spanien).

	Oktober– Mai	♃	20–40 cm	
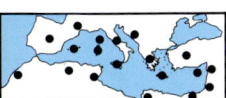

Neptungras
Posidonia oceanica (L.) Delile
Neptungrasgewächse
Posidoniaceae

B: Untergetaucht lebende Wasserpflanze mit kräftigem weitkriechenden Erdsproß, am Grunde der Pflanze die braunen, faserigen Überreste abgestorbener Blätter und 5–10 bis 55 cm lange, dunkelgrüne, bandförmige, an der Spitze abgerundete, 6–10 mm breite, 13–17nervige Blätter. Blüten selten ausgebildet, ohne Blütenhülle, in langgestieltem, aus 3–6blütigen Ähren zusammengesetztem Blütenstand, der von 2 blattähnlichen Hochblättern umgeben ist.
S: Auf feinsandigem Grund zwischen 3 und 40 m, selten bis 80 m Wassertiefe, gelegentlich wiesenartig verbreitet. Im Spülsaum oft in großen Mengen die von der Brandung abgerissenen, zerriebenen und bis zu faustgroßen, braunen Bällen, „Seebälle", zusammengerollten Blätter, daneben auch die mit faserigen Blattresten besetzten Erdsprosse.
V: Küsten des Mittelmeeres, lokal auch an der Atlantikküste SW-Europas.
U: Ähnliche Lebensweise hat das Echte Seegras *Zostera marina* L., mit dagegen dünnen, nicht mit Fasern besetzten Erdsprossen. Blätter 20–50 (–120) cm lang und 5–12 mm breit, bis 9nervig. Blühende Triebe bis 80 cm lang, reich verzweigt, Blüten in eine Scheide eingeschlossen. Weit verbreitet an den Küsten der nördlichen Halbkugel, bis 6 m Wassertiefe, oft auch im Brackwasser.

	Oktober–Mai	♃	bis 55 cm	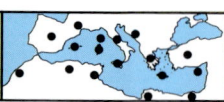

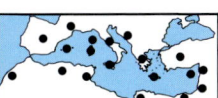

Stechende Binse
Juncus acutus L.
Binsengewächse
Juncaceae

B: Große dichte Horste bildende Binse mit steifen und stechenden, stielrunden Blättern. Blühende Triebe 2–4 mm dick, vom untersten, stark stechenden, stengelartigen Tragblatt häufig überragt. Blütenstand vielblütig, meistens dicht und kugelig. Blütenhüllblätter 6, etwa gleich lang, mit breitem, häutigem Rand, die 3 inneren breiter, an der Spitze mit häutigen Öhrchen. Kapsel 4–6 mm, eiförmig, kurz bespitzt, etwa doppelt so lang wie die Blütenhülle.
S: Sandstrände, Salzsümpfe, seltener im Binnenland.
V: Mittelmeer- und Atlantikküste (nördlich bis Irland), Kanaren, Küsten des Schwarzen und des Kaspischen Meeres und weiter.
U: Ähnlich *Juncus littoralis* Mey. (*J. acutus* ssp. *tommasinii* (Parl.) Asch. & Gr.) mit 2,5–4 mm großen Kapseln (nördliches und östliches Mittelmeergebiet, Schwarzes und Kaspisches Meer). In Salzsümpfen und Salzwiesen häufig auch *Juncus maritimus* Lam.: Pflanze mit kurzem kriechendem Erdsproß, rasenbildend. Blütenstand locker, Blütenhüllblätter ungleich lang, innere stumpf, kürzer als die bootsförmigen, spitzen äußeren, ohne häutige Öhrchen an der Spitze. Kapsel 3kantig-eiförmig, bespitzt, 2,5–3,5 mm, so lang wie die Blütenhülle oder etwas länger (Mittelmeergebiet, Kanaren, Küsten W- und N-Europas bis Schweden, SW-Asien).

	April–Juli	♃	0,3–1,5 m	

Stacheliges Kammgras
Cynosurus echinatus L.
Süßgräser
Poaceae (Gramineae)

B: Einzeln oder in Horsten wachsendes Gras mit dünnen, glatten Halmen. Blätter 3 – 10 mm breit, flach und besonders oberseits rauh. Blatthäutchen 2 – 10 mm, die oberen Blattscheiden etwas aufgeblasen. Die dichte und einseitswendige, ährenartig zusammengezogene Blütenrispe eiförmig, ohne Grannen 1 – 4 cm lang und bis 1,5 cm breit, „stachelig", enthält fruchtbare und unfruchtbare, begrannte Ährchen.
S: Kulturland, Grasfluren, lichte Wälder, gelegentlich als Ziergras.
V: Mittelmeergebiet, Kanaren, SW-Asien.

April – Juli   ☉   0,1 – 1 m

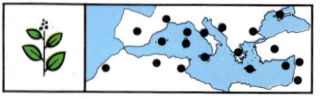

Goldgras
Lamarckia aurea (L.) Moench
Süßgräser
Poaceae (Gramineae)

B: Stengel aufsteigend bis aufrecht. Blätter 2 – 6 mm breit, flach und weich, blaßgrün, mit 5 – 10 mm langem Blatthäutchen. Oberste Blattscheide etwas aufgeblasen. Die länglich-ovale, bis 6 x 2,5 cm große Ährenrispe anfangs grün, später goldgelb, mit einseitswendig abstehenden, 2gestaltigen, fruchtbaren und unfruchtbaren Ährchen auf behaarten Stielchen. Nur die fruchtbaren Ährchen mit lang begrannten Deckspelzen.
S: Wegränder, Brachland.
V: Mittelmeergebiet, Kanaren, SW-Asien.

März – Juli   ☉   5 – 25 cm

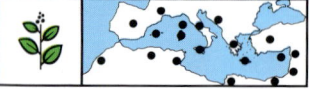

300

Großes Zittergras
Briza maxima L.
Süßgräser
Poaceae (Gramineae)

B: Lockere Horste bildend oder einzeln aufrecht wachsend. Blätter 3–8 mm breit, flach und dünn, an den Rändern fein rauh. Blatthäutchen 2–5 mm. Blütenstand eine lockere Rispe aus 1–12 hängenden, eiförmigen bis länglichen, seitlich zusammengedrückten, 14–25 mm langen, 7–20blütigen Ährchen an haarfeinen, 6–20 mm langen Stielen. Spelzen fast waagerecht von der Ährchenachse abstehend, ohne Grannen.
S: Garigues, Weiden, Kulturland, Wegränder, auch als Zierpflanze.
V: Mittelmeergebiet, Kanaren

April–Juni   ☉   10–60 cm

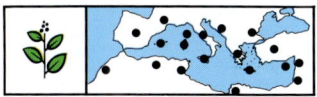

Geknieter Walch
Aegilops geniculata Roth
Süßgräser
Poaceae (Gramineae)

B: Stengel zahlreich, bogig aufsteigend. Blätter 2 mm breit, flach, mit etwas aufgeblasener Scheide, Blattöhrchen gewimpert. Blütenähre ohne Grannen 1–2 cm lang, eiförmig, am Grunde mit 1 oder 2 verkümmerten Ährchen, darüber meist 2 fruchtbare und 1 unfruchtbares Ährchen an flacher, breiter Spindel. Hüllspelzen ledrig und rauh, am Rücken bauchig, grün gestreift, mit 4–5 langen Grannen.
S: Grasfluren, Wegränder, Brachland.
V: Mittelmeergebiet, Kanaren, SW-Asien.

April–Juli   ☉   10–40 cm

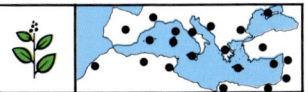

Strand-Quecke
Elymus farctus (Viv.) Runem.
(*Agropyron junceum* (L.) Beauv.)
Süßgräser
Poaceae (Gramineae)

B: Kräftiges Gras mit lang kriechendem Erdsproß. Blätter graugrün, steif, bis 5 mm breit, nach oben eingerollt, oberseits auf den Nerven dicht samtig behaart. Blatthäutchen kurz. Blütenstand eine 15–35 cm lange Ähre mit 8–12 seitlich zusammengedrückten, grannenlosen, 10–25 mm langen, 5–9blütigen Ährchen, die etwas entfernt 2zeilig der kahlen und zur Reifezeit zerbrechlichen Achse angedrückt sind.
S: Sandstrände.
V: Mittelmeergebiet.

Juni–August ♃ 30–80 cm

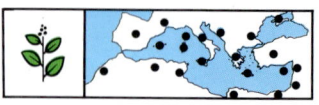

Strandhafer
Ammophila arenaria (L.) Link
Süßgräser
Poaceae (Gramineae)

B: Mit Erdsprossen kriechendes, dichte Horste bildendes Strandgras. Blätter graugün, bis 6 mm breit, steif, nach oben eingerollt, oberseits auf den Rippen fein behaart. Blatthäutchen an der Spitze gespalten, 1–3 cm lang. Die dichte bleiche Blütenrispe 7–25 cm lang. Ährchen 10–16 mm, seitlich zusammengedrückt, 1blütig, ohne Grannen. Deckspelze am Grunde mit 4–5 mm langen, feinen Haaren.
S: Sandstrände, auch gepflanzt.
V: An den Küsten des Mittelmeergebietes die ssp. *arundinacea* Lindb. f.

Mai–August ♃ 0,5–1,2 m

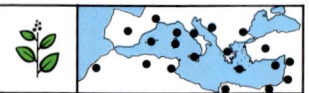

Samtgras, Hasenschwänzchen
Lagurus ovatus
Süßgräser
Poaceae (Gramineae)

B: Blätter des aufrechten oder aufsteigenden Grases graugrün, 2–10 mm breit, flach, samtig behaart. Blattscheiden locker, Blatthäutchen 3 mm, stumpf und häutig, behaart. Charakteristisch die weichhaarigen, eiförmigen, bls 6 x 2 cm großen Dlütenstände. Ährchen sehr kurz gestielt, 1blütig. Hüllspelzen und Deckspelze in Borsten endend, letztere auf dem Rücken mit einer 8–18 mm langen Granne.
S: Sandige Böden in Kustennähe, Brachland, in Trockensträußen.
V: Mittelmeergebiet, Kanaren.

April–Juni ☉ 5–60 cm

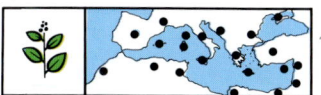

Stechendes Vilfagras
Sporobulus pungens
(Schreb.) Kunth
Süßgräser
Poaceae (Gramineae)

B: Mit langen zähen Erdsprossen weit kriechendes Gras. Zahlreiche aufsteigende oder aufrechte, nicht blühende und blühende Triebe. Blätter deutlich 2zeilig gestellt, 2–5 mm breit, graugrün, stechend, randlich eingerollt und oberseits behaart. An Stelle des Blatthäutchens eine Reihe von Haaren. Blütenrispe reich verzweigt und dicht, 3–6 cm lang. Ährchen 1blütig, 1,5–2,5 mm, unbehaart und grannonlos.
S: Sandstrände.
V: Mittelmeergebiet.

Juli–September ♃ 10–30 cm

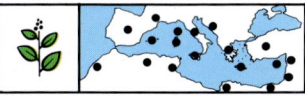

Diß
Ampelodesmos mauritanica (Poir.)
T. Durand & Schinz
Süßgräser
Poaceae (Gramineae)

Spanisches Rohr, Riesenschilf
Arundo donax L.
Süßgräser
Poaceae (Gramineae)

B: In großen Horsten wachsendes Gras. Blätter derb, bis 1 m lang und 7 mm breit, sehr rauh und stark gerippt, die Ränder später eingerollt. Blatthäutchen lanzettlich, 8–15 mm lang, am Rande gewimpert. Blütenrispe bis 50 cm lang, reich verzweigt, etwas einseitswendig, mit gestielten, 10–15 mm langen, 2–5blütigen Ährchen. Hüllspelzen häufig purpurn, Deckspelzen unten auf dem Rücken behaart.
S: Gariguen, Macchien.
V: Westliches Mittelmeergebiet.

B: Das größte Gras Europas, mit weit kriechenden Erdsprossen. Halm holzig, 2–3,5 cm breit. Blätter flach, graugrün, bis 60 × 6 cm, mit rauhen Rändern. Blüten in 30–60 cm langen Rispen. Ährchen 12–18 mm, gewöhnlich violett überlaufen. Deckspelze auf dem Rücken lang seidig behaart, dadurch der Blütenstand im Herbst silbrig glänzend. Verwendung zu Windschutzpflanzungen, Matten, Angelruten u. a.
S: Gräben, Flußufer.
V: Mittelmeergebiet und Kanaren eingebürgert, Heimat wohl Asien.

April–Juni ♃ 1–3 m

August–Dezember ♃ 2–6 m

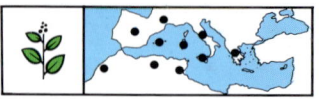

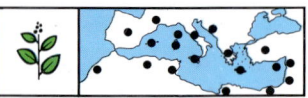

Finger-Hundszahn, Bermudagras
Cynodon dactylon (L.) Pers.
Süßgräser
Poaceae (Gramineae)

B: Lange oberirdische Ausläufer treibendes und an den Knoten wurzelndes Gras. Blätter 2zeilig gestellt, 2–4 mm breit und an den Rändern rauh. Blatthäutchen an jeder Seite mit einem Büschel langer Haare. Blütenstand aus 3–7 fingerförmig gestellten, 1–5 cm langen Ähren, die einseitswendig 2 dichte Reihen fast sitzender, etwa 2 mm großer, 1blütiger Ährchen tragen. Alle Spelzen ohne Grannen.
S: Brachland, Trittfluren.
V: Mittelmeergebiet, auch in allen trocken-warmen Gebieten der Erde.

Juni–Oktober ⅄ 10–40 cm

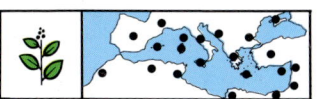

Dünen-Zypergras
Cyperus capitatus Vand.
(*C. kalli* (Forsk.) Murb.)
Sauergräser
Cyperaceae

B: Mit langen Erdsprossen kriechende Strandpflanze. Stengel einzeln, am Grunde mit 1–6 mm breiten, rinnigen, graugrünen Blättern. Blütenstand endständig, kopfig, 15–30 mm breit, mit 4–12blütigen Ährchen. Spelzen rotbraun, plötzlich in einer 1–3 mm langen Spitze endend. Charakteristisch die meist 3 am Grunde verbreiterten, bis 15 cm langen, bogig nach unten gekrümmten Hüllblätter des Blütenstandes.
S: Sandstrände.
V: Mittelmeergebiet, Kanaren.

April–Juli ⅄ 10–50 cm

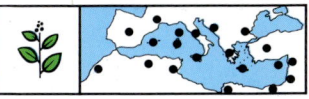

Literaturauswahl

Ali, S. I., S. M. H. Jafri und A. El-Gadi (Hrsg.): Flora of Libya. Teil 1–123, 144, Tripolis 1976–1986

Baroni, E.: Guida Botanica d'Italia. 4. Aufl., Nachdruck Bologna 1975

Baumann, H.: Griechische Pflanzenwelt in Mythos, Kunst und Literatur. München 1982

Baumann, H. und S. Künkele: Die wildwachsenden Orchideen Europas. Kosmos-Naturführer. Stuttgart 1982

Bonafè, F.: Flora de Mallorca. 4 Bände, Palma de Mallorca 1977–1980

Bouchard, J.: Flore pratique de la Corse. 2. Aufl., Bastia 1974

Buttler, K. P.: Orchideen. Steinbachs Naturführer. München 1986

Ceballos, A., J. F. Casas und F. M. Garmendia: Plantas silvestres de la Peninsula Iberica. Madrid 1980

Coste, H.: Flore descriptive et illustrée de la France, de la Corse et des Contrées limitrophes. 3 Bände, 2. Aufl., Paris 1937 und Suppl. 1–6, Paris 1972–1985

Davis, P. H. (Hrsg.): Flora of Turkey and the East Aegean Islands. 9 Bände, Edinburgh 1965–1985

Eberle, G.: Pflanzen am Mittelmeer. 2. Aufl. Frankfurt 1975

Eriksson, O., A. Hansen und P. Sunding: Flora of Macaronesia, Checklist of Vascular Plants. 2. Aufl., Oslo 1979

Fournier, P.: Les quatre flores de la France, Corse comprise. Paris 1961

García Rollán, M.: Claves de la flora de España. 2 Bände. Madrid 1984, 1985

Götz, E.: Die Gehölze der Mittelmeerländer. Stuttgart 1975

Greuter, W., H. M. Burdet und G. Long (Hrsg.): Med-Checklist Band 1, 3. Genf 1984, 1986

Guinochet, M. und R. De Vilmorin: Flore de France. 5 Bände, Paris 1973–1984

Hegi, G.: Illustrierte Flora von Mitteleuropa. 1.–3. Aufl., Band 1–7, München, Berlin 1906–1986

Huxley, A. und W. Taylor: Flowers of Greece and the Aegean. London 1977

Kohlhaupt, P.: Mittelmeerflora. Bozen 1980

Maire, R.: Flore de l'Afrique du Nord. 13 Bände, Paris 1952–1967

Meikle, R. D.: Flora of Cyprus. 2 Bände, Kew 1977, 1985

Mouterde, P.: Nouvelle flore du Liban et de la Syrie. 3 Text- und 3 Atlasbände. Beirut 1966–1986

Pignatti, S.: Flora d'Italia. 3 Bände, Bologna 1982

Polunin, O. und A. Huxley: Blumen am Mittelmeer. 5. Aufl. München, Basel, Wien 1981

Polunin, O. und B. E. Smythies: Flowers of South-West Europe. London 1973

Polunin, O.: Flowers of Greece and the Balkans. Oxford 1980

Quezel, P. und S. Santa: Nouvelle Flore de l'Algérie et des régions désertiques méridionales. 2 Bände 1962–1963

Rechinger, K. H.: Flora Aegaea. Nachdruck Wien 1973

Rikli, M.: Das Pflanzenkleid der Mittelmeerländer. 3 Bände, 2. Aufl. Bern 1943–1948

Reisigl, H., E. und O. Danesch: Mittelmeerflora. Bern und Stuttgart 1977

Schönfelder, I. und P.: Die Kosmos-Mittelmeerflora. Stuttgart 1984

Schönfelder, P. und I.: Der Kosmos-Heilpflanzenführer. 3. Aufl., Stuttgart 1984

Täckholm, V.: Student's Flora of Egypt. 2. Aufl., Beirut 1974

Vedel, H.: Bäume und Sträucher im Mittelmeerraum. Stuttgart 1978

Tutin, T. G. u. a. (Hrsg.): Flora Europaea. 5 Bände, Cambridge 1964–1980

Zángheri, P.: Flora Italica. 1 Textband, 1 Tafelband. Padua 1976

Zohary, M.: Flora Palaestina. 4 Textbände, 4 Tafelbände. Jerusalem 1966–1986

Zohary, M.: Pflanzen der Bibel. Stuttgart 1983

Register

Blütenfarbe rot

Baumartige Aloe
Aloë arborescens

Herzblättrige Mittagsblume
Aptenia cordifolia

Blutrote Engelstrompete
Brugmansia sanguinea

Starrer Zylinderputzer
Callistemon rigidus

Amerikanische Klettertrompete
Campsis radicans

Madagaskar-Immergrün
Catharanthus roseus